電気・電子系 教科書シリーズ 8

ロボット工学

理学博士 白水 俊次 著

コロナ社

電気・電子系　教科書シリーズ編集委員会

編集委員長　高橋　　寛（日本大学名誉教授・工学博士）
幹　　　事　湯田　幸八（東京工業高等専門学校名誉教授）
編 集 委 員　江間　　敏（沼津工業高等専門学校）
（五十音順）　竹下　鉄夫（豊田工業高等専門学校・工学博士）
多田　泰芳（群馬工業高等専門学校名誉教授・博士（工学））
中澤　達夫（長野工業高等専門学校・工学博士）
西山　明彦（東京都立工業高等専門学校名誉教授・工学博士）

（2006 年 11 月現在）

刊行のことば

電気・電子・情報などの分野における技術の進歩の速さは，ここで改めて取り上げるまでもありません。極端な言い方をすれば，昨日まで研究・開発の途上にあったものが，今日は製品として市場に登場して広く使われるようになり，明日はそれが陳腐なものとして忘れ去られるというような状態です。このように目まぐるしく変化している社会に対して，そこで十分に活躍できるような卒業生を送り出さなければならない私たち教員にとって，在学中にどのようなことをどの程度まで理解させ，身に付けさせておくかは重要な問題です。

現在，各大学・高専・短大などでは，それぞれに工夫された独自のカリキュラムがあり，これに従って教育が行われています。このとき，一般には教科書が使われていますが，それぞれの科目を担当する教員が独自に教科書を選んだ場合には，科目相互間の連絡が必ずしも十分ではないために，貴重な時間に一部重複した内容が講義されたり，逆に必要な事項が漏れてしまったりすることも考えられます。このようなことを防いで効率的な教育を行うための一助として，広い視野に立って妥当と思われる教育内容を組織的に分割・配列して作られた教科書のシリーズを世に問うことは，出版社としての大切な仕事の一つであると思います。

この「電気・電子系 教科書シリーズ」も，以上のような考え方のもとに企画・編集されましたが，当然のことながら広大な電気・電子系の全分野を網羅するには至っていません。特に，全体として強電系統のものが少なくなっていますが，これはどこの大学・高専等でもそうであるように，カリキュラムの中で関連科目の占める割合が極端に少なくなっていることと，科目担当者すなわち執筆者が得にくくなっていることを反映しているものであり，これらの点については刊行後に諸先生方のご意見，ご提案をいただき，必要と思われる項目については，追加を検討するつもりでいます。

このシリーズの執筆者は，高専の先生方を中心としています。しかし，非常に初歩的なところから入って高度な技術を理解できるまでに教育することについて，長い経験を積まれた著者による，示唆に富む記述は，多様な学生を受け入れている現在の大学教育の現場にとっても有用な指針となり得るものと確信して，「電気・電子系 教科書シリーズ」として刊行することにいたしました。

これからの新しい時代の教科書として，高専はもとより，大学・短大においても，広くご活用いただけることを願っています。

1999年4月

編集委員長　高橋　寛

ま　え　が　き

ロボットが動く機械であるという考え方は，昔から今に至るまで変わってはいない。この考えに基づいた上で，従来から設計する立場と使う立場から多くのアプローチがなされてきた。ロボット工学はその基本となるもので，ロボットを設計し，組み立てて動かすためには，まず機構と動力学についての基礎知識が不可欠である。このため従来の教科書では，機械力学，機構学および動力学に関する知識の講義内容が最優先で，教科の大半を占めてきた。確かに，産業用ロボットの勃(ぼっ)興期までは，従来の「働く機械」という概念で十分対応し得た。しかし最近では，ロボットが二足歩行して人と握手や会話し，さらには介護を行うなど，今までの冷たい機械のイメージから温かみを肌で感じるロボットへと進化を遂げた。これは，機械力学だけでなく，電子，制御，情報，センサ，材料などの幅広い工学の進歩と連携の結果である。とりわけ，小型高性能センサと小型大容量，半導体高速コンピュータ素子の実現で各種情報の伝達と高性能制御が迅速に行えるようになったためである。この進歩はさらに加速され，その重点もしだいに材料へと移行して，ロボットの顔，手や肌は今までの冷たい金属材料に代わって人肌に近いケミカルなものが開発されてきた。

本書の構成は全体が 8 章から成り，***1***章ではロボットの歴史と，ロボットの概念に関する時代変化について述べる。第二次世界大戦後，製品の大量生産方式を支える重要な機械として出現した産業用ロボットの発達によって，ロボットに関する古典的意味からまったく異なった解釈がもたらされるようになった。***2***章では産業用ロボットの構成，作業の指示方法について述べる。

前述したように，ロボットの動きを制御するためには，各種のセンサが必要である。センサは人間の五感に相当するものであるが，どのような動きに対してどのようなセンサが適当かは，つねにケースバイケースで判断しなければならない。このような千差万別の求めをすべて網羅することはできないので，***3***章では知見として必要とされるセンサについて概略した。

感覚機器のセンサに対して，ロボットの動力源であるアクチュエータに関する知見も欠かせない。ただ，センサに比べてアクチュエータの種類は少なく，使われているのは圧倒的に回転機としての電気モータである。回転を利用しない直動型や振動型のアクチュエータが研究・開発されてはいるが，実用化されたものは少ない。***4***章では電気モータの種類，構造，使い方について言及する。

3章のセンサ，***4***章のアクチュエータはいずれもロボットの身体内部の個別機器であるが，***5***章ではロボットが視覚センサを使って外界の物体を認知し，動きを判断するシステムについて論ずる。従来のロボット工学では，機構的な講義内容が多いわりに，***5***章のような物体認知に関する講義はほとんどなかった。ロボットがより人らしくなるためには，肌の温かさを持つことと同じように，相手を知覚して認識できることが必要である。本書では，新たにこの章を付け加えた。以下，***6***章ではベクトルによる機構の位置，運動ならびに回転の解析，***7***章では立体機構の運動，***8***章ではマニピュレータ運動学解析について論じた。ロボットの運動を論じるためには座標変換，ベクトル解析を多く必要とする。そのため，機械工学科以外の学生諸君にとっては理解し難い，なじみ難いという声が多かった。一方ではパーソナルコンピュータの小型・高速・大容量化が進み，理系・文系にかかわらず，大学・高専の学生にはノートブックパソコンが必須なものとなってきた。本書ではこの2点を考慮して，特に難解と思われる***5***章以降，パソコンによる表計算，行列計算を取り入れ，従来，教科書では表現し難かった各種シミュレーションを随所に挿入した。ただ本書ではパソコンの使い方が本命ではないので，歴史的にも早くから取り入れられ学生にも一般化しているVisual Basicのみを用いて各種シミュレーションによる再現を行った。

2009年5月

著　　者

目　　　　次

4.　ロボットの運動源・アクチュエータ

5.　ロボットによる物体の位置と動きの検出

6.　ベクトルによる物体の位置と運動ならびに回転の解析

7. 立体機構の運動

8. マニピュレータの運動学解析

1

歴史から見たロボット，ロボットとは何か

物語，科学冒険映画，漫画の世界でわれわれはいろいろなロボットと遭遇し，親しんできた。その多くは無骨な人間に似せた姿で，動作もぎごちない。それにもかかわらず，ロボットは人から親しまれ，愛されてきた。いつの時代に登場するロボットも，その時代を反映する人々の夢を表すものだったからである。人はいつも自分の相手を欲し，その相手と会話したり，手伝ってもらったりしながら人生の意義を知らずに感じているのである。その自分の分身ともいえる理想の相手をつねにロボットで実現することを求めているのである。本章では，ロボットの概念と工学的歴史について述べる。

1.1 物語的逸話と工学的歴史の並存

しかし，現実にはそのようなロボットはなかなかできない。理想の分身はいつも創作の世界の「人造人間」でしかあり得ない。それがゆえに，いつも人間に似た機械をつくりたい，人間の代わりにいろいろな仕事をさせたい，という願望をかりたててきた。これがロボットである。形や性能が限りなく人に近づいたとしても，すでにいろいろな点で人を超えた能力を持つようになった現代のロボットでも，まだ理想のロボットではないのである。人の考えるロボットは，いつまでも理想のロボットであり続けるのである。

ロボットを歴史的に考えるとき，ロボットに対するイメージの変化と，技術的にどのように進化してきたかを対比しながら見つめる必要がある。ロボットは人間が何らかの作業を行わせる機械である以上，作業内容を教えて忠実に実行させることが必要である。後述するが，ロボットに作業内容を伝えることを

教示と呼ぶ。ロボットが進化し，動作条件，環境条件を自ら習得できるようになると，人間の教示はそれにつれて楽な作業になる。このように，人間にとってロボットへの教示が楽で，それが曖昧（あいまい）であってもロボットが適切に判断して作業できるようになることをロボットの**自律**という。夢膨らむロボットが SF の世界で登場した一方，ロボットが工学的にたどったのは，いわば教示と自律の歴史といってもよい。

1.2 近代史におけるロボット観の変遷

ロボットという言葉はチェコスロバキア語で「働く人」のことである。チェコスロバキア（当時）の劇作家　Karel Capek が 1921 年に書いた創作劇（Rossum's Universal Robots）の中で初めて登場する。この劇は人類をあらゆる労働から開放することが目的で，人に代わってロボットが製造工場で働く話である。話の初めは順調に推移するが，他国との紛争の絶えないお国柄もあり，ロボットで軍隊をつくることになる。遂にはこのロボットが感情を持ち始めたため，反抗精神が芽生え，最後には人間を殺戮（りく）して滅ぼすという恐ろしい結末である。最近の SF 映画などでスーパーコンピュータが感情を持ち始め，人間に反抗する物語などは，この辺にルーツがあるのかもしれない。

一般に欧米，特にヨーロッパではロボットに対しては悪者，悪魔的な思いが強く，わが国とはまったく違う印象を持つ人が多いのは，Karel Capek の創作劇のためであろうか。時代は下って，チャップリンの映画のように人間が機械に使われるような話はあるが，第二次世界大戦前後にはロボットの話はしばらく登場しない。戦後もしばらくたって，1950 年アイザックアシモフの SF 小説「私はロボット」として，またわが国では手塚治虫の漫画「鉄腕アトム」で，まったく平和で人にフレンドリーなロボットに一変して登場する。最近では George Lucas の映画「スターウォーズ」で，人間の愛すべき友人として現れる R2–D2 ロボットなどは有名である。

ロボットの悪いイメージを打ち消すために，アイザックアシモフはつぎのような3原則を提唱している。

第1条：ロボットは人に危害を加えてはならない。また，人に危害が及ぶのを見過ごしてはならない。

第2条：ロボットは上記第1条に反しない限り，人の命令に従わねばならない。

第3条：ロボットは上記二つの条項に反しない限り，自分の身を守らねばならない。

ロボットが将来発達して，人に限りなく近づくことを見越したもので，その慧(けい)眼には敬服せざるを得ない。

2

産業用ロボット

2.1　産業用ロボットの登場

SF 小説や漫画に登場するロボットは，あくまでも創造上の人造人間で，少なくとも現在までは，そうしたイメージのものは存在しない。しかし，いったん目を産業の世界に転じてみると，人の代わりをしたり，人の能力をはるかに超えた機械が活躍している。

産業用ロボットの概念は，1954 年アメリカの G. C. Devol が出願した特許「Programmed Article Transfer」が最初であるとされている。これは**教示再生型**と称されるもので，人が機械に動作を記憶させて（教示），それを機械が繰り返す（**再生**）というものである。この教示再生型ロボットは 1961 年，やはりアメリカのエンゲルバーガーが初めて実用機をつくり，ユニメートという名前をつけて発表し，大きな反響を呼んだ。人がジョイスティックで操作して動作を記憶させる方式で，その動作を忠実にロボットが繰り返すことに，人々はあっと驚いた。これがきっかけとなって，アメリカやヨーロッパと，折りしも高度成長期を迎えた日本で，ロボットの研究開発が堰(せき)を切ったように盛んになった。

ロボットのその後の発達は，アメリカやヨーロッパでよりもわが国において急激に発達し，産業界に普及していった。1980 年は，わが国におけるロボット普及元年と呼ばれているほどである。今では，日本でのロボット普及率が世界で最も進んでいるだけでなく，世界中で使われているロボットの大半は日本製なのである。

産業用ロボットが，初めてわが国で使われ出したころ，「工業用ロボット」といわれていた。それは第二次産業である工業の生産現場が主体であるためで，現在でも変わりはない。しかし，しだいに農林，水産などの第一次産業，流通，販売や公共施設，ビルの管理など第三次産業の分野にも活動の舞台が広がってきたことで，工業用というより「産業用」と呼ぶのがふさわしくなり，今では産業用ロボットの名称が定着してしまった。

2.2　産業用ロボットの基本概念

ロボット一般に対するイメージは人々の夢であり，これといった定義はない。また産業用ロボットにおいても，人に代わって仕事をし，生産活動に役立つことをねらいとするものから，生産活動には直接かかわらない活動をする海洋観測や宇宙探査用のものもある。火災や事故の現場で消防や救助活動をするもの，最近では体の不自由な病人や老人の介護を目的とするロボットなどが急速に開発されている。特に 21 世紀になって，わが国をはじめ先進諸国では人口の高齢化が進むため，介護や福祉ロボットに対する需要が急増すると予想される。

このような多岐にわたる用途を整理する目的から，産業用ロボットは，国際標準化機構（ISO）／産業オートメーションシステム（TC184）／工業用ロボット（SC 2）で構成された組織により，つぎのように定義されている。

「マニピュレーティング・インダストリアルロボットとは自動制御され，プログラム再生が可能で，多用途，かつ複数の自由度で操作可能な機能を有する機械である」

また，日本工業規格（JIS）でもおおむね上記の定義に準拠している。しかし，工場や倉庫などで，大事な仕事をしているにもかかわらず，作業する腕を持たないため，この分類から外されているものもある。運搬用の走行ロボットや，人の目の機能に相当する視覚だけを持った検査ロボットなどがこれである。しかし，こうしたものも広義の産業用ロボットと考えてよいと思われる。あえていえば，製造業で利用されるロボットは腕や手，手先で作業するマニピュレーション機能が不可欠であるが，非製造業で使われるロボットでは移動機能や監視機能が重視される。また，前者では作業変更された場合，再プログラムができなければならないのに対し，後者では遠隔操作の機能などが求められる。

ここで，産業用ロボットが専用の自動機械とまったく異なる点は，以下のとおりである。

・専用自動機械は大量生産を目的とする固定した作業を行う。
・産業用ロボットは多種少量生産に対応するため，種類や設計，作業の変更を再プログラムによって容易に行える多用途の作業を行う。

2.3　産業用ロボットの種類

産業用ロボット用語について日本工業規格（JIS B 0134）では，産業用ロボットを**表 *2.1***のように六つの種類に分類している。ここで特にマニピュレータは，「人の上肢の機能に類似した機能をもち，対象物を空間的に移動させるもの」と定義付けられている。この定義や分類からもわかるように，産業用ロボットでいちばん大切な要素はマニピュレータで，人の肩，腕，手，指に相当する働きをする部分である。

表 *2.1*　産業用ロボットの分類

1	マニュアルマニピュレータ
2	シーケンスロボット
3	プレイバックロボット
4	数値制御（NC）ロボット
5	適応制御ロボット
6	知能ロボット

表 *2.1*の見出しだけではわかりにくい。具体的に説明するとつぎのようになる。

まず，マニュアルマニピュレータは，原子力施設などで使われているマジックハンドなどである。人の手の操作どおりに機械の腕や指が動き，離れた場所から自由に操作できるけれども，自動で動くことはできない。ただ，人の力では動かない場合でも，人の操作を電気や油圧の信号に変えて機械の腕や指の力を増幅させることができる。

表 *2.1* では省略したが，シーケンスロボットには固定シーケンス式と可変シーケンス式がある。まず固定シーケンスロボットは作業の手順や内容が決まっている場合，それを反復して行うものである。シーケンスを決めるには，機械装置や電気のリレースイッチが使われているので，簡単に変更するのは難しい。

可変シーケンスロボットはこの欠点を解決したもので，プログラムの変更には穴空きテープやカードの交換，ピンの差替え，あるいはシーケンサという電子装置が使われる。

つぎのプレイバックロボットは，人が最初はロボットの腕を動かして，実際の作業の進め方を教え込むものである。ロボットはその操作を覚え込んで，教えられたとおりに腕や手を動かして仕事を繰り返す。

数値制御ロボットは，ロボットの作業に必要なプログラムやデータをディジタル数値でロボットの持つメモリに記憶させ，この情報で作業をコントロールするものである。NC 工作機械，NC 旋盤などはこの種に入る。

知能ロボットは，生物が持っている感覚（視覚，触覚など）を持ち，さらに事態を認識し，周囲の状況に応じて自分で判断して，与えられた命令のうちどれを選ぶかを決めて行動するロボットのことをいい，現段階ではまだまだ幼稚な段階にすぎない。

数値制御ロボットは，人の能力をはるかに超えた精密さや速い速度で大きな力などを発揮できるが，これだけではスーパーマシンにすぎない。自己判断できる知能ロボットへ発達するにはまだまだほど遠いのである。知能ロボットとは頭脳や動作が「いわば人に限りなく近い」という意味であって，その中間段階にはいくつものステップがあるはずである。現在では産業用ロボットを，**表 *2.1***の分類から**表 *2.2***のように八つに拡大して，わかりやすく説明している。知能ロボットの開発は以下に述べる 3 段階で行われていることがわかる。

まずは，**表 *2.1***にはない感覚制御ロボットといわれるもので，人の五感に相当する感覚のうち視覚や触覚を持っていて，動作の制御を行う。例えば，硬い

表 2.2　産業用ロボットの種類

種　類	内　容
操縦ロボット operating robot	ロボットに行わせる作業の一部またはすべてを人が直接操作することで，作業が実行されるロボット。
シーケンスロボット sequence robot	あらかじめ設定された順序，条件などの情報に従って，動作の各段階を逐一進めていくロボット。
プレイバックロボット playback robot	人がロボットを動かすことによって，順序，条件，位置やその他の情報を教示し，その情報によって作業を行うロボット。
数値制御ロボット numerically-controlled robot	ロボットを動かすことなく順序，条件，位置その他の情報を数値や言語で教示し，その情報によって作業を行うロボット。
感覚制御ロボット sensory-controlled robot	感覚情報に基づいて動作の制御を行うロボット。
適応制御ロボット adaptive-controlled robot	環境や条件の変化に応じて，制御などの特性が所用の条件を満たすように適応できる制御機能を持つロボット。
学習制御ロボット learning-controlled robot	作業経験などを反映させ，適切な作業を行えるよう学習する機能を持つロボット。
知能ロボット intelligent robot	認識能力，学習能力，抽象的思考能力および環境適応能力を人工的に実現させ，これに基づいて自律的に行うロボット。

ものと柔らかいものとを触覚で判断して，つかむロボットなどがある。

つぎが，**表 2.1**，**表 2.2** にある適応制御ロボットと称されるもので，環境の変化に応じて制御特性を，必要な条件を満たすように合わせる（例えば，周囲温度の変化に合わせて作業条件を変えるなど）。

さらに，**表 2.1** にはなく，**表 2.2** にある学習制御ロボットは，実際に経験した作業や環境から与えられた条件を満たすために必要な条件や，最適条件を学習して，適切な作業を行う。

このように，人の知能に至るにはまだまだ多くのステップを踏まねばならず，最終的な知能ロボットへの道は遠い。

しかし，すでに述べたようにロボットも時代の要求に応じてつねに進化してきたことがわかる。人々はロボットのこの進化を，以下のように「○○世代」と称している。

第 1 世代には，固定および可変シーケンスロボット，プレイバックロボットや数値制御ロボットが含まれる。あらかじめ定められたとおりの動作を繰り返すだけで，自律機能がないからである。

第2世代には，感覚制御ロボット，適応制御ロボットが含まれる。人の感覚に対応するセンサを持ち，自己の行動をある程度修正することができる。

第3世代には，作業経験を学習し，行動に反映させる学習制御ロボットが含まれる。知能ロボットという表現をどう使うかは，議論のあるところであるが，第3世代のロボットは，ある程度判断機能を有して自律的行動をとれるようになったことから，知能ロボットの範疇（ちゅう）に入るであろう。つまり第4世代のロボットには，自らの行動を判断し，決定できる知能を持つことが要求されるであろう。われわれにとってもまだ未知の領域であり，人工知能などの採用で大きな進歩を遂げると想像される。

2.4 産業用ロボットの基本構成

すでに述べたように，産業用ロボットにも種々のものがあるが，必要条件は機械自体が多数の自由度を持つことである。図 ***2.1*** はその基本原理を示すもので，まず腕や手にあたるマニピュレータがある。産業用ロボットでも生産することが目的のものは，本体が定位置で作業するので固定用が多い。しかし，倉庫の製品管理や配送，あるいは警備用のロボットには移動用機構が必要で，車輪や多関節の足を持つものもある。

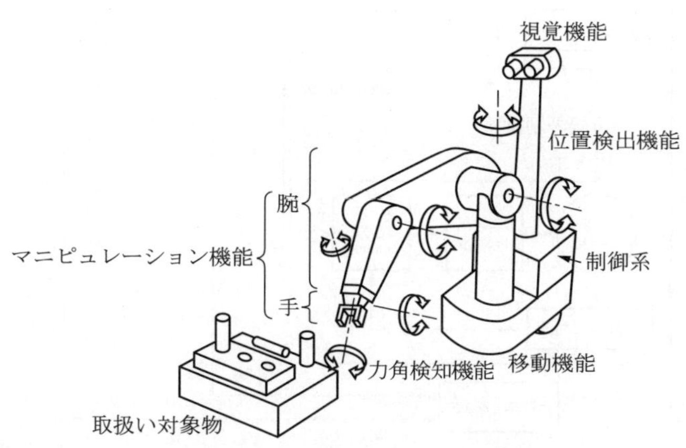

図 *2.1* ロボットシステムの構成

腕は，空間を自由に動けるために，最大で六つの自由度が必要である。手には，最も簡単で先端に作業用道具をつけるだけのものから，カニのはさみのような 2 本指，人の手のようないくつもの間接を持つ指を備えたものまである。溶接，塗装などの作業では，溶接ガンや塗装スプレーが作業用道具として手の先に装着される。**図 *2.1***は移動して細かい作業も行えるシステムの例を示したものであるが，溶接用プレイバックロボットでは，手首の先に溶接ガンが取り付けられ，品物をつかむ指や移動用の機構は持っていない。

腕や手のマニピュレータや移動機構を動作させるためには，アクチュエータ，駆動用の増幅回路，関節などの回転角度や角速度を検出する角度，加速度センサが必要である。腕や手が正しく動いて作業が行われているかを見つめるための視覚センサなども必要になる。多数の自由度を持つロボットに種々の作業を正しく行わせるためには，命令や信号を記憶したり判断したりする頭脳にあたる電子回路や制御装置が必要となり，全体として**図 *2.2***のような構成になる。

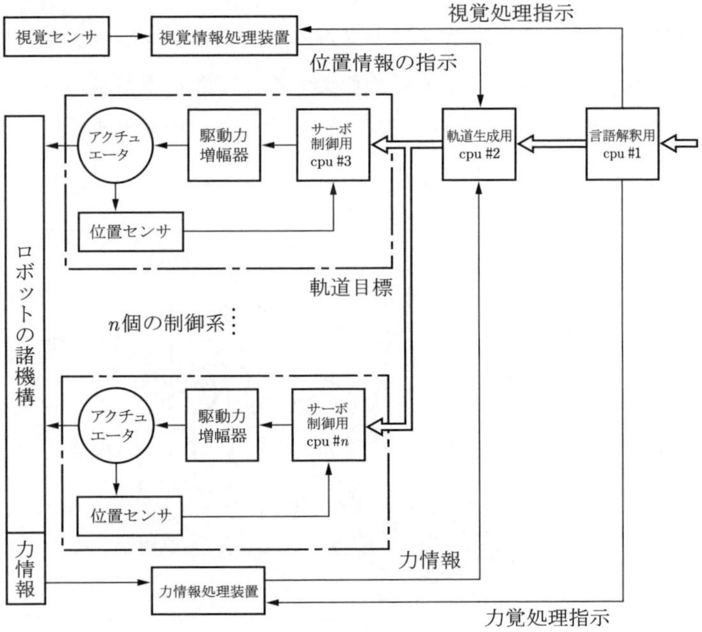

図 *2.2*　ロボット機構制御の系統図構成例

2.5 ロボット作業の指示方法

プレイバックロボットでは，最初に人がロボットの腕を動かして作業を教え込むが，これがロボットへの命令入力である。この作業手順や位置，動作手順などはプログラムおよびデータとして記憶装置に覚え込ませる。このプログラムとデータが再びロボットの動きを制御して作業を行わせるのである。

情報が人の操作で直接ロボットに伝わり，その操作でマニピュレータを動かす。マニュアルマニピュレータまでは，記憶装置はいらなかった。しかし，人に代わって決められた操作を何回も忠実に繰り返すには，何らかの形で仕事の内容をロボットが記憶しておかねばならない。仕事の手順を記憶させる最も簡単な方法が，固定シーケンス法である。例えば，オルゴールのように純粋に機械的な方法で行うこともできる。オルゴールでも高級なものや自動ピアノになると，穴の位置や長さで符号化したロール紙を変えれば，複数の曲を演奏できるようになる。この原理を使ったのが可変シーケンスロボットである。

コンピュータのプログラムも初期の時代には，パンチカードという穴のあいたカードを使っていた。超LSIなど電子的記憶装置や演算装置の発達で，はるかに多くの命令や指示が容易に電子的に行えるようになった。つまりロボットとコンピュータとが一体化し，プレイバックロボットの多用途化をはじめ，ロボットそのものの進化が急速に進んだのである。

最近ではロボットへ教え込むにはもちろん，パンチカードなどは使わない。ロボットのコンピュータの持つ記憶装置へ，プログラムを組み込むわけである。しかし，産業用で多く使われているのは，ティーチングプレイバック（教示再生）方式である。この教示方法にもいろいろなものが存在し，**表 2.3**のように分類される。ロボットが設置されている生産ラインで行う場合を**オンライン教示方法**，生産ラインから外して行う場合を**オフライン教示方法**という。特にオンライン教示方法では，ロボットの作業ツールを熟練した作業者が手をとり，関節の回転角度や動かす速度を記憶させて教え込むのを**直接教示方法**，人に代

表 2.3　作業教示方法の種類

教示方法	
1	オンライン教示方法
	1-1　直接教示方法
	1-2　間接教示方法
2	オフライン教示方法
	2-1　言語方法
	2-2　非言語方法

わって専用の機械が教え込むのを**間接教示方法**という。いずれにしろ，プレイバックの典型である。

生産ラインとはまったく違う場所で教え込むオフライン方法では，ロボットの作業環境をコンピュータ上でシミュレーションし，これを記憶させる。この場合，ロボットに適した専用言語で伝える場合と，図面などで軌跡を例示する場合とがある。

ロボットには，他の自動制御装置と同じくサーボ機構が必要である。これは，動作が前もって指示された位置からどのくらいずれているかを検出して，制御部にフィードバックさせ，正しい位置に修正させねばならないからである。**図 2.2**は，外部からの命令や作業指示が，ロボットの腕や手などの各機構部にどのように伝えられ，あらかじめ定められた軌道や位置からのずれがどのようにして修正されるかを示した系統図である。命令信号は言語の解釈から始まり，動作軌道に変換され，腕や手などの各機構部へ伝達される。各機構部は内部センサで動作を検知し，正しく修正されるようフィードサーボ制御がかかり，ロボット全体は視覚センサで監視されて正しく動作するよう制御されている。ロボットボディの中には，コンピュータチップの CPU と記憶装置，各種の検出用センサ，駆動するためのアクチュエータがびっしりと詰まっている。

3

ロボットのセンサ

3.1 人の五感に相当するセンサ

人は，目，耳，皮膚，舌，鼻の五感という感覚器官によって，光，色，音，熱，味，臭いなどの外界の刺激を感じる。また副次的なもの，あるいは，これらの相乗効果で派生したものとして平衡感覚，第六感などが挙げられる。

センサは**図 *3.1***のように，光や力などの物理量を入力とし，電気信号の出力に変換するものである。**表 *3.1***は人の五感に対応するセンサを比較したものである。味を感じる舌（味覚）と臭いを感じる鼻（嗅覚）に代わるセンサはまだ十分なものがないが，他の感覚器官に代わるセンサでは人の能力をはるかにしのぐものが開発されている。

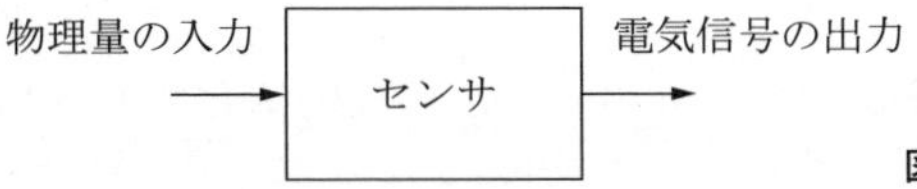

図 *3.1* センサの役割

表 *3.1* 人の五感とセンサ

人間の五感	人工のセンサ	製品（デバイス）
見る（視覚）	光センサ	フォトダイオード，フォトトランジスタ
聞く（聴覚）	音響センサ	マイクロホン
触れる（触覚）	圧力センサ	ひずみセンサ，圧力センサ
かぐ（嗅覚）	においセンサ	開発中
味わう（味覚）	味覚センサ	開発中

人は五感で自分の置かれた状態を感じ取って，外界に適応したり，危険から身を守ったりして，自然界に適応してきた。ロボットの動きを制御する上で，まったくこれと同じことが当てはまるのである。

ロボットの腕や手あるいは移動機構の動きは，つねにセンサによって検知され，ロボットが，指令された作業を正確な位置で正しく実行しているか否かが判断される。もし少しでもずれがあれば動きが修正され，正しい位置へ軌道修正される。これはちょうど，人が目で自分の位置を知り，手で物を触って硬さや柔らかさを判断し，壊れない程度の力でつかむのと同じである。ロボットでのセンサは人の五感であり，検知した信号は増幅処理されて人の頭脳にあたるCPUチップで判断され，腕や手を動かすアクチュエータの動きを修正するのである。**図 *2.2***に示すように，ロボットの動作はすべて，センサとアクチュエータによるこのフィードバックサイクルによって制御されている。

3.2　ロボットにおけるセンサの役割

人の五感である視覚，聴覚，触覚，嗅覚，味覚がすべて，ロボットに必要というわけではない。ロボットが使われる作業環境によって必要な感覚の種類と性能は異なってくる。ロボットの腕，手など作業を行う各部，各機構が，どのぐらいの速度でどの程度動いたかを自分自身で検知するため，自分で持っているセンサを**内部センサ**という。これに対して，腕や手の動きを外から監視して，指令や修正を行うセンサを**外部センサ**という。**表 *3.2***は，ロボットに一般的に必要とされるセンサである。

内部センサは，ロボットが生産のために携わる対象物から受ける力とか，硬さ・柔らかさの表面状態など，部分的なものの検出に用いられ，外部センサは製品の判別や位置，姿勢など全体的なものの検出に使われる。これらのセンサで検出された信号は，**図 *2.2*** に示すような情報処理の流れに従って識別され，作業指令や修正指令となって伝わるのである。

すべてのセンサがこの処理過程を経る必要はない。例えば，ロボットの手や

表 3.2　ロボットに必要とされるセンサ

感覚		おもな機能
外部センサ	視覚センサ	・対象の有無，特定物の識別 ・対象の良否，欠陥の識別 ・形状，位置，姿勢の計測（距離）
	触覚センサ	・環境から受ける力，モーメントの計測（力覚） ・力把持力の計測（圧覚） ・対象の微細な動きの計測（接触覚，すべり覚）
内部センサ	平衡感覚	・ロボットの姿勢の計測
	内部状態センサ	・間接角度，間接角速度の計測 ・間接トルクの計測

腕がどれだけ回ったかを知るには，信号検出程度，あるいはノイズ除去のための信号処理の段階で十分である。しかし，視覚センサで物体の形状を認識するには，特徴を解釈する段階まで経なければならない。

産業用ロボットに最も必要とされる内部センサは触覚をはじめとする各種の力検出センサと，指や腕など回転する関節部の回転角検出センサである。これに対し，外部センサは人の目に相当する視覚センサや光検出センサ，外界の温度や湿度を検出する環境センサである。

3.3 触覚センサ

人は物体に触れたり，つかんだりする場合，手や指をどのように動かすべきかなどは意識しない。しかし，ロボットに同じ動作をさせるためには，物体の硬さ，

表 3.3　おもな触覚センサの種類と働き

センサ	応用分野	検知する物理量	触覚の種類
ひずみゲージ 圧力センサ	力作業 柔軟操作 把持力制御	手首や指先の力， モーメント，トルク， 把持力	力覚 圧覚
マイクロスイッチ フォトセンサ 超音波センサ 電気容量センサ	位置決め 形状識別 安全対策 経路制御	接触の有無 接触パターン 接近距離	近接覚 接触覚

表面の滑らかさを知って，物体が破損しない程度の力でしかも手から滑り落ちない強さでつかまねばならない。人にとってはこの単純な動作でも，ロボットに同じ動作をさせるためには，力や微小な動きを検知するいろいろな力センサが必要である。これらを総称して一般に**触覚センサ**と呼ぶ。**表 3.3** は各種の触覚センサの特徴をまとめたものである。

3.3.1 ひずみゲージ

力を感じる最も基本的なセンサはひずみゲージである。金属の薄膜や半導体の細片に力やひずみが加わると，電気抵抗が変化する。**図 3.2**(*a*)に示すように，ひずみゲージを弾性体の部材に貼(は)り付け，同図(*b*)，(*c*)のように圧縮や曲げなどの力を加えてゲージに伝える。力 F が剛性 G の部材に加わると，ひずみ ε は

$$\varepsilon = \frac{F}{G} \tag{3.1}$$

となる。このとき，ゲージにもひずみが伝わって，電気抵抗 R が ΔR だけ増加したり，減少したりする。短冊状のゲージに伸びの力が加わるときは抵抗が増加し，圧縮の力が加わるときは抵抗が減少する。抵抗の変化する感度を**ゲージ率** K と称して，式(3.2)のように表す。

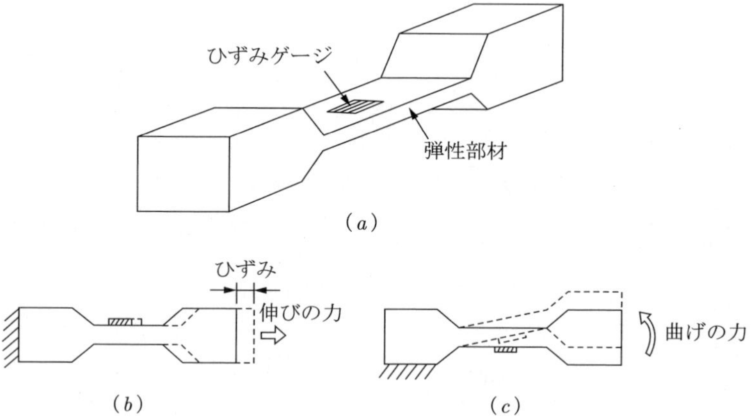

図 3.2　ひずみゲージの動作原理

$$K = \frac{\Delta R}{R\varepsilon} \tag{3.2}$$

ひずみゲージと一体になった部材をロボットの手や腕の各部に貼り付けておけば，そこに加わる力を個別に検出することができる。部材を含めても大きさが数 mm 角で薄く，フレキシブルなものが開発されており，指先や腕の表面に貼り付けて力の検出に使われる。

3.3.2 圧力センサ

CPU や LSI などのシリコン半導体はひずみゲージにも応用されている。シリコン半導体素子の技術を使って，ひずみゲージをダイオードやトランジスタと同じように，まとめてつくることができる。**図 3.3**はシリコン半導体の導電性を示す p 形と n 形において，ひずみに対する抵抗の変化率を示したものである。シリコンでは，ひずみに対する抵抗の変化率が金属薄膜などに比べて数十倍も大きい。しかも同じ向きのひずみに対して，p 形と n 形とで抵抗の変化が逆になるので，ブリッジ回路を組むのに便利である。ひずみゲージをまとめて電子回路などとともに IC チップ上につくり上げる。圧力検出部は**図 3.4**のように半導体チップの中央部を薄く加工し，その上に半導体の高温拡散技術で，ゲージをつくり込む。このゲージは**図 3.5**のようなホイートストンブリッジ回路に組まれ，同じチップ上につくられた増幅や補正の回路と電気的に一体化してい

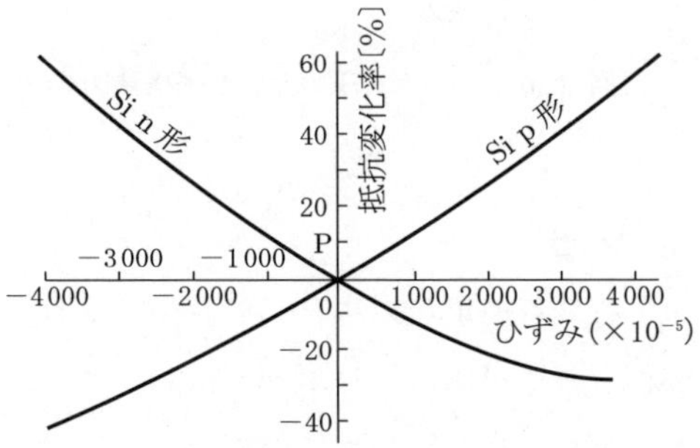

図 3.3　シリコン半導体のひずみに対する抵抗の変化率

る。このチップは**図 3.6**のようなパッケージに組み込まれ，外部から空気や油などの流体を使って圧力が伝えられる。例えば，柔軟構造の指や手にオイルを充満させて，指や手で物体をつかんだときの力をこの圧力センサで測ることができる。

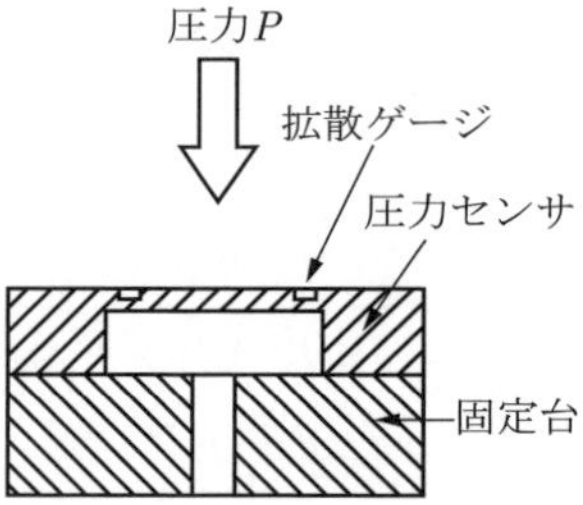

図 3.4　圧力センサチップの構造

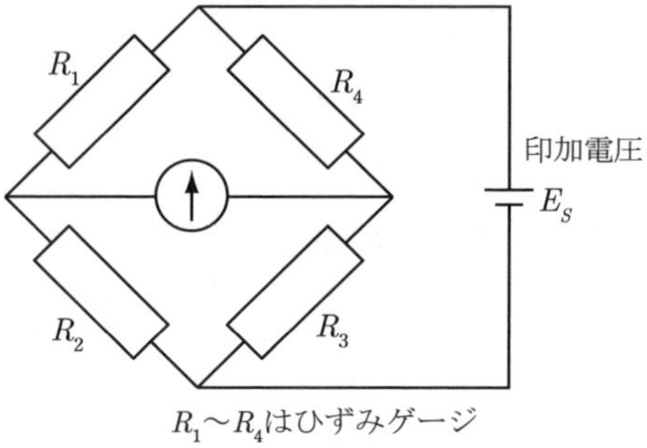

図 3.5　ホイートストンブリッジ回路

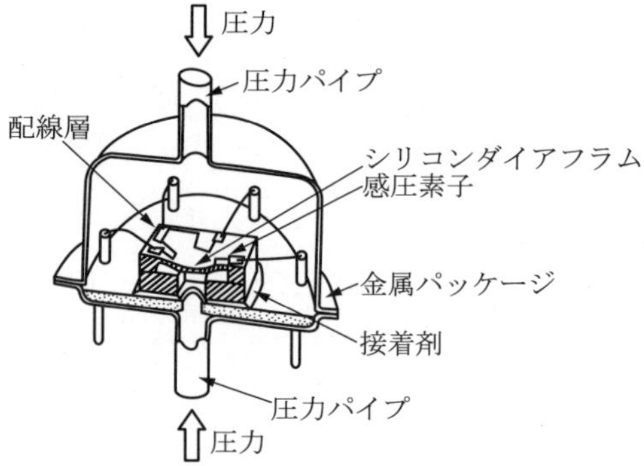

図 3.6　シリコン圧力センサの構造図

3.3.3　近 接 セ ン サ

物体の存在を検知する最も簡単な方法として，マイクロスイッチやリミットスイッチで実際に触れる方法がある。ロボットにおいても，この電気的スイッチで十分役立つ場合もあり，多く使われている。これに対し，物体に触れずに存在を検知する必要がある場合は，物体との接近で高周波の変化や検知素子の電気的容量変化を検出する方法がある。近接スイッチは通常のマイクロスイッチなどと同じ簡単な原理で，物体に触れると，電極がオン・オフのどちらかの状態になるようにして使う。

図 3.7 は物体に触れないで近接状態を計る検出法の原理を示したものである。高周波近接スイッチは，検出コイルに金属体が近づくと，発信周波数や出力が変化することを，容量型は物体が検出用電極に近づくと，やはり発信周波数が変化することを利用するものである。

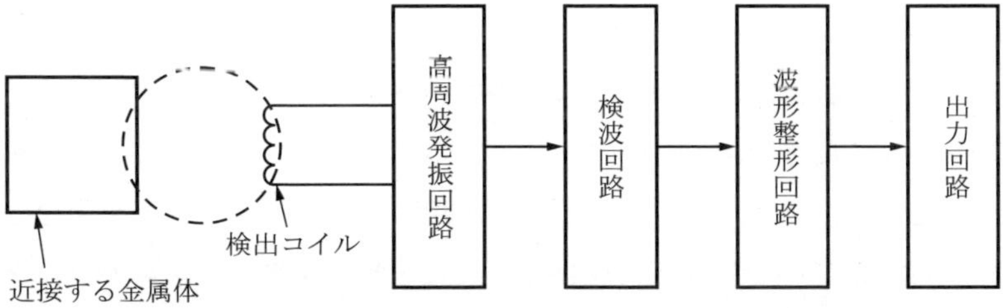

図 3.7　高周波近接センサの動作原理

3.3.4　回転角度センサ

ロボットの関節の回転や角度を知るためには，回転角度を知るセンサが必要である。基本的には両者は同じである。回転角度の計測は主として1回転以内であるが，回転数の計測は単位時間に 360° を何回経過したかを求めることである。**図 3.8** は回転角度や回転数を検出するセンサの動作原理である。図(a)は電磁式で，金属の歯車を使う場合である。永久磁石の先端に電圧発生用コイルを取り付けたものが多い。図のように回転方向に歯車がセンサの先端を通過すると，通過した歯車の数の電圧を発生する。発生電圧と回転数の関係は

$$f=\frac{pN}{60} \tag{3.3}$$

となる。ここで，fは発生周波数，pは歯車の歯数，Nは回転数である。

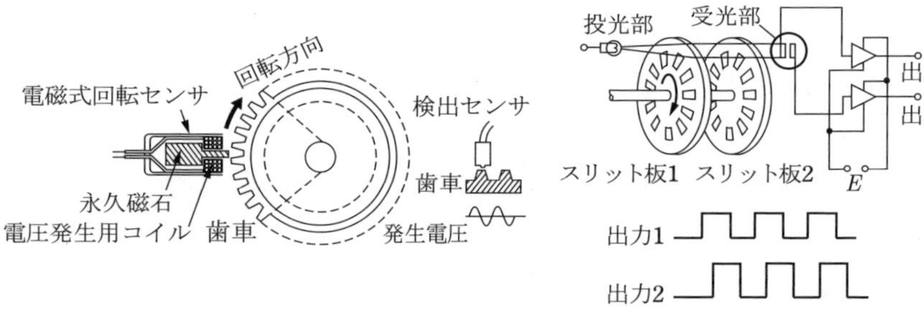

（a） 電磁式センサ　　　（b） 光電式センサ

図 3.8　電磁式および光電式回転角度センサの動作原理

一方，図（b）は光電式の例である。多数のスリットを持つ2枚の回転円盤が回転数や回転角度を計測する軸に取り付けられている。投光部には発光ダイオード，受光部にはフォトダイオードなどが用いられる。スリットを通過した光を90° ずらした二つの受光部で受ける。これをディジタル加減算カウンタで数えて角度や回転数が求められる。パルス状の信号波形，出力1と出力2とからそれぞれの微分波形，立上り出力1と出力2とを求め，右回り，左回りの区別をつけることもできる。

3.4　視覚センサ

視覚センサは光を媒体とした非接触センサである。自然光か，自然光の照度を調整するだけで画像を撮像する場合を**受動的画像センシング**といい，赤外光など自然光ではない光を積極的に当て，撮像する場合を**能動的画像センシング**という。

ロボットに使われる視覚センサは一般には**イメージセンサ**と称されるものである。光の波長範囲は広く，人の目に見える可視光下だけでなく，赤外波長に感ずるイメージセンサや紫外光に感ずるセンサもある。一昔前まではイメージセンサは非常に複雑かつ高価で，放送局や一部の専門家しか使えなかった。しかし，半導体シリコンの LSI（大規模集積回路）技術の進歩により，画素数の多い高精細，高画質の CCD センサや CMOS センサというイメージセンサがデジタルカメラやムービーカメラとなって発展した。今では携帯電話に使われるまでに一般化し，ロボットの視覚センサにも当然 CCD や CMOS イメージセンサが使われている。**図 *3.9*** は CCD イメージセンサの動作原理と構造を示したものである。本来，CCD とは電荷を転送するという意味で，画像とは直接関係がない。しかし**図 *3.9***(*a*) のように，同じシリコンチップ上でフォトダイオードなどの光センサに生じた電気信号（電荷）を，並べて多数配列した電極間電圧を順次切り替えていくことで出力信号として送り出すことができる。これを**シフトレジスタ**という。図(*b*) のように，この手法で 2 次元の光センサとシフトレジスタとを一緒に配列すると，画像信号を時系列の電気信号として取り出すことができる。これは**インターライン型 CCD** と呼ばれるものであるが，一般に CCD 即イメージセンサと解されるまでになった。

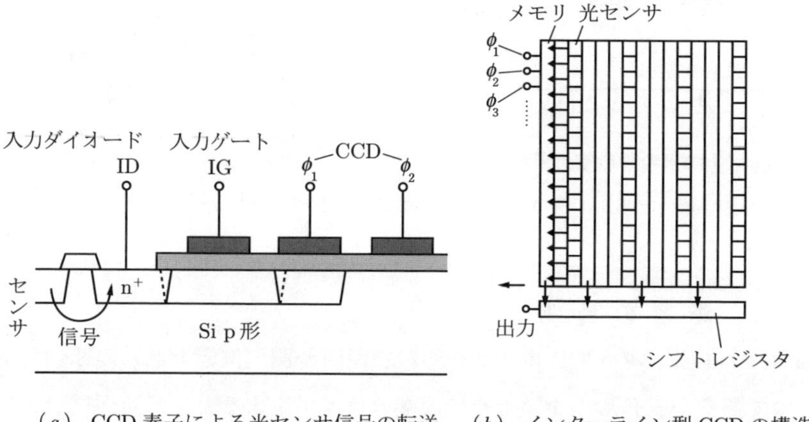

(*a*) CCD 素子による光センサ信号の転送　(*b*) インターライン型 CCD の構造

図 *3.9*　CCD イメージセンサの動作原理と構造

もう一つのシリコンイメージセンサが**図 *3.10*** の CMOS センサである。図(*a*) は 1 画素を構成する MOS トランジスタの断面で，図(*b*) はフォトダイオードと MOS トランジスタとで構成される 1 画素をマトリックス状に配列した 2 次元イメージセンサの構造である。両者にはそれぞれ特徴があり，従来は CCD

が高画質，高価格，MOS は画質は劣るが低価格とされてきた。しかし，MOS の方が画面中の一部を抽出して処理することや多画素化が容易であることから優勢になりつつある。いずれも用途によって甲乙つけがたいところが多い。

ロボットでの視覚センサの代表的な利用法は，対象物までの距離計測と対象物の特徴を抽出し，パターンを認識することである。動画像の扱いについては **5** 章で記述するが，ここでは距離計測と画像認識について簡単に述べる。

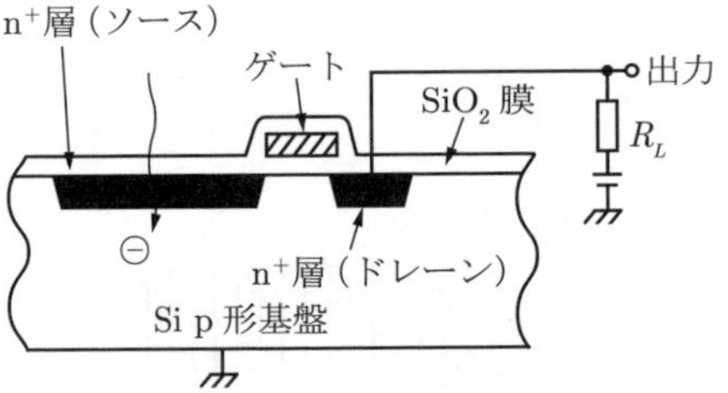

（*a*）1 画素の構造断面図

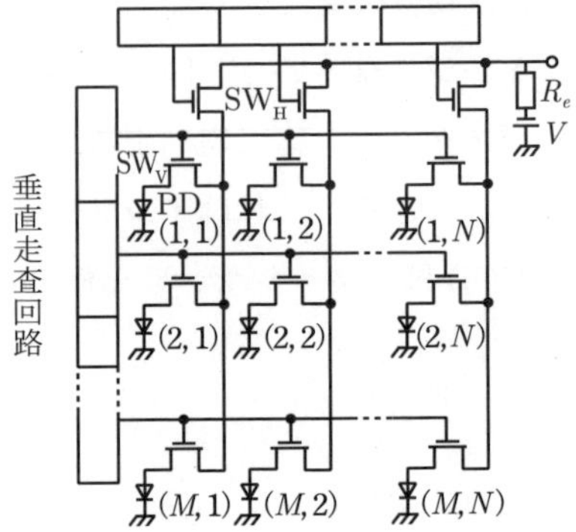

（*b*）フォトダイオードと MOS トランジスタの XY マトリックス構造

図 3.10　MOS 型イメージセンサ

3.4.1　距離の計測

図 3.11 は二つの CCD カメラを用いた距離計測（位置計測）の原理を示したものである。三角形の 1 辺とその両端の角度が定まると，三角形は一義的に決まる。この方法を応用すると，目標点 $\boldsymbol{P}(x, y, z)$ が左右の撮像素子の画面上に投影され，左の素子では座標(x_a, y_a)，右の素子では，座標(x_b, y_b)になったとする。異なるこの 2 点の位置座標を使って，点 P の座標(x, y, z)は

$$x=\frac{x_a L}{x_a-x_b},\qquad y=\frac{fL}{x_a-x_b},\qquad z=\frac{y_a L}{x_a-x_b} \tag{3.4}$$

として求められる。L は CCD 画像素子間の距離，f はレンズの焦点距離である。

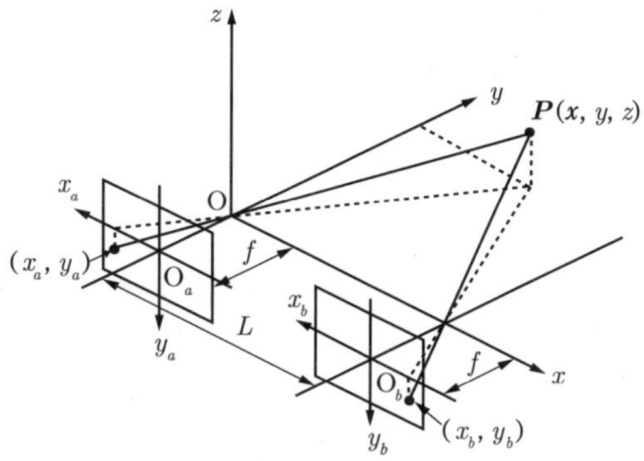

図 3.11 二つのCCDカメラによる距離の計測

3.4.2 画像の認識

画像入力は，まず対象物をCCDカメラなどで撮像して，アナログの画像信号を2次元のディジタル画像に変換する。つぎの前処理では，画像の濃淡の入力信号から対象物の特徴を抽出するわけであるが，この画像がきれいに取り込めるとは限らない。そのための処理として，フィルタ処理，ひずみ補正，画像の強調や平滑化，濃度補正などの処理を行う。特徴の抽出では，濃度（明るさ），色，テキスチャに注目して，画像を抽出する。また，測定物間の距離など位置関係を求める。最後の認識・判断では，抽出された特徴に基づき測定対象の選別や形状を判断する。これを実行するためには，あらかじめ対象物がどのような特徴を持っているかを定量化しておかねばならない。これらの各処理について，概要を以下に述べる。

〔1〕 **濃淡画像処理**　テレビカメラから入力された画像には種々のノイズやひずみが含まれている。これらを取り除くための処理には，以下のものがある。

濃度変換処理：濃淡画像の画素ごとに濃度変換して，画面の濃度分布を均一化する。

画素間演算処理：入力画像を積算して暗い画面を改善する。

移動処理：入力画像の大きさや位置を変更して，基準値や基準の位置に合わせる。

フィルタ処理：ノイズの除去を行うと平均化されるので，画像のエッジもぼける欠点がある。エッジの鋭さを保ったままノイズを取り除くため，局所的な処理がとられる。

〔2〕 **2値画像処理**　濃淡画像ではデータ数が多すぎて処理に時間がかかりすぎたり，複雑になる場合がある。この問題を解決する方法である。これには，以下のものがある。

2値化しきい値の決定：適当なしきい値を境にして画像濃度を0と1の二つのデータに変換する。

2値画像の近傍処理：特徴量を抽出しやすいように2値化された画像近傍の処理をする。

〔3〕 **2値画像の特徴抽出**　2値化された画像から特徴を抽出する場合の項目として，以下のものがある。

数の計測：画面左上から右下に向かって走査を行い，1か0のラベル付けを行う。

面積の計測：ラベル付けされた各物体の面積は，同一ラベル内のデータ点の数を勘定することで得られる。

周囲長：同一領域の一番外側にある点を結ぶ線分を求めることで得られる。

円形度：面積と周囲長から求める。

このほかに重心座標，慣性モーメント，外線長方形，傾き，射形などの項目がある。

〔4〕 **パターン認識**　以上のような種々の画像処理を行った後，ロボットがパターンを認識するわけであるが，前もって想定されている基準と同じかどうかを判定するのが，この作業である。この作業には以下のようなものがある。

パターンマッチング：基準パターンの特徴量と入力パターンの特徴量との間にある係数を定義し，その係数が0に近いことで一致していることを判断する。

統計的方法：多数のサンプルから統計的特徴を求めて，未知のパターンを統計的に判断する。

構造的方法：パターンの各特徴間で存在する種々の相互関係を取り出し，明確にすることで一致を認識する。

演　習　問　題

【1】 ディジタル式ロータリエンコーダにおいて，角度分解能を高めるためには何を向上させる必要があるか。

【2】 機械式圧力センサと半導体式圧力センサそれぞれの利点と欠点を述べよ。

【3】 非接触で回転数を計測する手法を三つ挙げよ。

4

ロボットの運動源・アクチュエータ

ロボットを人と比較した場合，人の頭脳はCPUや記憶素子から成るコンピュータ回路であり，目や耳，皮膚などの感覚器官は視覚，触覚など各種のセンサにたとえられる。一方，人の手足や腕を動かすのは筋肉であるが，ロボットで各関節を動かす動力源となるのが各種のアクチュエータである。ここで注目すべきことは，コンピュータとセンサは信号，判断，命令など情報を扱うのに対し，アクチュエータはエネルギーを能動的に扱うことである。

アクチュエータは供給されたエネルギーを運動エネルギーに変換するもので，コンバータとモータとに分けられる。コンバータは同一エネルギーの構成比を変えるもので，モータはエネルギーの種類を変換するものをいう。ロボットの駆動用に現在用いられているアクチュエータはその大半を電気式モータが占めている。モータには油圧式，空圧式のものもあるが，利用されているのは比較的わずかである。

電気式モータの機構はそのほとんどが回転式であるが，最近では，人の筋肉のように曲がる力を発生するもの，伸縮力を発生するものなど新しいアクチュエータがロボット用に開発され始めている。ここでは電気式モータの原理，動作からコンピュータ制御までについて述べる。

4.1 電気式モータの種類

電気式モータには動作方式によって，直流モータ，交流モータ，ブラシレスモータ，ステッピングモータ（ステップモータ，パルスモータとも呼ばれる）の4種類がある。

4.1.1 直流モータの構造と動作原理

直流モータは**図 *4.1***(*a*)のように正面から見るとフィールドと称する外側から磁界を与える磁石と，**アーマチュア**と呼ぶ回転子から構成される。回転子にも複数のコイルが巻かれており，コミュテータという回転する多数の電気端子にそれぞれコイルの先端がつながれている。電圧はブラシを介して回転子のコイルに加えられ，ブラシと接触している端子から回転子のコイルのみに電流が流れる。このとき回転子は自己の発生する磁界とフィールド磁界との間に働く力で回転する。図(*a*)の回転子の中心を一点鎖線 A-B で左右に分けると，左側と右側とでは電流の向きが異なる。S 極側ではすべての巻線に流れ込む方向（⊗）であるが，N 極側では流れ出る方向（⊙）である。つまり，ブラシとコミュテータは回転子の角度に無関係に電流の分布を決める役割を果たし，フィールド磁界がつねに回転子に同じ回転方向の力を与えるようつくられている。図(*b*)は，一般的な直流モータの構造断面図である。

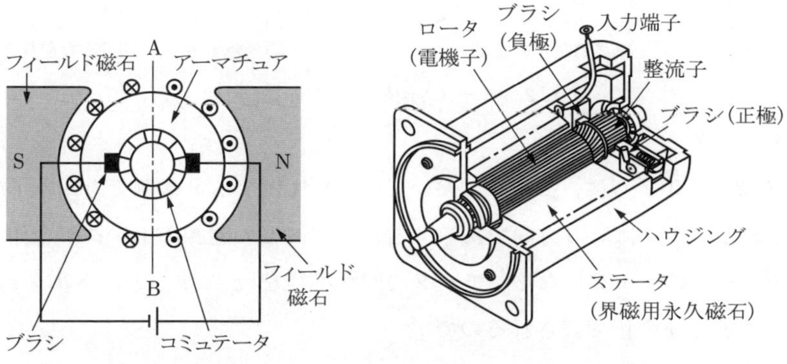

（*a*） 原理図（正面）　　（*b*） 構造断面図例

図 *4.1* 直流モータの動作原理と構造

大型の回転機や電車・列車などでは，フィールド磁界にも巻線コイルが使われているが，ロボットや各種エレクトロニクスの分野では永久磁石が用いられており，**図 *4.1***(*b*)もフィールド磁界に永久磁石を用いた例である。フィールド磁石には主として，アルニコなどの鋳造磁鋼，フェライトおよびサマリウム・

コバルトなどの希土類強磁性磁石が使われる。

4.1.2 トルク定数

磁界の中に電流の流れる導線が置かれると，**図 4.2**(*a*)のようにこの導線には力が働く。力の向きはフレミングの左手の法則で決まり，力の大きさ F は

$$F = BI_M L \tag{4.1}$$

で与えられる。ここで，B は磁束密度，I_M は電流，L は回転子の長さ方向に張られた導線の長さである。

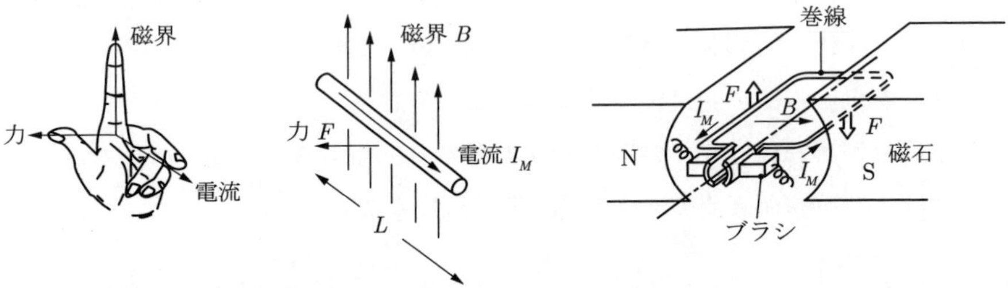

(*a*) フレミングの左手の法則　　(*b*) 発生トルクが回転力を与える

図 4.2 モータの回転トルク発生の原理

図 4.2(*b*)のように，モータにおいては，N 極側でも S 極側でも回転子の巻線に加わるトルクは時計方向である。これらすべての巻線のトルクが合体したものがモータのトルクになる。モータの回転半径を r とすると，トルク τ は力の大きさ F と r の積で表されるので

$$\tau = rF \tag{4.2}$$

となる。

永久磁石モータでは，磁束密度 B は着磁の際に決まり，巻線の数もモータ組立て時に決まってしまう。したがって，トルク τ は回転子巻線の電流 I に比例する。そのため，比例定数 K_T を用いて

$$\tau = K_T I_M \tag{4.3}$$

で示される。式(4.1)〜(4.3) を使って

$$K_T = rBL \qquad (4.4)$$

となる。この定数 K_T は**トルク定数**と呼ばれている。このトルク定数はモータの構造と磁束によって決まり，〔N・m / A〕の単位で表される。

4.1.3 逆起電力定数

永久磁石モータの回転軸を外力によって回転させながら，端子電圧を測定すると，回転速度にほぼ比例した電圧が発生していることがわかる。これは，モータが発電機として働いていることを示している。端子に外部から電圧を加えてモータとして動作させているときでも，この発電作用は発生している。この現象は，フレミングの右手の法則で説明される。

図 4.3 のように磁界と電流の作用によって力が働き，導線が左方に速度 v で運動しているとする。このときの導線は，磁界を切るために起電力 E を発生させ，その大きさは

$$E = vBL \qquad (4.5)$$

となる。起電力の向きは電流の向きとは逆で，電流を減らす作用を示す。発電作用によって端子に表れる電圧（起電力）は，モータ駆動のために印加する電圧とは反対の向きであるので，**逆起電力**と呼ばれる。この値は回転数 N に比例するので

$$E = K_E N \qquad (4.6)$$

で示される。この比例定数 K_E は，**逆起電力定数**と呼ばれる。単位は〔V・s / rad〕

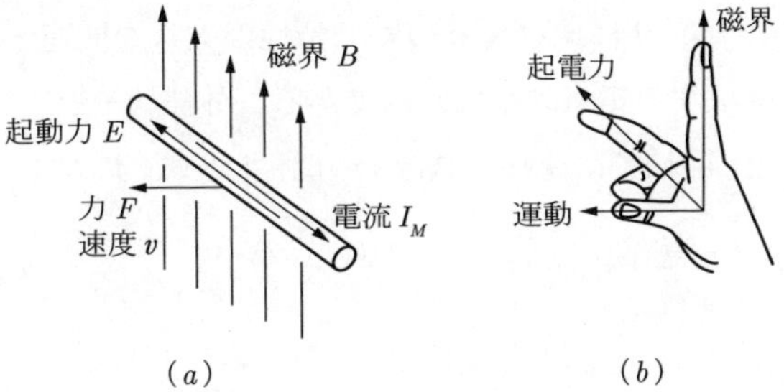

図 4.3 フレミングの右手の法則

で表される。

モータの回転が時間 t の関数であることから，式(4.3)で発生するトルク $\tau(t)$ は電流に比例して

$$\tau(t)=rF(t)=K_T I(t) \tag{4.7}$$

となる。力 F および電流 I も，時間とともに変化する関数である。

ここで，$K_T(=rBL)$ をトルク定数と呼び，この磁界と電流の作用により巻線が磁界と垂直方向に速度 v で運動することはすでに述べたが，この際，巻線が磁界を切るために起電力 E がコイルに発生する。その大きさは

$$E(t)=BLv(t) \tag{4.8}$$

である。この起電力の向きは電流を減じようとする方向で，**図 4.3** に示すフレミングの右手の法則で説明される。電流の流れる導線が磁束を横切る方向に運動すると，導線に流れる電流を打ち消すように起電力が発生するのである。

回転子の回転速度は，$d\theta(t)/dt=v(t)/r$ であるから（θ は回転子の回転角度，r は回転子の半径）

$$E(t)=K_E\frac{d\theta(t)}{dt} \tag{4.9}$$

である。ここで逆起電力定数 $K_E=rBL$ となるが，実はトルク定数と逆起電力定数とが同じものであることがわかる。

4.1.4　電気的時定数

モータなどのアクチュエータは重さや体積のあるロボットの手足を動かさねばならないので，センサに比べてその動的特性が大きな問題となる。**図 4.4** (a)はモータが構成する電気的等価回路である。外部端子を通して加えられる印加電圧 $V(t)$ と，回転子に流れる電流 i の関係は，式(4.10)のようになる。

$$V(t)=Ri+L\frac{di}{dt}+K_E N(t) \tag{4.10}$$

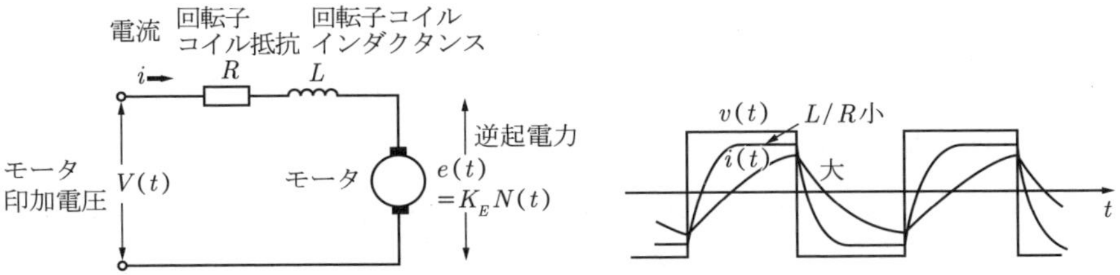

（a） モータの構成する等価回路　　（b） 印加電圧に対する電流立上りの遅れ

図 4.4　モータの等価回路と電圧，電流の動特性

ここで，R，L はそれぞれモータコイルの電気抵抗とインダクタンス，$N(t)$ は回転数，K_E は逆起電力定数である。回転数が一定のときに，端子電圧と電流がそれぞれ ΔV，Δi だけ変化したとすると，式（4.10）は

$$\Delta V(t) = R\Delta i + L\frac{d\Delta i}{dt} \tag{4.11}$$

となる。ここで，印加電圧の正の変化 ΔV に対して $L(d\Delta i/dt)$ は負に働くため，発生する電流 Δi は**図 4.4**（b）のように遅れる。この遅れは L/R に比例している。この値は，モータを選ぶ際の重要な特性の一つであり

$$T_E = \frac{L}{R} \tag{4.12}$$

はモータの**電気的時定数**と呼ばれている。

一方，トルクを $\tau(t)$ とすると

$$\Delta\tau(t) = K_T \Delta i \tag{4.13}$$

となり，電流の変化はそのままトルクの変化となって表れる。

4.1.5 機械的時定数

モータには電気回路の時定数とともに，機械的時定数が存在する。トルク $\tau(t)$ と回転速度 $N(t)$ との間には，式（4.14）のような関係がある。

$$\tau(t) = J\frac{dN(t)}{dt} + DN \tag{4.14}$$

ここで，J：ロータおよび負荷の慣性モーメント，$dN(t)/dt$：角加速度，DN：

速度に比例する負荷トルクである。

トルクの一部はロータおよび負荷を加速するために消費されたり，速度に比例する粘性負荷に打ち勝つために消費される。直流モータの特性は，式(4.10)の電気的関係と式(4.14)の機械的関係とから明らかになる。これらの式は，ラプラス変換してブロック図で考えるとわかりやすい。

式(4.10)をラプラス変換して書き直すと

$$V(s)-K_E N(s)=(R+sL)\,I(s) \tag{4.15}$$

となり，電流 $I(s)$ について解くと

$$I(s)=\frac{V(s)-K_E N(s)}{sL+R} \tag{4.16}$$

のように書ける。ここで，s はラプラス変換後の時間 t である。さらに，式(4.14)をラプラス変換すると

$$T(s)=(sJ+D)\,N \tag{4.17}$$

となる。電気的関係式(4.16)をブロック図で書くと**図 4.5**(a)のようになる。一方，機械的関係式(4.17)と式(4.13)とを考慮してブロック図で書くと図(b)のようになり，両者を合成して図(c)の全体的ブロック図になる。

一般にモータの粘性制動係数は小さく $D=0$，慣性モーメントもロータ自体

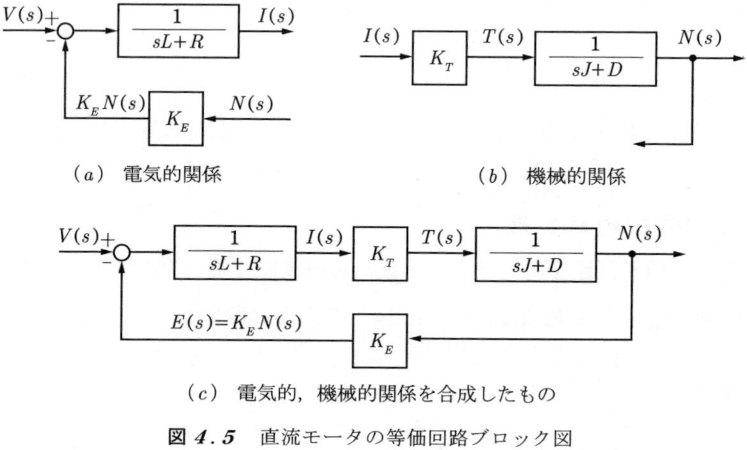

(a) 電気的関係　　(b) 機械的関係

(c) 電気的，機械的関係を合成したもの

図 4.5　直流モータの等価回路ブロック図

のものが支配的と考えられるので，ロータ（駆動モータ）の慣性モーメントを J_M とおくと，$J=J_M$ としてよい。これを考慮して書き直したのが**図 4.6**(*a*)のブロック図で，さらに書換えを行ったのが図(*b*)である。これからわかるように，電圧 $V(s)$ を入力とし回転数 $N(s)$ を出力とする伝達関数 $G(s)$ は

$$G(s)=\frac{N(s)}{V(s)}=\frac{K_T}{s^2LJ_M+sRJ_M+K_EK_T} \tag{4.18}$$

となり，s について 2 次の遅れをなす。

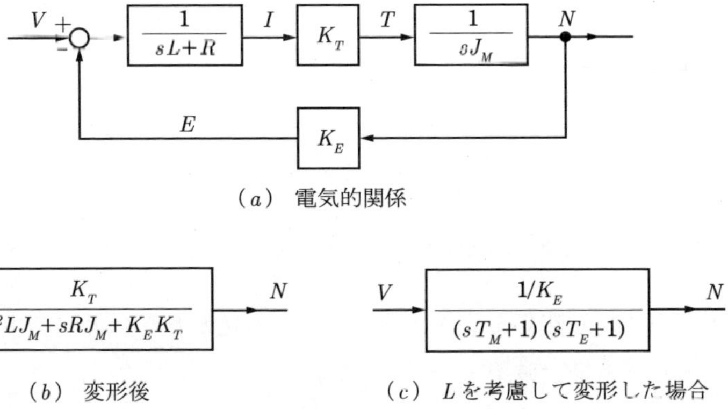

図 4.6　モータ自体の動特性に関するブロック図と伝達関数

ここで，インダクタンス L は，多くの場合，小さく

$$L \ll \frac{J_MR^2}{4K_EK_T} \tag{4.19}$$

の関係が成り立つ。これを導入すると，$G(s)$ は図(*c*)のように

$$G(s)=\frac{\dfrac{1}{K_E}}{(sT_E+1)(sT_M+1)} \tag{4.20}$$

となる。ここに表れる T_E は式(4.12)で定義した電気的時定数であるが，これに対して機械的時定数 T_M が式(4.21)のようにして与えられる。

$$T_M=\frac{RJ_M}{K_EK_T} \tag{4.21}$$

4.1.6　モータのパワーレート

モータで負荷をドライブする際には，**図 4.7** に示すように必ずギヤで減速して行う。負荷をモータの加速度 α_L で加速したい場合，モータ側の加速度 α_M は

$$\alpha_M = G\alpha_L \quad (G：比例定数) \tag{4.22}$$

であるから，モータに必要なトルク τ は，外乱トルクを τ_d として

$$\tau \geqq J_M G\alpha_L + \frac{J_L\alpha_L + \tau_d}{G} \tag{4.23}$$

を満足させねばならない。この加速トルクを最小とするギヤ比を**最適ギヤ比** $G_{\min}$ という。$G_{\min}$ は，式(4.23)を G で偏微分して 0 とおくことにより

$$G_{\min} = \sqrt{\frac{J_L\alpha_L + \tau_d}{J_M\alpha_L}} \tag{4.24}$$

として求められる。式(4.24)を式(4.23)に代入して

$$\frac{\tau^2}{J_M} \geqq 4(J_L\alpha_L + \tau_d)\alpha_L \tag{4.25}$$

の関係を得る。左辺がモータに関する項，右辺が負荷に関する項である。トルク τ の出し得る最大値を τ_P とするとき

$$\frac{{\tau_P}^2}{J_M} \tag{4.26}$$

を**パワーレート**という。

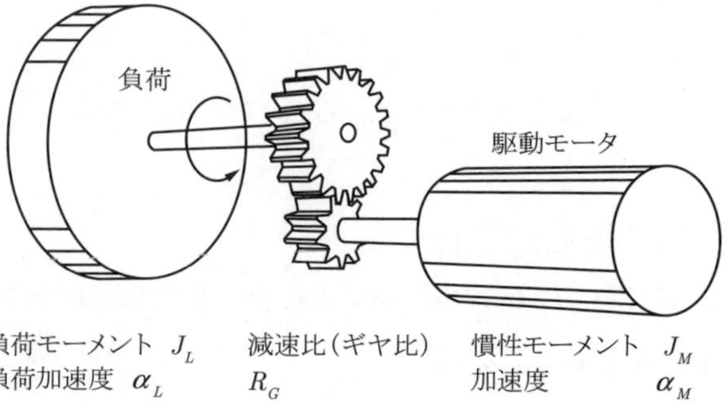

図 4.7　モータパワーの負荷への伝達

負荷 J_L とそれを動かすのに必要な加速度 α_M が決まると，カタログのパワーレートを参照してモータを選定することができる。

4.2 交 流 モ ー タ

交流モータとは，交流電流によって駆動されるモータのことで，整流子形のものと回転磁界形のものがある。整流子形のものは直流モータと同じく，整流子とブラシを有している。しかし，磁界には永久磁石に代わって，巻線に電流を流してつくる電磁石が用いられる。ただ，この種の交流モータはロボット制御などにはあまり使われていない。代わって，回転磁界形が専ら使われるので，これに絞って解説することにする。

4.2.1 基本構造と動作原理

交流モータの基本的構造は**図 4.8** に示すように，**インナロータ型**と**アウタロータ型**とがある。インナロータ型では図(*a*)のように，巻線を有するステータ（固定子）とロータ（回転子）およびブラケットから成る。このようにインナロータ型では，回転子が固定子の内側に配置されているのが特徴である。一方，アウタロータ型は図(*b*)のように回転子が外側に，固定子が内側に配置されている。

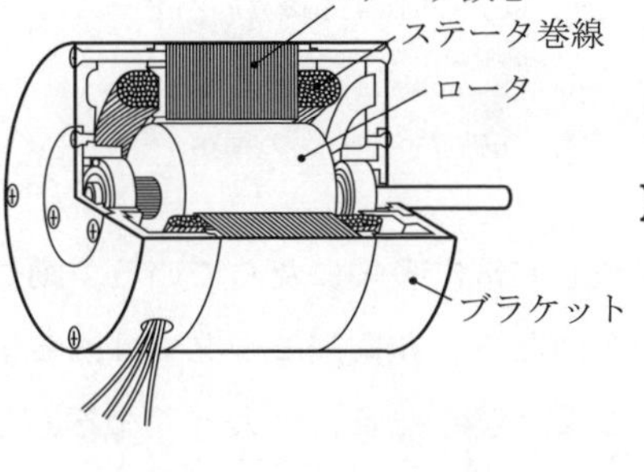

(*a*) インナロータ型

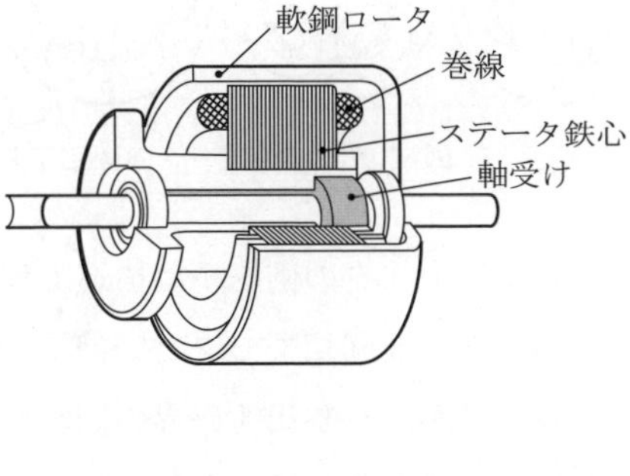

(*b*) アウタロータ型

図 4.8 交流モータの断面構造

交流モータの固定子の鉄心は多くの場合，**図 4.9**(*a*)のようにスロットと称される打抜きくぼみをつくった 0.5mm 厚程度の絶縁けい素鋼板を積層してつくられる。このスロット部に周回させた巻線に交流電流を流して，固定子の内側に回転する磁界を発生させる。**図 4.9**(*b*)に示すような磁界のパターンが，一定の速度で時計方向あるいは反時計方向に回転する。回転磁界と巻線の間には，以下のような関係がある。

① 極数：磁界のパターンに表れる磁極の数を極数というが，巻線によって定まる。

② 電源：巻線に流れる交流として，三相，二相，単層および正弦波，それにインバータなど電子回路でつくり出される方形波や階段波などが用いられる。

鋼板にスロットを多数設けて積層状に重ねて本体となる。左図のように大型モータほどスロット数も増加する。

(*a*) 固定子の断面図

左が 2 極，中が 4 極，右が 6 極磁界。

(*b*) 回転する磁界のパターン

図 4.9　交流モータの固定子および回転磁界パターンの種類

一方，交流モータの回転子は構造も種類も非常に多岐に及んでいる。動作上から大別すると非同期モータと同期モータになる。非同期モータでは回転子の回転が固定子がつくり出す磁界の回転速度より遅く，負荷が大きくなるとともにさらに低速になる特性がある。同期モータでは，回転子の速度が固定子のつくる回転磁界の速度に等しく追随する。

回転子の構造から見るとまた種々様々であるが，ロボットのような精密位置決めを要する場合には ***4.2.3*** 項で述べるように永久磁石を使ったものが使われるが，他の回転子についてはその道の専門書を参考にされたい。

4.2.2 同 期 速 度

固定子のつくりだす回転磁界の速度を**同期速度**という。同期速度 N_0 は，極数と周波数によって式(*4.27*)で与えられる。

$$N_0 = \frac{120 f}{p} \ \text{〔rpm〕} \tag{4.27}$$

ここで，f は周波数〔Hz〕，p は極数で，〔rpm〕は 1 分当りの回転数である。例えば極数が 2 極の場合, 1 分間の回転数は，商用周波数の 50 Hz では 3 000 rpm, 60 Hz では 3 600 rpm となる。国によっては商用周波数が 50, 60 Hz 以外の場合もあるが，例えば航空機では 400 Hz が採用されており，2 極の場合，2 400 rpm となる。

4.2.3 同 期 モ ー タ

今までに述べた交流モータは，定められた 50 Hz や 60 Hz の商用周波数でつくられる回転磁界で回るもので，回転数の制御やトルクの調節はできない。特に起動時のトルクが弱く，ロボットなどの動力源には向いていない。これに対して回転子に永久磁石を使い，固定子に巻線を使う交流モータがある。つまり整流子を使わない直流モータと考えられるが，電子回路によって固定子の巻線に回転磁界を発生させる一種の可変周波数交流モータである。モータの断面構造と駆動回路を示したのが**図 *4.10*** である。回転子の角度位置は半導体ホール素子やロータリエンコーダで検出し，角度に応じた電圧を入力する。図(*b*)は二相式の場合の駆動回路例である。磁極のピッチを 180°，モータの角度位置により A 相巻線と B 相巻線のトルク定数をそれぞれ

$$t_A = K_T \sin 2\theta \tag{4.28}$$

$$t_B = K_T \cos 2\theta \tag{4.29}$$

になるとする。また，A 相巻線，B 相巻線への電流指示をそれぞれ

$$I_A = I_0 \sin 2\theta \tag{4.30}$$

$$I_B = I_0 \cos 2\theta \tag{4.31}$$

とすると，モータの出力トルクは各相で発生するトルクの和となって

$$\tau = t_A I_A + t_B I_B = K_T I_0 \tag{4.32}$$

となる。この関係式から発生トルクは式(4.7)の直流モータと同じく電流指示に比例していることがわかる。

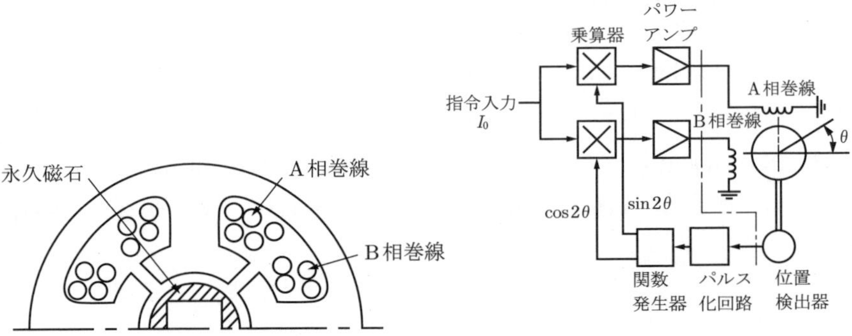

図 4.10　交流同期モータの断面構造と駆動回路

4.3 ステッピングモータ

ステッピングモータは，モータを駆動する電気信号がパルスであるため，最近では**パルスモータ**と呼ばれることが多い。ステッピングモータは，電子回路の供給するパルス信号によってステップ状に回転する。インバータ回路で磁界を回転させる交流同期モータに似ているように思われるが，構造的にも動作的にも以下に述べるように，種々の異なった特徴を有している。

① ステップ角をきわめて小さくし得る。インバータ駆動の同期モータではステップ角に当たる角度は 2 極三相モータで 60°，4 極三相でも 30° と大きいが，ステッピングモータでは 1° 以下にまで小さくできる。

② パルスが加えられていない場合，回転子は一定の位置を保持し続けようとする。この際，回転子を回転させようとする外力に対して大きな抵抗を示す。

③ 起動と停止特性が優れており，トルク対慣性モーメント比が大きい。つまり，パルスなしの状態から，ある周波数のパルス列を入れたときの起動と同期特性が優れている。また，パルス列を停止すれば回転子も急速に停止する。通常の同期モータでは自動起動周波数はかなり低い。

このような特徴のため，ステッピングモータは速度および位置の制御を開ループで行うことができる。つまり，複雑な閉ループ制御を必要としない大きな特徴を持っているのである。ステッピングモータにはおもに，PM（永久磁石）型，VR（可変リラクタンス）型およびHB（ハイブリッド）型の3種類の構造がある。

4.3.1　PM型ステッピングモータ

PM 型ステッピングモータは，回転子に永久磁石を用いる方式で，永久磁石モータに似ており**図 *4.11*** に基本的な構造，駆動回路，動作原理を示す。この例では回転子が図(a)のように NS 2 極の永久磁石で，固定子は四相の突起巻線を有する場合である。図(b)の回路で励起される相が(*1*)，(*2*)，(*3*)，(*4*)の順に変化すると，図(c)の(*1*)，(*2*)，(*3*)，(*4*)のように回転子のS極が固定子のⅠ，Ⅱ，Ⅲ，Ⅳの位置に移動して回転することが容易にわかる。この例ではステップ角が 90° と大きなステップ角でしかないが，小さなステップ角を得るためにさまざまな工夫がなされてきた。

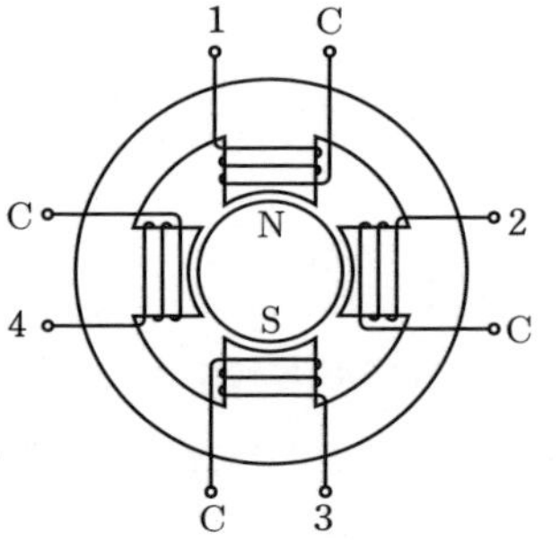

（*a*） 構造

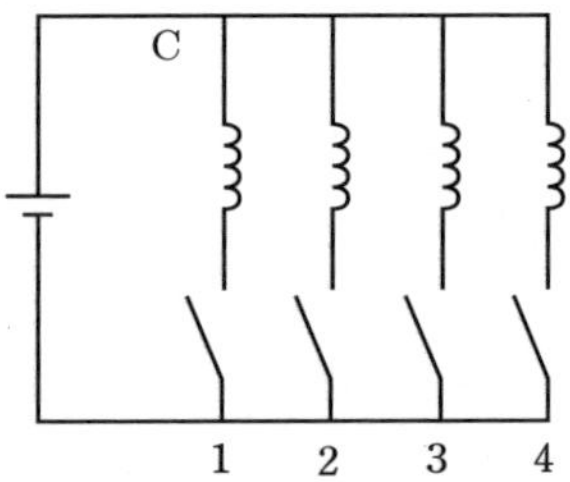

（*b*） パルス発生回路

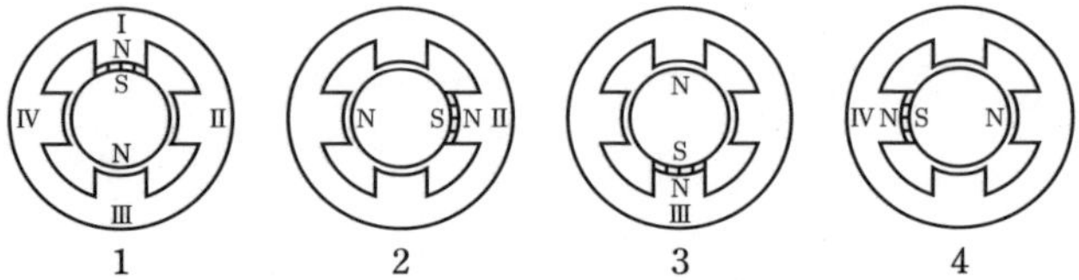

（*c*） パルスによる回転子の位置の変化

図 *4.11* PM 型ステッピングモータの構造、駆動回路と動作原理（四相）

4.3.2 VR 型ステッピングモータ

図 *4.12* に，**VR 型ステッピングモータ**の動作原理を示す。固定子の内側に回転子に向かって巻線を有する複数の歯があり，回転子も複数の突部を持った突極状回転子で構成される。固定子も回転子もけい素鋼板から成る磁性体であり，図(*a*)のように固定子は相対する 2 個の巻線コイルの突極が 3 組みあり，三相巻きとなっている。各相への電流は S_1, S_2, S_3 のスイッチで供給されるが，実際にはトランジスタなどの電子回路が用いられる。図(*b*)は，スイッチの切替えにより 4 個の突極回転子がどのように回転するかを示したものである。S_1 ON で図(*b*)(*1*)のように固定子 I の位置が，S_2 ON で 30° 反時計方向に回転して図(*2*)の固定子 II の位置に来る。さらに S_3 ON で 30° 左まわりに回転して固定子 III の位置までくる。ステッピングモータでは固定子の極数（歯）と回転子の突極は一致する必要はない。

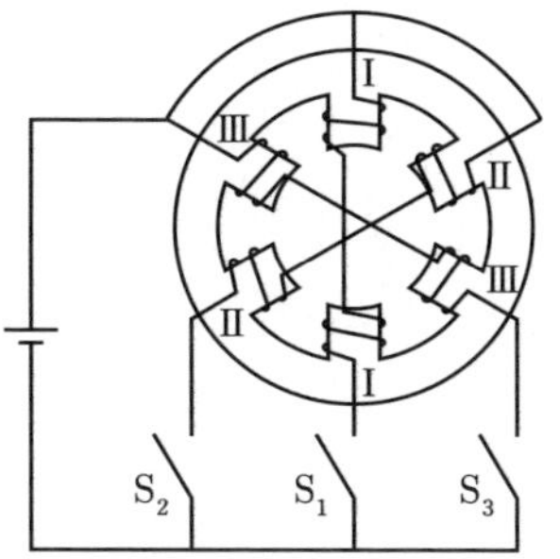

（a）固定子と回路図

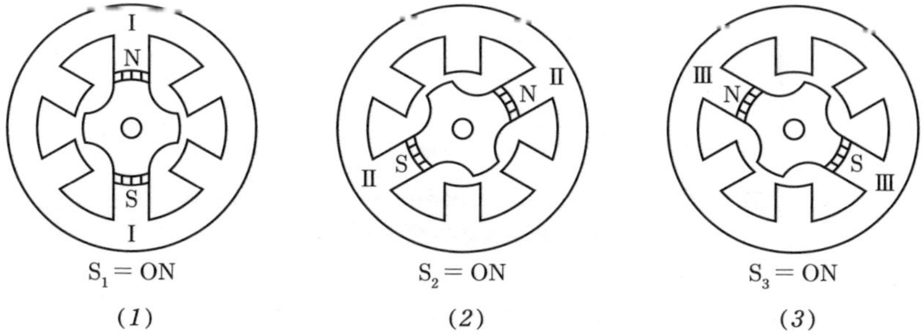

（b）回転子の回転動作

図 4.12　VR 型ステッピングモータの動作原理

図 4.12 の例では固定子の極数が 2，回転子の突極の数が 4 でステップ角は 30° である。ステップ角を小さくするには二つの方法がある。一つは固定子の歯数と回転子の突極数を 2 倍以上にすることである。しかし，巻線を持つ固定子の歯数を増やすには構造的に限度がある。これに対し，巻線を有しない回転子の突極数は増やすことが可能で，**図 4.13**（a）の例に示すように 14 と増やせる。固定子の歯数は 6 であるが，歯には凹凸が設けられている。この構造のときには，固定子の歯の励磁が I からIIに切り替わるとき，回転子は図（b）のように，時計方向に 8° ＋4/7°（約 8.57°）回転する。

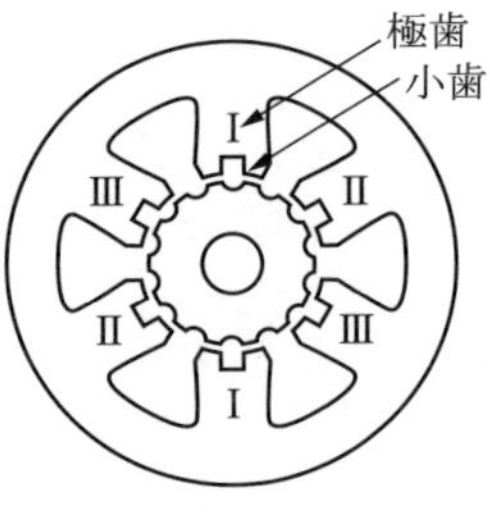

（a）構造

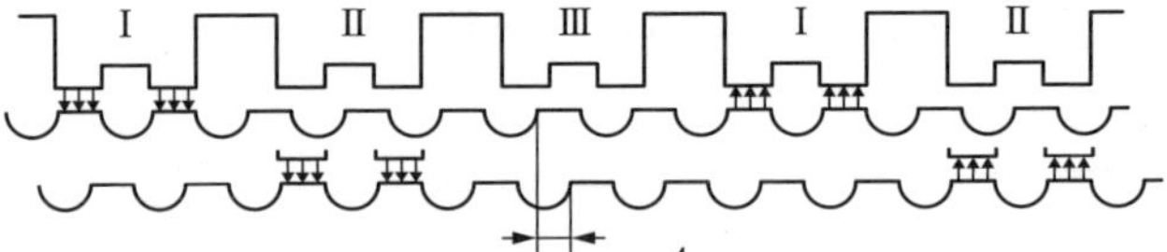

（b）固定子極歯と回転子突極の1ステップ回転角度

図 4.13　VR型ステッピングモータの構造と動作原理
（三相6極歯固定子14突極回転子）

4.3.3　ハイブリッド型ステッピングモータ

PM型とVR型との混成の意味で**ハイブリッド型**と呼ばれている。ハイブリッド型四相の典型的な構造を**図 4.14** に示す。図(*a*)，(*b*)が断面図で，固定子の構造はVR型のそれとよく似ている。最大の特徴は図(*c*)のように固定子の構造にある。固定子の中心部は永久磁石で，そのまわりに数多くの凹凸を持つ鉄心が配置されている。さらに，固定子および回転子も軟磁性体鉄心部分はN極側とS極側に分かれている。固定子の歯の形状は**図 4.14**(*d*)のようにN極側とS極側では半ピッチ（1突山分）ずれている。逆に，固定子には歯のずれがなく回転子の凹凸ピッチがずれているものもある。巻線は図(*b*)のように各相の巻線が4個の極歯にコイルを持ち，直列に接続されている。また1個の極歯に巻かれたコイルは2組みあり，内側に巻かれたコイルは外側のものに対して反対極をなす。駆動回路は**図 4.11** で示したPM型の回路と基本的に同じである。I相が励磁されている状態の固定子と回転子の位置関係を**図 4.15** に示した。

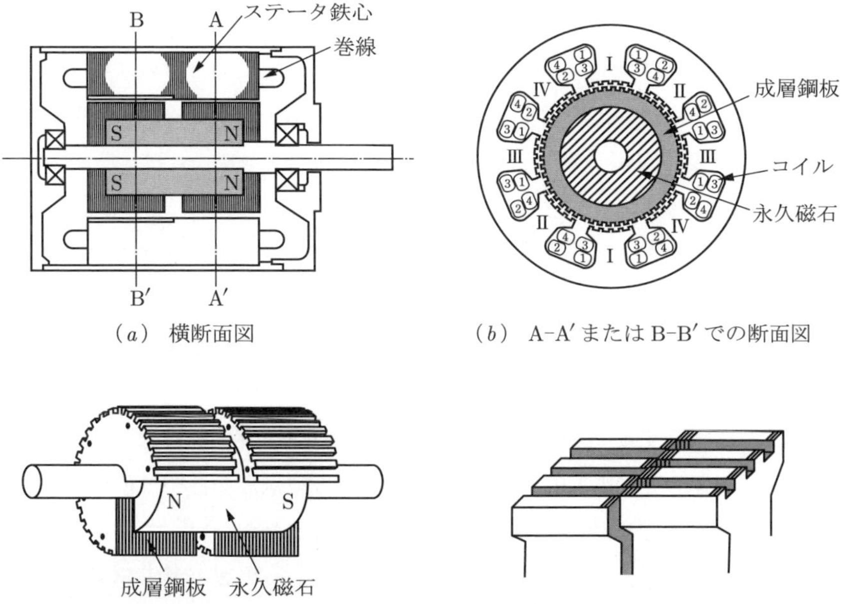

（*a*）横断面図　（*b*）A–A′ または B–B′ での断面図

（*c*）回転子の構造　（*d*）固定子極歯のずれ

図 4.14　ハイブリッド型ステッピングモータの構造（四相）

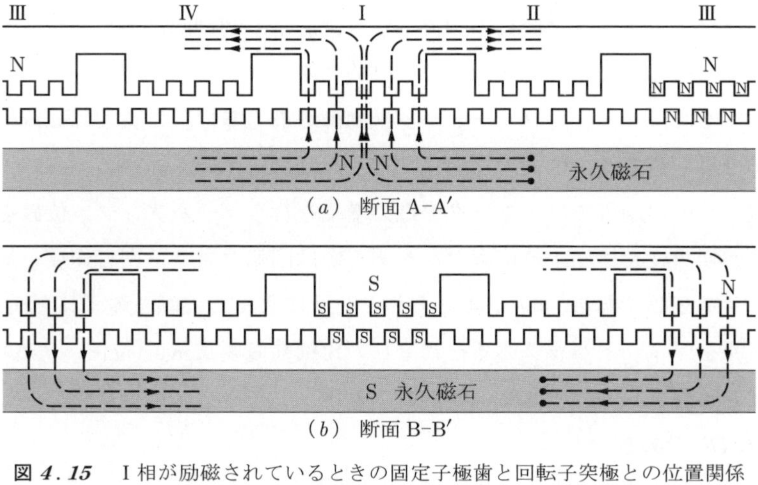

（*a*）断面 A–A′

（*b*）断面 B–B′

図 4.15　I 相が励磁されているときの固定子極歯と回転子突極との位置関係

図(a)が**図 4.14**(a)で示したN極側の断面A-A′で，図(b)がS極側の断面B-B′である。この状態では極歯のⅠはS極を，ⅢはN極を形成するよう励磁されている。そのため，極葉Ⅰの小歯はN極側回転子の突極を吸い付け，極歯Ⅲの小葉はS極側回転子の突極を吸い付けている。

励磁がⅡ相に移ると回転子は1/4ピッチずつ右にずれる。こうしてⅠ，Ⅱ，Ⅲ，Ⅳの順に電流が入れ替わるごとに1/4ピッチずつ右にずれていく。

4.4 ロボットモータのフィードバック制御

ロボットに限らずモータを動力源として所定の回転数を維持したり，または目的位置に到達させるためには，実際に得られる回転数あるいは位置とのずれの信号を帰還させて目的に合うよう調整しなければならない。これをフィードバック制御というが，すでに述べた各種モータによって要不要と難易の度合いが異なる。ステッピングモータでは，モータ自体で微小な角度出しが行えるので，一般的にはフィードバック制御は行わない。また，交流モータは外部電源である周波数に同期して回転するのが一般的であり，**図 4.10** で述べた回路は積極的なフィードバック制御の例であるが，通常，制御回路が大型化するのであまり普及していない。ロボットで一般的に使われている小型モータでは，以下に述べる直流モータのフィードバック制御が最も多い。ここでは直流モータの制御で最も重要な，位置のフィードバック制御について述べる。

位置のサーボ制御では，モータの電力増幅を行うサーボアンプ，位置を知るために回転角度を検出する位置センサあるいは回転センサ，回転速度を知る速度センサが必要である。また，これらのセンサによって実際とのずれを検知し，電気情報をフィードバックするそれぞれの比例補償要素 K_P（位置，角度），K_V（速度，角速度），K_C（電流）が必要である。これらをブロック図で示したのが**図 4.16** である。

図の電力増幅器の入力 u と出力 E_M との関係は

$$E_M(t)=u(t)-K_C I_M(t) \qquad (4.33)$$

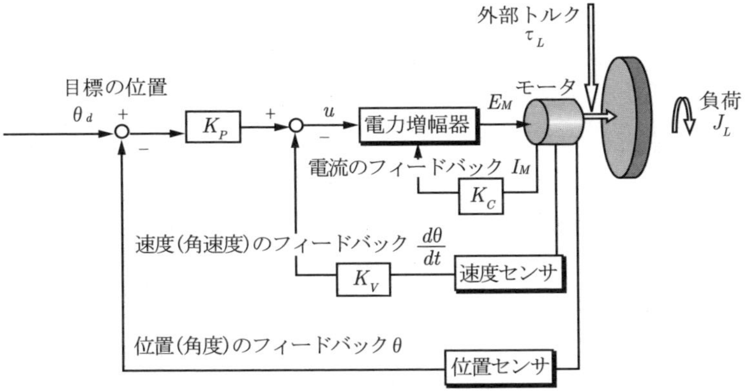

図 4.16 モータのフィードバック系ブロック図

となる。ここで式(4.10)に着目し，回転数 $n(t)$ が電流の時間変化に比例していることを考慮して，式(4.33)と組み合わせると，添え字 M はモータに関するものを表すとして

$$u(t)=(R_M+K_C)I_M(t)+K_E\frac{d\theta(t)}{dt}+L_M\frac{dI_M(t)}{dt} \qquad (4.34)$$

となる。

これから，モータの抵抗が R_M から (R_M+K_C) に増加したことがわかる。サーボアンプとモータとを一体にして考えると，式(4.12)で述べた電気的時定数は小さくなるが，式(4.21)の機械的時定数は大きくなることがわかる。この機械的時定数の劣化は速度のフィードバック制御によって改善される。

4.4.1 直流モータの PD フィードバック制御

一般的に直流モータの位置の制御に採用されているのが，**図 4.17** のフィードバック系ブロック図に示す **PD**（proportional and derivation）**制御**である。モータの角度 θ の目標値を θ_d とし，モータへの印加電圧を E_M とすると

$$E_M=-K_P(\theta(t)-\theta_d)-K_V\frac{d\theta(t)}{dt} \qquad (4.35)$$

で示される。K_P，K_V は，先に述べたフィードバックループの位置および速度

の比例補償要素である。軸換算で負荷の慣性モーメントを J_L，外乱トルクを τ_d とすると，式(4.13)のトルクの式を書き換えて

$$J_L \frac{d^2\theta(t)}{dt^2} = \tau(t) + \tau_d \tag{4.36}$$

となる。モータのインダクタンス L_M は小さく無視できるとして，式(4.3)，(4.10)，(4.35)，(4.36)を使って

$$\theta_d = \frac{R_M J_L}{K_P K_T}\frac{d^2\theta(t)}{dt^2} + \frac{K_E + K_V}{K_P}\frac{d\theta(t)}{dt} + \theta(t) - \frac{R_M}{K_P K_T}\tau_d \tag{4.37}$$

を得る。ここで $\tau_d = 0$ のときの θ_d から θ への伝達関数を $G(s)$ とすると

$$G(s) = \frac{\theta_d(s)}{\theta(s)} = \frac{K_P K_T}{R_M J_L s^2 + K_T(K_V + K_E)s + K_P K_T} \tag{4.38}$$

となる。

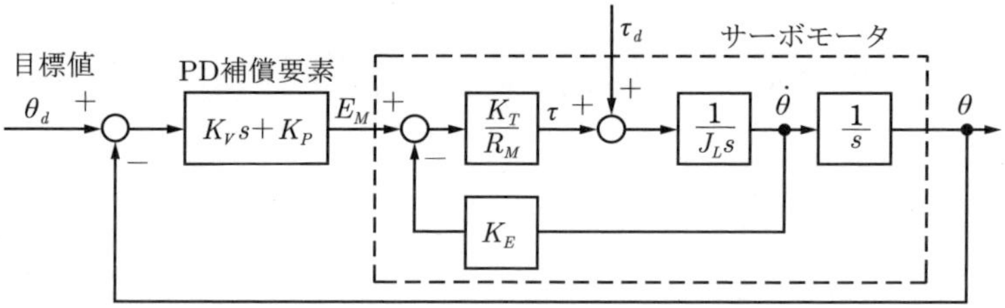

図 4.17　直流モータの PD 制御のフィードバック系ブロック図

さらに

$$a_0 = \frac{R_M}{K_P K_T} \tag{4.39}$$

$$a_1 = \frac{K_P K_T}{R_M J_L} \tag{4.40}$$

$$a_2 = \frac{K_T(K_E + K_V)}{R_M J_L} \tag{4.41}$$

と置けば

$$G(s)=\frac{a_1}{s^2+a_2s+a_1} \tag{4.42}$$

と書ける。

位置偏差 e_p を

$$e_p(t)=\theta_d-\theta(t) \tag{4.43}$$

とし，式(4.43)を式(4.37)に代入してラプラス変換すると

$$e_p(s)=-a_0G(s)\tau_d(s) \tag{4.44}$$

となる。したがって，定常位置偏差は

$$e_p(\infty)=\lim_{s\to 0}\left(-sa_0G(s)\frac{\tau_d}{s}\right)=-a_0\tau_d \tag{4.45}$$

となる。偏差量は τ_d に比例し，K_P に反比例することを示している。

4.4.2 直流モータの PID フィードバック制御

定常的外乱 τ_d が存在する場合，偏差を 0 にする制御法に **PID**（proportional, integral and derivation）**制御**があり，**図 4.18** がそのフィードバック系ブロック図である。モータへ印加する電圧 E_M は

$$E_M=-K_P(\theta(t)-\theta_d)-K_V\frac{d\theta(t)}{dt}-K_I\int_0^t(\theta(t)-\theta_d)dt \tag{4.46}$$

である。ここで，K_I は積分フィードバック利得である。このとき，位置偏差のラプラス変換は

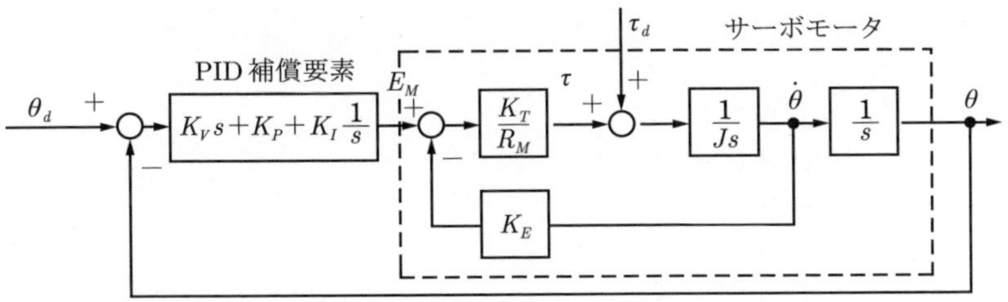

図 4.18 直流モータの PID 制御のフィードバック系ブロック図

$$e_p(s) = \frac{-a_0 a_1 s}{s^2 + a_2 s^2 + a_1 s + a_1 \dfrac{K_I}{K_P}} \tau_d(s) \tag{4.47}$$

となる。これから，定常位置偏差 $e_p(s)$ は

$$e_p(\infty) = 0 \tag{4.48}$$

となり，PID 制御では，定常外乱が作用しても偏差を 0 にすることができる。

演　習　問　題

【1】 外乱負荷が 0 のサーボモータ駆動系において，負荷の慣性モーメント J_L がモータの慣性モーメント J_M の 9 倍のときの最適ギヤ比を求めよ。

【2】 モータの抵抗 $R_M = 2.66\ \Omega$，トルク定数 $K_T = 7.07 \times 10^{-2}$ N·m / A，逆起電力定数 $K_E = 7.07 \times 10^{-2}$ V·s / rad, モータの慣性モーメント $J_M = 1.51 \times 10^{-5}$ kg·m^2, モータのインダクタンス $L_M = 2.4$ mH，定格トルク $\tau = 0.17$ N·m のとき，機械的時定数，電気的時定数，モータのパワーレートを求めよ。

5

ロボットによる物体の位置と動きの検出

5.1 2次元画像から3次元画像情報の取得

物体を同一方向から撮像した画像からは物体を一つの平面に投影した画像情報しか得られず，厚みや奥行きはわからない。しかもその物体が動いている場合は，平面に投影した動きはわかっても，遠ざかったり近づいてくる動きを知ることはできない。ロボットが実際の作業を行う場合，物体各部の位置だけではなく，その動きまでも3次元空間の座標およびその時間的変化としてとらえる必要がある。***3.4.1*** 項で触れた三角測量法によっても二つの2次元画像センサを用いて3次元空間の位置を知ることはできるが，時々刻々動いている厚みや奥行きのある物体の3次元画像情報を取得するにはより効果的な方法が望ましい。

ここでは，今日広く用いられている **DLT**（direct linear transformation）**法**を用いて3次元撮像を行い，2次元画像から3次元座標上での画像情報を取得する方法を述べる。

5.1.1 3次元実空間座標と画像センサ上2次元座標との関係

一つの画像センサ（CCDあるいはMOS型画像センサ）で撮像して得られる画像情報は，2次元情報であることはいうまでもない。DLT法では，まず実空間での座標がこの画像センサ上に投影されて2次元座標となるが，この両者の座標関係を知らねばならない。多くの場合，CCDセンサ上の画像情報は電気信号化してモニタ上で観測するか，あるいはメモリ内に記録信号として保存されるが，ここでは光学的に直接対応して座標の信号が得られたとして論を進める。

図 5.1 に示されるように，3 次元実空間の 1 点 P が画像センサ面に映し出された点を点 Q とする。センサ面上での点 Q の位置は，レンズの中心位置を原点とする光軸の向きおよびレンズ中心とセンサ面との距離から一義的に決まる。実空間上の点 P とレンズの中心点 O の座標がそれぞれ（X，Y，Z）および（X_0，Y_0，Z_0）であるとする。また点 P が存在する光軸に垂直な 2 次元面を考え，この面とレンズ中心との距離を L，レンズ中心とセンサ面との距離を F とする。さらに，光軸とセンサ面との交点の座標を（U_0，V_0），センサ面上に投影された点 P の像 Q の座標を（U，V）とする。点 P とその像 Q との関係を得るためには，両者の位置を同じ座標系で表さねばならない。そのためには，レンズの中心 O に原点をとって Z 軸が光軸と一致し，X 軸および Y 軸がそれぞれ U 軸および V 軸と平行な $X'Y'Z'$ 座標系で考える必要がある。これを満たすには，**図 5.1**（a）に示すように，点 P を表す位置ベクトル $\overrightarrow{\mathrm{OP}}$ を XYZ 座標系での座標軸の平行移動と座標軸の回転 $\boldsymbol{M}$ によって表し

$$\overrightarrow{\mathrm{OP}} = \boldsymbol{M} \times \begin{bmatrix} X - X_0 \\ Y - Y_0 \\ Z - Z_0 \end{bmatrix} \tag{5.1}$$

$$\boldsymbol{M} = \begin{bmatrix} m_{11} & m_{12} & m_{13} \\ m_{21} & m_{22} & m_{23} \\ m_{31} & m_{32} & m_{33} \end{bmatrix} \tag{5.2}$$

とすればよい。ここで $\boldsymbol{M}$ は 3 行×3 列の回転行列で，XYZ 座標系から $X'Y'Z'$ 座標系への回転を表し，$\boldsymbol{M}$ の成分 $m_{ij}(i,j=1\sim3)$ は実空間での座標系に対する光軸の向きと，センサ面上にとった座標軸の向きによって決まる。

一方，点 P のセンサ上での像 Q の位置を表すベクトル $\overrightarrow{\mathrm{OQ}}$ は，$X'Y'Z'$ 座標系では

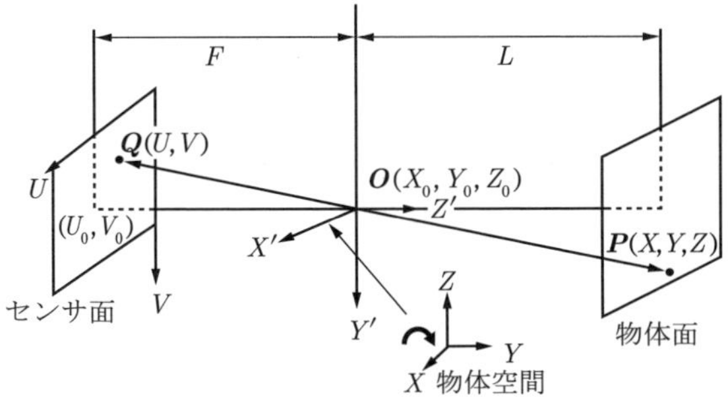

（a） 物点 P からセンサ面上の点 Q への投影

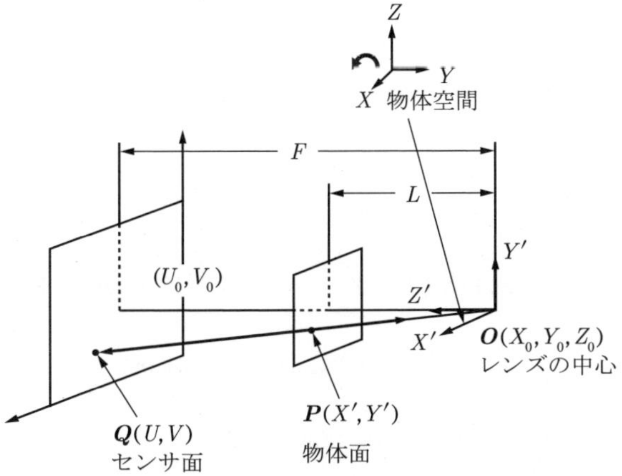

（b） 物体面（$X'Y'$ 平面）とセンサ面（UV 平面）との対応

X 軸のまわりに時計方向または反時計方向に角度 θ〔°〕回転して $X'Y'Z'$ 座標系が得られる。

図 5.1 実空間座標系からセンサ 2 次元座標系への投影と変換

$$\overrightarrow{\mathrm{OQ}} = \begin{bmatrix} U - U_0 \\ V - V_0 \\ -F \end{bmatrix} \tag{5.3}$$

となる。ここで，二つのベクトル $\overrightarrow{\mathrm{OP}}$ と $\overrightarrow{\mathrm{OQ}}$ はたがいに方向が反対で，同一直線上にあって，長さの比が $L : F$ であるから

$$\overrightarrow{\mathrm{OQ}} = -\left(\frac{F}{L}\right) \times \boldsymbol{M} \times \begin{bmatrix} X - X_0 \\ Y - Y_0 \\ Z - Z_0 \end{bmatrix} \tag{5.4}$$

の関係が成立する。$\overrightarrow{\mathrm{OP}}$ と $\overrightarrow{\mathrm{OQ}}$ とを成分で表すと

$$\begin{bmatrix} U - U_0 \\ V - V_0 \\ -F \end{bmatrix} = -\left(\frac{F}{L}\right) \times \boldsymbol{M} \times \begin{bmatrix} X - X_0 \\ Y - Y_0 \\ Z - Z_0 \end{bmatrix} \tag{5.5}$$

となる。**図 5.1**(*a*)では3次元実空間で物点Pの存在する2次元 $X'Y'$ 平面が理解しにくいが，図(*b*)のようにセンサ面と平行になるように物点Pの存在する $X'Y'$ 平面をレンズ中心の光軸で折り返して考えると理解しやすくなる。いずれにしても式(5.5)を各成分ごとに書き下すと

$$U - U_0 = -\left(\frac{F}{L}\right) \times [m_{11}(X - X_0) + m_{12}(Y - Y_0) + m_{13}(Z - Z_0)] \tag{5.6}$$

$$V - V_0 = -\left(\frac{F}{L}\right) \times [m_{21}(X - X_0) + m_{22}(Y - Y_0) + m_{23}(Z - Z_0)] \tag{5.7}$$

$$-F = -\left(\frac{F}{L}\right) \times [m_{31}(X - X_0) + m_{32}(Y - Y_0) + m_{33}(Z - Z_0)] \tag{5.8}$$

となる。式(5.8)を L について解けば

$$L = m_{31}(X - X_0) + m_{32}(Y - Y_0) + m_{33}(Z - Z_0) \tag{5.9}$$

となるので，これを式(5.6)，(5.7)に代入して

$$U - U_0 = -F \times \frac{m_{11}(X - X_0) + m_{12}(Y - Y_0) + m_{13}(Z - Z_0)}{m_{31}(X - X_0) + m_{32}(Y - Y_0) + m_{33}(Z - Z_0)} \tag{5.10}$$

$$V - V_0 = -F \times \frac{m_{21}(X - X_0) + m_{22}(Y - Y_0) + m_{23}(Z - Z_0)}{m_{31}(X - X_0) + m_{32}(Y - Y_0) + m_{33}(Z - Z_0)} \tag{5.11}$$

が得られる。なお，**図 5.1**(*b*)は理解しやすくするための図であるため，実際にこのような光学系にした場合には，行列 $\boldsymbol{M}$ や F の値も異なってくるのは明らかで，式(5.10)，(5.11)は図(*a*)の場合である。

式(5.10)，(5.11)は実空間座標（X，Y，Z）とセンサ面上の座標（U，V）の関係を一般的な形で表したものである。もし，二つのセンサあるいは，2台

のカメラで別々の方向から同じ点 P を撮像し，2組みの座標（U, V）を実測して式(5.10)，(5.11)に代入すれば，4種の X, Y, Z に関する1次方程式が得られる。原理的には，この四つのうちの3個を用いた連立方程式を解けば，実空間座標（X, Y, Z）が求まるわけである。しかし，そのためには式(5.10)，(5.11)に含まれる定数（X_0, Y_0, Z_0），（U_0, V_0），m_{ij} と F の値について知る必要がある。

5.1.2　カメラ定数の決定

式(5.10)，(5.11)をまとめ，U, V および X, Y, Z について整理すると

$$U=\frac{A_1X+A_2Y+A_3Z+A_4}{C_1X+C_2Y+C_3Z+1} \qquad (5.12)$$

$$V=\frac{B_1X+B_2Y+B_3Z+B_4}{C_1X+C_2Y+C_3Z+1} \qquad (5.13)$$

となる。ここで，A_1～A_4, B_1～B_4, C_1～C_3 は11個の定数で，**カメラ定数**と呼ばれる。これら11個の定数について解くと

$$A_1X+A_2Y+A_3Z+A_4-C_1XU-C_2YU-C_3ZU=U \qquad (5.14)$$

$$B_1X+B_2Y+B_3Z+B_4-C_1XV-C_2YV-C_3ZV=V \qquad (5.15)$$

が得られる。これら二つの式は，A_1 から C_3 まで11個の未知数についての1次方程式をなす。もし，実空間における既知の座標（X, Y, Z）とセンサ面上でそれに対応する座標（U, V）が6組み得られれば，12個の方程式が得られる。これらのうちの任意の11個を，A_1 から C_3 までの11個の未知数についての連立1次方程式とみなして解けば，A_1 から C_3 まで定数の値が求まる。これら既知の座標点を**コントロールポイント**という。6組みで式は解けるが，実際には測定誤差を軽減するため，6組み以上用いることが多い。

5.1.3　カメラ定数の算出方法

A_1 から C_3 までのカメラ定数を求めるに当たって，コントロールポイントが6組みあれば連立1次方程式が解けることを前項で述べた。実際にこの作業を行

うには，**図 5.2**(*a*)，(*b*)に示すようなキャリブレーションツールを用いる。**図 5.3** のように，2 台の画像センサあるいはカメラでキャリブレーションツール（ここでは 8 点座標式ツール）を同時に撮像する。人型ロボットで考えると想像しやすいが，一定の距離をおいて二つの視覚センサを配置してこの作業を行えば，座標からすべての条件が読み取れるので，カメラ間の距離やカメラレンズの焦点距離を知っておく必要はない。

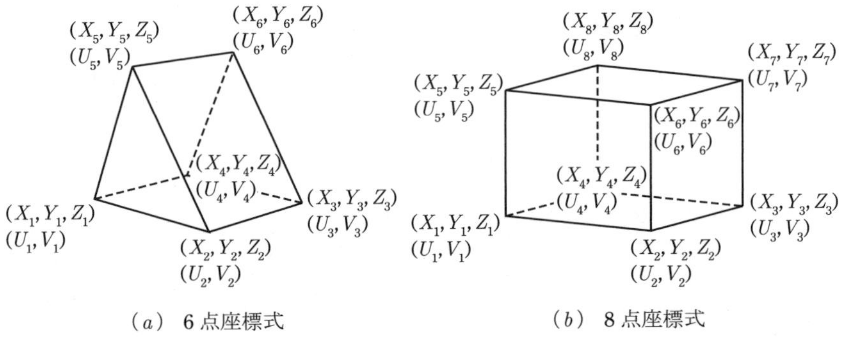

（X，Y，Z）は実空間座標，（U，V）はセンサ面上の座標

図 5.2　アングルフレームの交点で座標点を示すキャリブレーションツール

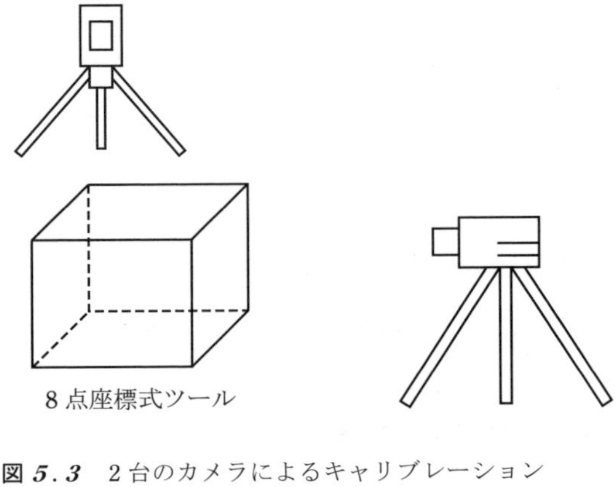

図 5.3　2 台のカメラによるキャリブレーションツールの撮像と座標の取込み

ただし，以下のような条件を守る必要がある。

① キャリブレーションツールの全座標点（コントロールポイント）が，2台のカメラそれぞれの画角内に収まるように配置する。

② 2台のカメラの光軸を一致させない。

③ 1台のカメラの光軸上にキャリブレーションツールの二つ以上の座標点（コントロールポイント）が並ぶ（重なる）ことのないよう配置する（一方のコントロールポイントがマスクされてしまうため）。

ここで，二つの画像センサを配置する理由はなぜか？ その答えは感覚的には簡単に理解できる話で，ずばり立体視するためである。しかし，2台のセンサがあるとなぜ立体視できるのか，その理由は以下で説明がつく。

左の画像センサだけでもセンサ面上に映された6組みの座標で A_1 から C_3 のカメラ定数が求まり，実空間座標（X, Y, Z）のセンサ面上での座標（U_L, V_L）を出す変換式(*5.12*)，(*5.13*)は得られる。しかし，逆にこの二つの U_L, V_L 座標がわかっただけでは，実空間の X, Y, Z 座標は求まらない。もう一つ，右カメラ面での U_R, V_R 座標が求まって初めて四つの1次方程式が立てられ，この四つの方程式を解いて三つの値 X, Y, Z が得られるのである。

ここでは，**図 *5.2*(*a*)**の6点座標式ツールを撮像した場合を取り上げて，以下説明する。実空間の6組みの3次元座標を（X_1, Y_1, Z_1），（X_2, Y_2, Z_2），（X_3, Y_3, Z_3），（X_4, Y_4, Z_4），（X_5, Y_5, Z_5），（X_6, Y_6, Z_6）としてこのツールを撮像し，左側のセンサ面上に映し出される6個の座標点を（U_{L1}, V_{L1}），（U_{L2}, V_{L2}），（U_{L3}, V_{L3}），（U_{L4}, V_{L4}），（U_{L5}, V_{L5}），（U_{L6}, V_{L6}）とする。また，右側のセンサ面上に映し出される6組みの座標点を（U_{R1}, V_{R1}），（U_{R2}, V_{R2}），（U_{R3}, V_{R3}），（U_{R4}, V_{R4}），（U_{R5}, V_{R5}），（U_{R6}, V_{R6}）とする。実空間におけるツールの座標点とセンサの座標点とで，式(*5.14*)，(*5.15*)の1次方程式が左センサについて12個，右センサについて12個得られる。

まず，左側のセンサ面上に映し出された座標（U_{L1}, V_{L1}），（U_{L2}, V_{L2}），（U_{L3}, V_{L3}），（U_{L4}, V_{L4}），（U_{L5}, V_{L5}），（U_{L6}, V_{L6}）を使って

$$\left.\begin{array}{l}A_1X_1+A_2Y_1+A_3Z_1+A_4-C_1X_1U_{L1}-C_2Y_1U_{L1}-C_3Z_1U_{L1}=U_{L1}\\A_1X_2+A_2Y_2+A_3Z_2+A_4-C_1X_2U_{L2}-C_2Y_2U_{L2}-C_3Z_2U_{L2}=U_{L2}\\A_1X_3+A_2Y_3+A_3Z_3+A_4-C_1X_3U_{L3}-C_2Y_3U_{L3}-C_3Z_3U_{L3}=U_{L3}\\A_1X_4+A_2Y_4+A_3Z_4+A_4-C_1X_4U_{L4}-C_2Y_4U_{L4}-C_3Z_4U_{L4}=U_{L4}\\A_1X_5+A_2Y_5+A_3Z_5+A_4-C_1X_5U_{L5}-C_2Y_5U_{L5}-C_3Z_5U_{L5}=U_{L5}\\A_1X_6+A_2Y_6+A_3Z_6+A_4-C_1X_6U_{L6}-C_2Y_6U_{L6}-C_3Z_6U_{L6}=U_{L6}\end{array}\right\} \quad (5.16)$$

$$\left.\begin{array}{l}B_1X_1+B_2Y_1+B_3Z_1+B_4-C_1X_1V_{L1}-C_2Y_1V_{L1}-C_3Z_1V_{L1}=V_{L1}\\B_1X_2+B_2Y_2+B_3Z_2+B_4-C_1X_2V_{L2}-C_2Y_2V_{L2}-C_3Z_2V_{L2}=V_{L2}\\B_1X_3+B_2Y_3+B_3Z_3+B_4-C_1X_3V_{L3}-C_2Y_3V_{L3}-C_3Z_3V_{L3}=V_{L3}\\B_1X_4+B_2Y_4+B_3Z_4+B_4-C_1X_4V_{L4}-C_2Y_4V_{L4}-C_3Z_4V_{L4}=V_{L4}\\B_1X_5+B_2Y_5+B_3Z_5+B_4-C_1X_5V_{L5}-C_2Y_5V_{L5}-C_3Z_5V_{L5}=V_{L5}\\B_1X_6+B_2Y_6+B_3Z_6+B_4-C_1X_6V_{L6}-C_2Y_6V_{L6}-C_3Z_6V_{L6}=V_{L6}\end{array}\right\} \quad (5.17)$$

ができる。式（5.16），（5.17）を行列で表すと

$$\begin{bmatrix}X_1&Y_1&Z_1&1&0&0&0&0&-X_1U_{L1}&-Y_1U_{L1}&-Z_1U_{L1}\\X_2&Y_2&Z_2&1&0&0&0&0&-X_2U_{L2}&-Y_2U_{L2}&-Z_2U_{L2}\\X_3&Y_3&Z_3&1&0&0&0&0&-X_3U_{L3}&-Y_3U_{L3}&-Z_3U_{L3}\\X_4&Y_4&Z_4&1&0&0&0&0&-X_4U_{L4}&-Y_4U_{L4}&-Z_4U_{L4}\\X_5&Y_5&Z_5&1&0&0&0&0&-X_5U_{L5}&-Y_5U_{L5}&-Z_5U_{L5}\\X_6&Y_6&Z_6&1&0&0&0&0&-X_6U_{L6}&-Y_6U_{L6}&-Z_6U_{L6}\\0&0&0&0&X_1&Y_1&Z_1&1&-X_1V_{L1}&-Y_1V_{L1}&-Z_1V_{L1}\\0&0&0&0&X_2&Y_2&Z_2&1&-X_2V_{L2}&-Y_2V_{L2}&-Z_2V_{L2}\\0&0&0&0&X_3&Y_3&Z_3&1&-X_3V_{L3}&-Y_3V_{L3}&-Z_3V_{L3}\\0&0&0&0&X_4&Y_4&Z_4&1&-X_4V_{L4}&-Y_4V_{L4}&-Z_4V_{L4}\\0&0&0&0&X_5&Y_5&Z_5&1&-X_5V_{L5}&-Y_5V_{L5}&-Z_5V_{L5}\\0&0&0&0&X_6&Y_6&Z_6&1&-X_6V_{L6}&-Y_6V_{L6}&-Z_6V_{L6}\end{bmatrix}\begin{bmatrix}A_1\\A_2\\A_3\\A_4\\B_1\\B_2\\B_3\\B_4\\-C_1\\-C_2\\-C_3\end{bmatrix}=\begin{bmatrix}U_{L1}\\U_{L2}\\U_{L3}\\U_{L4}\\U_{L5}\\U_{L6}\\V_{L1}\\V_{L2}\\V_{L3}\\V_{L4}\\V_{L5}\\V_{L6}\end{bmatrix} \quad (5.18)$$

となる。$\boldsymbol{X}$ を左側の 12 行 11 列の既知の実行列，$\boldsymbol{a}$ を未知数 $A_1 \sim C_3$ から成る 11 行 1 列のベクトル，等号右側の 12 行 1 列の既知の実ベクトルを $\boldsymbol{b}$ とすると

$$\boldsymbol{Xa}=\boldsymbol{b} \quad (5.19)$$

となる。これを解けば $A_1 \sim C_3$ の 11 個のカメラ定数が得られるわけであるが，X は正方行列でない。つまり，11 個の未知数に対して 12 個の方程式が存在するわけである。このような場合には，最小二乗法による解法を用いるのが一般的である。以下，その手順に従って説明する。

① 12 行×11 列の $\boldsymbol{X}$ を使って 11 行×12 列の転置行列 $\boldsymbol{X}^T$ をつくる。

② この $\boldsymbol{X}^T$ を式(5.19)全体に左側から掛けると

$$\boldsymbol{X}^T\boldsymbol{X}\boldsymbol{a}=\boldsymbol{X}^T\boldsymbol{b} \tag{5.20}$$

となり，左辺の $\boldsymbol{X}^T\boldsymbol{X}$ は11行×11列の正方行列になる。

③ 正方行列 $\boldsymbol{X}^T\boldsymbol{X}$ の逆行列 $(\boldsymbol{X}^T\boldsymbol{X})^{-1}$ をつくる。

④ 逆行列 $(\boldsymbol{X}^T\boldsymbol{X})^{-1}$ を式(5.20)の両辺に左側から掛けると，$\boldsymbol{a}$ の左側は単位行列になり，$\boldsymbol{a}=(\boldsymbol{X}^T\boldsymbol{X})^{-1}\boldsymbol{X}^T\boldsymbol{b}$ となって

$$\boldsymbol{a}=(\boldsymbol{X}^T\boldsymbol{X})^{-1}\boldsymbol{X}^T\boldsymbol{b} \tag{5.21}$$

が得られる。11個の未知数 $\boldsymbol{a}$ の解が11個の数値 $(\boldsymbol{X}^T\boldsymbol{X})^{-1}\boldsymbol{X}^T\boldsymbol{b}$ となり，左センサのカメラ定数 A_1～C_3 が求まる。

つぎに，右側のセンサ面上に映し出された座標 $(U_{R1},\ V_{R1})$，$(U_{R2},\ V_{R2})$，$(U_{R3},\ V_{R3})$，$(U_{R4},\ V_{R4})$，$(U_{R5},\ V_{R5})$，$(U_{R6},\ V_{R6})$ を使い，そのカメラ定数を α_1～ζ_3 の11個の未知数として，同じ手法で解くことができる。1次方程式を省いて行列式で表記すると

$$\begin{bmatrix} X_1 & Y_1 & Z_1 & 1 & 0 & 0 & 0 & 0 & -X_1U_{R1} & -Y_1U_{R1} & -Z_1U_{R1} \\ X_2 & Y_2 & Z_2 & 1 & 0 & 0 & 0 & 0 & -X_2U_{R2} & -Y_2U_{R2} & -Z_2U_{R2} \\ X_3 & Y_3 & Z_3 & 1 & 0 & 0 & 0 & 0 & -X_3U_{R3} & -Y_3U_{R3} & -Z_3U_{R3} \\ X_4 & Y_4 & Z_4 & 1 & 0 & 0 & 0 & 0 & -X_4U_{R4} & -Y_4U_{R4} & -Z_4U_{R4} \\ X_5 & Y_5 & Z_5 & 1 & 0 & 0 & 0 & 0 & -X_5U_{R5} & -Y_5U_{R5} & -Z_5U_{R5} \\ X_6 & Y_6 & Z_6 & 1 & 0 & 0 & 0 & 0 & -X_6U_{R6} & -Y_6U_{R6} & -Z_6U_{R6} \\ 0 & 0 & 0 & 0 & X_1 & Y_1 & Z_1 & 1 & -X_1V_{R1} & -Y_1V_{R1} & -Z_1V_{R1} \\ 0 & 0 & 0 & 0 & X_2 & Y_2 & Z_2 & 1 & -X_2V_{R2} & -Y_2V_{R2} & -Z_2V_{R2} \\ 0 & 0 & 0 & 0 & X_3 & Y_3 & Z_3 & 1 & -X_3V_{R3} & -Y_3V_{R3} & -Z_3V_{R3} \\ 0 & 0 & 0 & 0 & X_4 & Y_4 & Z_4 & 1 & -X_4V_{R4} & -Y_4V_{R4} & -Z_4V_{R4} \\ 0 & 0 & 0 & 0 & X_5 & Y_5 & Z_5 & 1 & -X_5V_{R5} & -Y_5V_{R5} & -Z_5V_{R5} \\ 0 & 0 & 0 & 0 & X_6 & Y_6 & Z_6 & 1 & -X_6V_{R6} & -Y_6V_{R6} & -Z_6V_{R6} \end{bmatrix} \begin{bmatrix} \alpha_1 \\ \alpha_2 \\ \alpha_3 \\ \alpha_4 \\ \beta_1 \\ \beta_2 \\ \beta_3 \\ \beta_4 \\ -\zeta_1 \\ -\zeta_2 \\ -\zeta_3 \end{bmatrix} = \begin{bmatrix} U_{R1} \\ U_{R2} \\ U_{R3} \\ U_{R4} \\ U_{R5} \\ U_{R6} \\ V_{R1} \\ V_{R2} \\ V_{R3} \\ V_{R4} \\ V_{R5} \\ V_{R6} \end{bmatrix} \tag{5.22}$$

となる。左センサの解法と同じく式(5.19)～(5.21)にならって α_1～ζ_3 までの11個のカメラ定数が得られる。

5.1.4 左右のカメラ座標から実空間3次元座標の算出

前項で求めた左右のカメラ11個ずつのカメラ定数 A_1～C_3 と α_1～ζ_3 をセンサ

上の座標点 U_L, V_L, U_R, V_R を式(5.12), (5.13)に代入して整理すると

$$\left.\begin{aligned}(A_1-C_1U_L)X+(A_2-C_2U_L)Y+(A_3-C_3U_L)Z=U_L-A_4\\(B_1-C_1V_L)X+(B_2-C_2V_L)Y+(B_3-C_3V_L)Z=V_L-B_4\\(\alpha_1-\zeta_1U_R)X+(\alpha_2-\zeta_2U_R)Y+(\alpha_3-\zeta_3U_R)Z=U_R-\alpha_4\\(\beta_1-\zeta_1V_R)X+(\beta_2-\zeta_2V_R)Y+(\beta_3-\zeta_3V_R)Z=V_R-\beta_4\end{aligned}\right\}\tag{5.23}$$

となるので，これを行列式で記述すると

$$\begin{bmatrix}A_1-C_1U_L & A_2-C_2U_L & A_3-C_3U_L\\B_1-C_1V_L & B_2-C_2V_L & B_3-C_3V_L\\\alpha_1-\zeta_1U_R & \alpha_2-\zeta_2U_R & \alpha_3-\zeta_3U_R\\\beta_1-\zeta_1V_R & \beta_2-\zeta_2V_R & \beta_3-\zeta_3V_R\end{bmatrix}\begin{bmatrix}X\\Y\\Z\end{bmatrix}=\begin{bmatrix}U_L-A_4\\V_L-B_4\\U_R-\alpha_4\\V_R-\beta_4\end{bmatrix}\tag{5.24}$$

となる。

ここで式(5.24)は，4行×3列の既知数の実行列と未知数 X, Y, Z の3行×1列のベクトルおよび4行×1列の既知数のベクトルから成る。したがって，式(5.18), (5.22)の行列式と同じ解法で解くことができ，X, Y, Z 座標値が求まる。一つのセンサ面上の U, V 座標だけでは実空間の X, Y, Z 座標は求まらないが，二つのセンサで実空間の同一点を写して2種類の U, V 座標を使えば，3次元 X, Y, Z 座標が求まることが立証されたわけである。二つのセンサで見ると立体視ができるという理由は，数学的に表現すると，左右上下方向の寸法だけでなく奥行方向の寸法も測れるということである。

5.2　静止画像に関する3次元画像取得アルゴリズムの実際

5.1 節まで2台の画像センサを用いて実空間の座標点を撮像し，個別に得られる2次元面座標から実空間3次元座標を取得する方法について，さらに2次元画像と3次元画像の座標点の相互変換を可能ならしめる変換方程式について述べてきた。本節では，実際に2台のセンサでフレーム型キャリブレーションツールを撮像して2次元のセンサ面上に写された座標点から変換式を求め，実際に3次元空間に X, Y, Z 座標が再現されることを実証する。また，三角体

型のフレームを仮想的に実空間に想定し，左右のカメラで見た場合の三角体の映像を再現して実証する。

5.2.1　ツールの3次元空間座標と二つのセンサ面に投影された2次元座標の関係

図 5.4 は1辺が40cmの正方形に組んだキャリブレーションツールを左右2台のセンサで撮像し，そのセンサ面に映し出された像とそれぞれ8個の座標点を示したものである。デジタルカメラやPC（パーソナルコンピュータ）で画像を扱う場合，種々の方法があるが，一般に画像の横方向と縦方向の画素数を用いて長さの単位とする手法がとられている。最近のカメラでは数100万画素，つまり縦横両方向に1 000画素以上のものが実用化されている。しかし，ここ

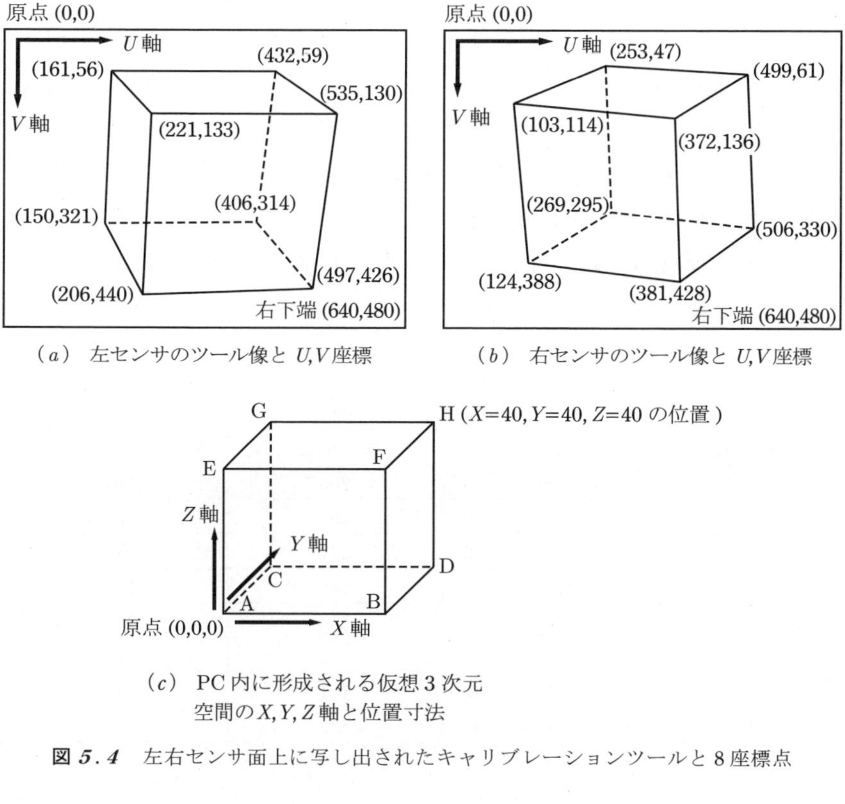

（a）左センサのツール像と U,V 座標　（b）右センサのツール像と U,V 座標

（c）PC内に形成される仮想3次元空間の X, Y, Z 軸と位置寸法

図 5.4　左右センサ面上に写し出されたキャリブレーションツールと8座標点

では **VGA**（video graphic array）**方式**と呼ばれる横方向 640 画素，縦方向 480 画素から成るビットマップ（BMP）画像を用いることにする。横方向が U 軸，縦方向が V 軸であるが，画面の左上端が原点（0，0），右下端が座標点（640，480）で，縦横両方向とも負の領域は画面の外になるのが特徴である。

図 *5.4* のツールには 8 箇所の角があり，その場所の画素数の位置がそれぞれの座標を表している。PC の内部に数学的に形成される仮想の実空間での X，Y，Z 座標は，図(c)のようにツールの左手前が（0，0，0）の原点となり，右方向が X 軸，奥行方向が Y 軸，縦方向が Z 軸となる。ツールの 1 辺が 40cm であり 8 箇所の座標点で位置と寸法が規格化されるので，ツールを取り払っても画面内に映し出される物体の寸法は自動的に求まる。その計算の基となるのが**表 *5.1*** のデータである。このデータから左センサの U,V 座標を使って式(*5.18*)を行列式で表したのが**表 *5.2*** である。これを最小二乗法によって，以下の手順で解く。

① $\boldsymbol{Xa}=\boldsymbol{b}$ の式を立てる → **表 *5.2***

② $\boldsymbol{X}$ の転置行列 $\boldsymbol{X}^T$ をつくる → **表 *5.3***

③ 両辺に左から $\boldsymbol{X}^T$ を掛けると，
　左辺は $\boldsymbol{X}^T\times\boldsymbol{X}$ となって 11 行×11 列の正方行列になる → **表 *5.4***
　右辺は $\boldsymbol{X}^T\times\boldsymbol{b}$ となる → **表 *5.5***

表 *5.1* キャリブレーションツールの位置寸法と左センサの座標

ツールの角端	X	Y	Z	左センサの U 座標	左センサの V 座標
A	0	0	0	206	440
B	40	0	0	497	426
C	0	40	0	221	133
D	40	40	0	535	130
E	0	0	40	150	321
F	40	0	40	406	314
G	0	40	40	161	56
H	40	40	40	432	59

表 5.2 $\boldsymbol{Xa}=\boldsymbol{b}$（左カメラ）

行と列	1	2	3	4	5	6	7	8	9	10	11
1	0	0	0	1	0	0	0	0	0	0	0
2	40	40	0	1	0	0	0	0	−19 980	0	0
3	0	40	0	1	0	0	0	0	0	0	−8 840
4	40	0	0	1	0	0	0	0	−21 400	0	−21 400
5	0	0	40	1	0	0	0	0	0	−6 000	0
6	40	40	40	1	0	0	0	0	−16 240	−16 240	0
7	0	40	40	1	0	0	0	0	0	−6 440	−6 440
8	40	0	40	1	0	0	0	0	−17 280	−17 280	−17 280
9	0	0	0	0	0	0	0	1	0	0	0
10	0	0	0	0	40	0	0	1	−17 040	0	0
11	0	0	0	0	0	40	0	1	0	0	−5 320
12	0	0	0	0	40	40	0	1	−5 200	0	−5 200
13	0	0	0	0	0	0	40	1	0	−12 840	0
14	0	0	0	0	40	0	40	1	−12 560	−12 560	0
15	0	0	0	0	0	40	40	1	0	−2 240	−2 240
16	0	0	0	0	40	40	40	1	−2 360	−2 360	−2 360

$\boldsymbol{a}$（カメラ定数）　　$\boldsymbol{b}$（U,V座標）

$$\times \begin{bmatrix} A_1 \\ A_2 \\ A_3 \\ A_4 \\ B_1 \\ B_2 \\ B_3 \\ B_4 \\ C_1 \\ C_2 \\ C_3 \end{bmatrix} = \begin{bmatrix} 206 \\ 497 \\ 221 \\ 535 \\ 150 \\ 406 \\ 161 \\ 432 \\ 440 \\ 426 \\ 133 \\ 130 \\ 321 \\ 314 \\ 56 \\ 59 \end{bmatrix}$$

④ $(\boldsymbol{X}^T\times\boldsymbol{X})$ の逆行列 $(\boldsymbol{X}^T\times\boldsymbol{X})^{-1}$ をつくる → **表 5.6**

⑤ 両辺に左から $(\boldsymbol{X}^T\times\boldsymbol{X})^{-1}$ を掛けると，

左辺は $(\boldsymbol{X}^T\times\boldsymbol{X})^{-1}\times(\boldsymbol{X}^T\times\boldsymbol{X})$ が 11 行×11 列の単位行列になるので $\boldsymbol{a}$,

右辺は $(\boldsymbol{X}^T\times\boldsymbol{X})^{-1}\times\boldsymbol{X}^T\times\boldsymbol{b}$ となり，

$\boldsymbol{a}=(\boldsymbol{X}^T\times\boldsymbol{X})^{-1}\times\boldsymbol{X}^T\times\boldsymbol{b}$ から，A_1～C_3 の 11 個のカメラ定数が求まる

→ **表 5.7**

表 5.3　X^T（左カメラ）

行と列	1	2	3	4	5	6	7	8
1	0	40	0	40	0	40	0	40
2	0	40	40	0	0	40	40	0
3	0	0	0	0	40	40	40	40
4	1	1	1	1	1	1	1	1
5	0	0	0	0	0	0	0	0
6	0	0	0	0	0	0	0	0
7	0	0	0	0	0	0	0	0
8	0	0	0	0	0	0	0	0
9	0	−19 980	0	−21 400	0	−16 240	0	−17 280
10	0	0	−8 840	−21 400	0	0	−6 440	−17 280
11	0	0	0	0	−6 000	−16 240	−6 440	−17 280

行と列	9	10	11	12	13	14	15	16
1	0	0	0	0	0	0	0	0
2	0	0	0	0	0	0	0	0
3	0	0	0	0	0	0	0	0
4	0	0	0	0	0	0	0	0
5	0	40	0	40	0	40	0	40
6	0	0	40	40	0	0	40	40
7	0	0	0	0	40	40	40	40
8	1	1	1	1	1	1	1	1
9	0	−17 040	0	−5 200	0	−12 560	0	−2 360
10	0	0	−5 320	−5 200	0	0	−2 240	−2 360
11	0	0	0	0	−12 840	−12 560	−2 240	−2 360

表 5.4　$X^T \times X$（左カメラ）

行と列	1	2	3	4	5	6
1	6 400	3 200	3 200	160	0	0
2	3 200	6 400	3 200	160	0	0
3	3 200	3 200	6 400	160	0	0
4	160	160	160	8	0	0
5	0	0	0	0	6 400	3 200
6	0	0	0	0	3 200	6 400
7	0	0	0	0	3 200	3 200
8	0	0	0	0	160	160
9	−2 996 000	−1 448 800	−1 340 800	−74 900	−1 486 400	−302 400
10	−1 547 200	−611 200	−948 800	−53 960	−302 400	−604 800
11	−1 340 800	−907 200	−1 838 400	−45 960	−596 800	−184 000

表 ***5.4*** （続き）

行と列	7	8	9	10	11
1	0	0	−2 996 000	−1 547 200	−1 340 800
2	0	0	−1 448 800	−611 200	−907 200
3	0	0	−1 340 800	−948 800	−1 838 400
4	0	0	−74 900	−53 960	−45 960
5	3 200	160	−1 486 400	−302 400	−596 800
6	3 200	160	−302 400	−604 800	−184 000
7	6 400	160	−596 800	−184 000	−1 200 000
8	160	8	−37 160	−15 120	−30 000
9	−596 800	−37 160	1.90E+09	7.89E+08	7.26E+08
10	−184 000	−15 120	7.89E+08	9.42E+08	3.51E+08
11	−1 200 000	−30 000	7.26E+08	3.51E+08	9.73E+08

表 ***5.5*** $\boldsymbol{X}^T \times \boldsymbol{b}$（左カメラ）

74 800
51 400
45 960
2 608
37 160
15 120
30 000
1 879
−4.7E+07
−2.4E+07
−2.4E+07

表 ***5.6*** $(\boldsymbol{X}^T \times \boldsymbol{X})^{-1}$（左カメラ）

行と列	1	2	3	4	5	6
1	0.003 988 0	(0.000 107 0)	0.000 473 3	(0.005 045 6)	0.001 640 8	(0.001 352 8)
2	(0.000 107 1)	0.000 370 6	0.000 023 7	(0.009 332 9)	(0.000 025 7)	(0.000 022 4)
3	0.000 473 3	0.000 023 7	0.001 090 9	(0.014 823 5)	0.000 073 1	(0.000 424 7)
4	(0.005 045 6)	(0.009 333 0)	(0.014 823 5)	0.733 272 3	0.000 786 2	0.004 984 9
5	0.001 640 8	(0.000 025 7)	0.000 073 1	0.000 786 2	0.001 087 8	(0.000 582 6)
6	(0.001 352 8)	(0.000 022 4)	(0.000 424 7)	0.004 984 9	(0.000 583 0)	0.000 942 6
7	0.000 213 0	0.000 021 0	0.000 506 4	(0.005 863 7)	0.000 004 0	(0.000 247 6)
8	0.033 366 8	(0.000 669 0)	0.008 148 1	(0.040 923 6)	0.007 959 9	(0.019 970 0)
9	0.000 007 1	(0.000 000 1)	0.000 000 3	0.000 003 3	0.000 003 3	(0.000 002 5)
10	(0.000 000 1)	(0.000 000 4)	(0.000 000 3)	0.000 021 4	(0.000 000 2)	0.000 000 5
11	0.000 002 8	0.000 000 0	0.000 002 7	(0.000 026 3)	0.000 000 8	(0.000 001 8)

表 5.6（続き）

行と列	7	8	9	10	11
1	0.000 213 0	0.033 366 8	0.000 007 1	(0.000 000 1)	0.000 002 8
2	0.000 021 0	(0.000 669 1)	(0.000 000 1)	(0.000 000 4)	0.000 000 0
3	0.000 506 4	0.008 148 1	0.000 000 3	(0.000 000 3)	0.000 002 7
4	(0.005 864 0)	(0.040 923 6)	0.000 003 3	0.000 021 4	(0.000 026 3)
5	0.000 004 0	0.007 959 9	0.000 003 3	(0.000 000 2)	0.000 000 8
6	(0.000 248 0)	(0.019 970 0)	(0.000 002 5)	0.000 000 5	(0.000 001 8)
7	0.000 644 7	(0.001 741 2)	0.000 000 0	(0.000 000 2)	0.000 001 7
8	(0.001 741 0)	0.823 779 3	0.000 061 3	(0.000 002 9)	0.000 038 5
9	0.000 000 0	0.000 061 3	0.000 000 0	(0.000 000 0)	0.000 000 0
10	(0.000 000 2)	(0.000 002 9)	(0.000 000 0)	0.000 000 0	(0.000 000 0)
11	0.000 001 7	0.000 038 5	0.000 000 0	(0.000 000 0)	0.000 000 0

表 5.7　左カメラ定数

A_1	7.911 972 5
A_2	−0.005 242
A_3	−0.689 416
A_4	204.767 24
B_1	0.131 685 9
B_2	−7.906 004
B_3	−1.550 9
B_4	439.349 85
C_1	0.001 150 6
C_2	−0.001 819
C_3	0.004 283 7

つぎに**表 5.1** のデータから右センサの U, V 座標を使い，式（5.22）を行列式で表したのが**表 5.8** である。これを左センサと同様に，最小二乗法で再び解く。

① $\boldsymbol{Xa}=\boldsymbol{b}$ の式を立てる → **表 5.8**

② $\boldsymbol{X}$ の転置行列 $\boldsymbol{X}^T$ をつくる → **表 5.9**

③ 両辺に左から $\boldsymbol{X}^T$ を掛けると，

左辺は $\boldsymbol{X}^T\times\boldsymbol{X}$ となって 11 行×11 列の正方行列になる → **表 5.10**

右辺は $\boldsymbol{X}^T\times\boldsymbol{b}$ となる → **表 5.11**

④ $(\boldsymbol{X}^T\times\boldsymbol{X})$ の逆行列 $(\boldsymbol{X}^T\times\boldsymbol{X})^{-1}$ をつくる → **表 5.12**

⑤ 両辺に左から $(\boldsymbol{X}^T\times\boldsymbol{X})^{-1}$ を掛けると，

表 *5.8*　$\boldsymbol{Xa}=\boldsymbol{b}$（右カメラ）

行と列	1	2	3	4	5	6	7	8	9	10	11
1	0	0	0	1	0	0	0	0	0	0	0
2	40	0	0	1	0	0	0	0	−15 240	0	0
3	0	40	0	1	0	0	0	0	0	−4 120	0
4	40	40	0	1	0	0	0	0	−14 880	−14 880	0
5	0	0	40	1	0	0	0	0	0	0	−10 760
6	40	0	40	1	0	0	0	0	−20 240	0	−20 240
7	0	40	40	1	0	0	0	0	0	−10 120	−10 120
8	40	40	40	1	0	0	0	0	−19 960	−19 960	−19 960
9	0	0	0	0	0	0	0	1	0	0	0
10	0	0	0	0	40	0	0	1	−17 120	0	0
11	0	0	0	0	0	40	0	1	0	−4 560	0
12	0	0	0	0	40	40	0	1	−5 440	−5 440	0
13	0	0	0	0	0	0	40	1	0	0	−11 800
14	0	0	0	0	40	0	40	1	−13 200	0	−13 200
15	0	0	0	0	0	40	40	1	0	−1 880	−1 880
16	0	0	0	0	40	40	40	1	−2 440	−2 440	−2 440

$\boldsymbol{a}$（カメラ定数）　　　$\boldsymbol{b}$（U, V 座標）

$$\times \begin{bmatrix} \alpha_1 \\ \alpha_2 \\ \alpha_3 \\ \alpha_4 \\ \beta_1 \\ \beta_2 \\ \beta_3 \\ \beta_4 \\ \zeta_1 \\ \zeta_2 \\ \zeta_3 \end{bmatrix} = \begin{bmatrix} 124 \\ 381 \\ 103 \\ 372 \\ 269 \\ 506 \\ 253 \\ 499 \\ 388 \\ 428 \\ 114 \\ 136 \\ 295 \\ 330 \\ 47 \\ 61 \end{bmatrix}$$

左辺は $(\boldsymbol{X}^T \times \boldsymbol{X})^{-1} \times (\boldsymbol{X}^T \times \boldsymbol{X})$ が11行×11列の単位行列になるので $\boldsymbol{a}$,

右辺は $(\boldsymbol{X}^T \times \boldsymbol{X})^{-1} \times \boldsymbol{X}^T \times \boldsymbol{b}$ となり，

$\boldsymbol{a} = (\boldsymbol{X}^T \times \boldsymbol{X})^{-1} \times \boldsymbol{X}^T \times \boldsymbol{b}$ から，$\alpha_1 \sim \zeta_3$ の11個のカメラ定数が求まる

→ **表 *5.13***

表 *5.7* の左カメラ定数と**表 *5.13*** の右カメラ定数を使うと，左センサ面上の U_L，V_L 座標および右センサ面上の U_R，V_R 座標と実空間座標 X，Y，Z の関

係式は，式(5.12)，(5.13)より，式(5.25)～(5.28)となる。

表 5.9　X^T（右カメラ）

行と列	1	2	3	4	5	6	7	8
1	0	40	0	40	0	40	0	40
2	0	0	40	40	0	0	40	40
3	0	0	0	0	40	40	40	40
4	1	1	1	1	1	1	1	1
5	0	0	0	0	0	0	0	0
6	0	0	0	0	0	0	0	0
7	0	0	0	0	0	0	0	0
8	0	0	0	0	0	0	0	0
9	0	−15 240	0	−14 880	0	−20 240	0	−19 960
10	0	0	−4 120	−14 880	0	0	−10 120	−19 960
11	0	0	0	0	−10 760	−20 240	−10 120	−19 960

行と列	9	10	11	12	13	14	15	16
1	0	0	0	0	0	0	0	0
2	0	0	0	0	0	0	0	0
3	0	0	0	0	0	0	0	0
4	0	0	0	0	0	0	0	0
5	0	40	0	40	0	40	0	40
6	0	0	40	40	0	0	40	40
7	0	0	0	0	40	40	40	40
8	1	1	1	1	1	1	1	1
9	0	−17 120	0	−5 440	0	−13 200	0	−2 440
10	0	0	−4 560	−5 440	0	0	−1 880	−2 440
11	0	0	0	0	−11 800	−13 200	−1 880	−2 440

表 5.10　$X^T \times X$（右カメラ）

行と列	1	2	3	4	5	6
1	6 400	3 200	3 200	160	0	0
2	3 200	6 400	3 200	160	0	0
3	3 200	3 200	6 400	160	0	0
4	160	160	160	8	0	0
5	0	0	0	0	6 400	3 200
6	0	0	0	0	3 200	6 400
7	0	0	0	0	3 200	3 200
8	0	0	0	0	160	160
9	−2 812 800	−1 393 600	−1 608 000	−70 320	−1 528 000	−315 200
10	−1 393 600	−1 963 200	−1 203 200	−49 080	−315 200	−572 800
11	−1 608 000	−1 203 200	−2 443 200	−61 080	−625 600	−172 800

表 5.10 （続き）

行と列	7	8	9	10	11
1	0	0	−2 812 800	−1 393 600	−1 608 000
2	0	0	−1 393 600	−1 963 200	−1 203 200
3	0	0	−1 608 000	−1 203 200	−2 443 200
4	0	0	−70 320	−49 080	−61 080
5	3 200	160	−1 528 000	−315 200	−625 600
6	3 200	160	−315 200	−572 800	−172 800
7	6 400	160	−625 600	−172 800	−1 172 800
8	160	8	−38 200	−14 320	−29 320
9	−625 600	−38 200	1.76E+09	6.55E+08	9.88E+08
10	−172 800	−14 320	6.55E+08	7.99E+08	5.1E+08
11	−1 172 800	−29 320	9.88E+08	5.1E+08	1.35E+09

表 5.11 $\boldsymbol{X}^T \times \boldsymbol{b}$（右カメラ）

70 320
49 080
61 080
2 507
38 200
14 320
29 320
1 799
−4.4E+07
−2E+07
−3.4E+07

表 5.12 $(\boldsymbol{X}^T \times \boldsymbol{X})^{-1}$（右カメラ）

行と列	1	2	3	4	5	6
1	0.003 068 76	0.000 709	0.000 389 36	−0.021 561 7	0.001 370 8	−0.000 537 4
2	0.000 709 01	0.001 654 8	7.30E−05	−0.022 589 2	0.000 155 5	0.000 406 78
3	0.000 389 36	7.30E−05	0.001 769 62	−0.015 914 2	−9.98E−06	−0.000 429 2
4	−0.021 561 7	−0.022 589	−0.015 914 2	0.760 944 94	−0.004 351	−0.000 947 7
5	0.001 370 85	0.000 155 5	−9.98E−06	−0.004 350 6	0.001 058 7	−0.000 309 3
6	−0.000 537 4	0.000 406 8	−0.000 429 2	−0.000 947 7	−0.000 309	0.000 756 13
7	−0.000 393 3	−0.000 304	0.000 696 68	0.000 194 52	−0.000 272	−0.000 200 1
8	0.021 256 71	0.002 622 6	0.008 148 14	−0.115 903 6	0.004 051	−0.012 965 7
9	5.67E−06	5.22E−07	−2.48E−07	−1.55E−05	3.14E−06	−1.29E−06
10	2.38E−06	4.37E−06	3.06E−07	−5.37E−05	5.36E−07	1.29E−06
11	−3.47E−07	−6.88E−07	3.80E−06	−1.30E−05	−6.41E−07	−1.15E−06

表 5.12（続き）

行と列	7	8	9	10	11
1	−0.000 393	0.021 256 71	5.67E−06	2.38E−06	−3.47E−07
2	−0.000 304	0.002 622 65	5.22E−07	4.37E−06	−6.88E−07
3	0.000 696 7	0.008 148 14	−2.50E−07	3.06E−07	3.80E−06
4	0.000 194 5	−0.115 903 6	−1.60E−05	−5.37E−05	−1.30E−05
5	−0.000 272	0.004 051 03	3.14E−06	5.36E−07	−6.41E−07
6	−0.000 2	−0.012 965 7	−1.30E−06	1.29E−06	−1.15E−06
7	0.000 802 7	−0.006 077 7	−1.20E−06	−9.65E−07	2.20E−06
8	−0.006 078	0.689 318 77	4.21E−05	9.34E−06	1.27E−05
9	−1.22E−06	4.21E−05	1.32E−08	1.82E−09	−3.17E−09
10	−9.65E−07	9.34E−06	1.81E−09	1.42E−08	−2.08E−09
11	2.20E−06	1.27E−05	−3.20E−09	−2.08E−09	1.09E−08

表 5.13　右カメラ定数

α_1	5.762 761 7
α_2	−0.647 387
α_3	4.299 452 6
α_4	125.104 1
β_1	0.311 748 2
β_2	−6.977 293
β_3	−1.464 427
β_4	387.695 85
ζ_1	−0.001 704
ζ_2	−0.001 001
ζ_3	0.002 769 9

$$U_L = \frac{7.9119725\,X - 0.005242\,Y - 0.689416\,Z + 204.76724}{0.0011506\,X - 0.001819\,Y + 0.0042837\,Z + 1} \tag{5.25}$$

$$V_L = \frac{0.1316859\,X - 7.906004\,Y - 1.5509\,Z + 439.34985}{0.0011506\,X - 0.001819\,Y + 0.0042837\,Z + 1} \tag{5.26}$$

$$U_R = \frac{5.7627617\,X - 0.647387\,Y + 4.2994526\,Z + 125.1041}{-0.001704\,X - 0.001001\,Y + 0.0027699\,Z + 1} \tag{5.27}$$

$$V_R = \frac{0.3117482\,X - 6.977293\,Y - 1.464427\,Z + 387.69585}{-0.001704\,X - 0.001001\,Y + 0.0027699\,Z + 1} \tag{5.28}$$

左センサについては変換式(5.25)，(5.26)で，右センサについては変換式(5.27)，(5.28)で，実空間の座標点（X，Y，Z）からそれぞれのセンサ面上に映し出される座標点（U，V）が求まる。

一方，左右のセンサ面上の座標点（U_L，V_L），（U_R，V_R）から実空間の座標点（X，Y，Z）を求めるには，まず式(5.24)を使って

$$\begin{bmatrix} 7.911\,972\,5-0.001\,150\,6U_L & -0.005\,242+0.001\,819U_L & -0.689\,416-0.004\,283\,7U_L \\ 0.131\,685\,9-0.001\,150\,6V_L & -7.906\,004+0.001\,819V_L & -1.550\,9\quad -0.004\,283\,7V_L \\ 5.762\,761\,7+0.001\,704U_R & -0.647\,387+0.001\,001\,U_R & 4.299\,452\,6-0.002\,769\,9U_R \\ 0.311\,748\,2+0.001\,704V_R & -6.977\,293+0.001\,001V_R & -1.464\,427-0.002\,769\,9V_R \end{bmatrix} \times \begin{bmatrix} X \\ Y \\ Z \end{bmatrix} = \begin{bmatrix} U_L-204.767\,24 \\ V_L-439.349\,85 \\ U_R-125.104\,1 \\ V_R-387.695\,85 \end{bmatrix} \tag{5.29}$$

を出す。ここで座標点（U_L，V_L），（U_R，V_R）が既知であれば，X，Y，Zについての4行×3列の行列式であるから，式(5.18)，(5.22)の行列式と同様に最小二乗法で解くことができる。

5.2.2 3次元空間座標と2次元センサ面座標の相互変換式の検証

3次元空間に設置した1辺40cmのキャリブレーションツールを左右のセンサで撮像するときのX, Y, Z座標からU, V座標への変換式(5.25)～(5.29)を演繹(えき)した。したがって，これらの変換式が正しく機能するかの検証が必要である。それを以下の三つの方法で検証する。

***i*) ツールの *X*，*Y*，*Z* 座標を変換式に代入して左右センサ面上の座標を確認する**　**表 5.1** のキャリブレーションツール座標，8箇所を式(5.25)～(5.28)に代入すると**表 5.14** のように，X，Y，Zに対応する（U_L，V_L）と（U_R, V_R）の計算上の値が求まる。**表 5.14** において，下段の（U_L, V_L），（U_R, V_R）が初期設定値である。若干の誤差は認められるが，比較的よい一致を見ることができる。

表 5.14　3次元座標から左右センサ面上の2次元座標への検証

ツールの座標点			左センサの座標（上段は計算値，下段は初期設定値）		右センサの座標（上段は計算値，下段は初期設定値）	
X	Y	Z	U_L	V_L	U_R	V_R
0	0	0	204.413 1 206	439.334 9 440	125.104 1 124	387.695 9 388
40	0	0	498.210 4 497	425.103 5 426	381.626 2 381	429.436 1 428
0	0	40	221.017 7 221	132.766 6 133	103.346 6 103	113.134 114
40	0	40	535.322 2 535	131.867 9 130	369.723 1 372	135.763 7 136
0	40	0	150.892 150	322.093 321	267.449 8 269	296.290 9 295
40	40	0	405.407 4 406	314.263 9 314	506.018 1 506	327.620 3 330
0	40	40	161.480 3 161	55.639 05 56	253.266 6 253	46.721 24 47
40	40	40	431.261 7 432	57.948 9 59	500.398 1 499	62.335 16 61

ii*）　左右センサ面上の座標点（U_L，V_L），（U_R，V_R）からツールの X，Y，Z 座標を確認する**　キャリブレーションツールの8箇所の座標点（0，0，0）～（40，40，40）は左右のセンサ面に投影されて，それぞれ8個の2次元座標点（U_L，V_L）と（U_R，V_R）をつくる。これから逆に，式(*5.29*)を解いて座標点（X，Y，Z）を得るわけである。解き方はすでに述べた最小二乗法を使うが，ここでは省略してその結果を**表 *5.15 に示す。

この表からわかるように，多少の誤差範囲で一致していることを検証できた。

iii*）　3次元空間に仮想上の物体と座標を設定し，その物体の2次元像を再現して形状確認を行う**　**図 *5.5(*a*)に示すように1辺20cm角の底面と高さ30cmのアーム状の三角体を配置したと想定する。その端部6箇所の3次元座標が決まるので，この座標点を式(*5.25*)～(*5.28*)に代入すると，左右センサ面上に映し出されたそれぞれ6個の U，V 座標値が求まる。それをVGA方式の座標点で作図したのが図(*b*)，(*c*)である。これからわかることは，左センサで見た図(*b*)では左側面が見え，右センサで見た図(*c*)では右側面が見える

ということである。

表 5.15 左右センサの2次元座標から3次元座標への検証

左センサの座標		右センサの座標		ツールの座標（上段は計算値，下段は実際の値）		
U_L	V_L	U_R	V_R	X	Y	Z
206	440	124	388	0.11 0	−0.43 0	0.12 0
497	426	381	428	39.8 40	0.1 0	0 0
221	133	103	114	0 0	−0.1 0	39.9 40
535	130	372	136	40.1 40	0.4 0	40 40
150	321	269	295	0 0	40.5 40	0 0
406	314	506	330	40.1 40	39.9 40	−0.1 0
161	56	253	47	−0.1 0	40 40	39.9 40
432	59	499	61	40 40	39.6 40	40.1 40

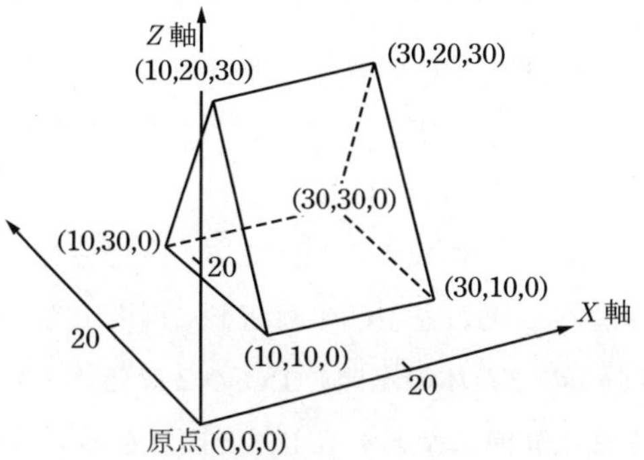

（a） 3次元空間に仮想的に置いた三角体の座標

図 5.5 仮想三角体の3次元座標と左右センサ面上の U，V 座標

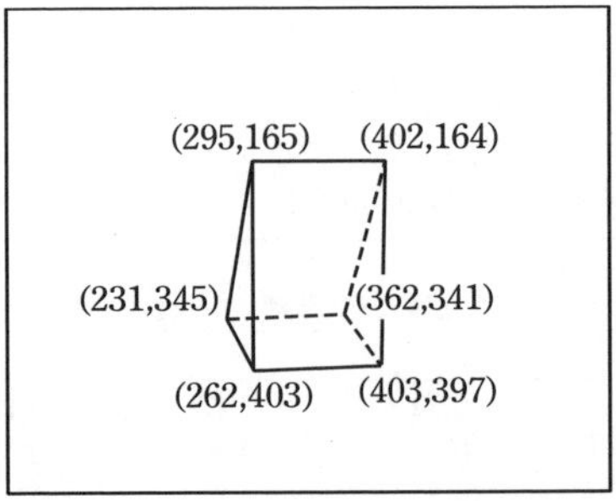

(*b*)　左センサ面上の座標点 (U_L, V_L)

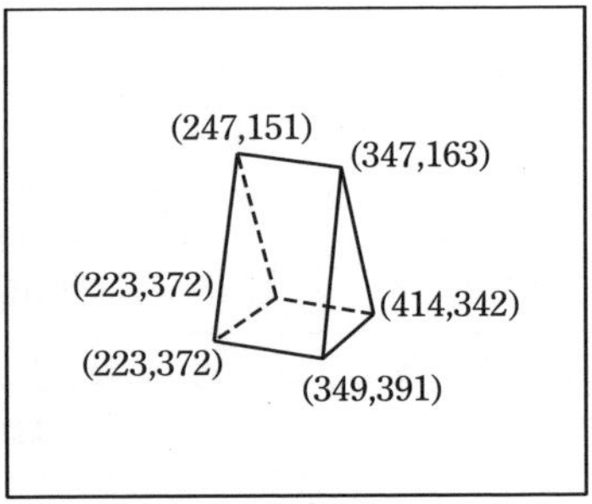

(*c*)　右センサ面上の座標点 (U_R, V_R)

図 *5.5*　（続き）

5.3　PC による仮想実空間座標の観測

ロボットが 3 次元実空間の物体を 2 個の 2 次元センサで撮像し，2 次元座標と 3 次元座標間の相互変換式をコンピュータ内部で生み出していることは，逆にコンピュータ内部で仮想的に 3 次元空間と物体とを再現できることを意味するものである。これは CG（コンピュータグラフィックス）と同じ原理に基づくものであるが，最近では PC の普及に伴ってこのように 3 次元的に表示する多くのソフトが開発され，市販されている。ここでは学生にも比較的理解しやすいマイクロソフト社の Visual Basic を使い，仮想的 3 次元空間を CG で観察できるアプリケーションを作成する。**図 *5.5***(*a*) で検証に使った三角体を仮想的 3 次元空間に再生し，それを PC の画面上に再現する。

まず，**図 *5.5***(*a*) の三角体の座標を PC の 2 次元ディスプレイ面上で見るため，3 次元座標を 2 次元面に投影する座標変換が必要である。簡単のため，PC 内 3 次元座標の寸法は**図 *5.6*** のように単位化して，まず 2 次元ディスプレイ観察面へ投影した場合の座標変換を行う。ただし，**図 *5.7*** に示すように Z 軸の座標変換は行わず，S は Z 軸まわりの回転角，D は Y 軸まわりの回転角とする。2 次元面に投影された 2 次元 X，Y，Z 座標は，式(*5.30*) により Q_x，Q_y へと変換される。

$$\begin{bmatrix} Q_x \\ Q_y \\ 0 \end{bmatrix} = \begin{bmatrix} -\sin S & \cos S & 0 \\ -\cos S \times \sin D & -\sin S \times \sin D & \cos D \\ 0 & 0 & 0 \end{bmatrix} \times \begin{bmatrix} X \\ Y \\ Z \end{bmatrix} \tag{5.30}$$

$$Q_x = -X \sin S + Y \cos S \tag{5.31}$$

$$Q_y = -X \cos S \sin D - Y \sin S \sin D + Z \cos D \tag{5.32}$$

式(5.31)，(5.32)を用い，**図 5.6** の三角体の1辺の長さを200として，Visual Basic用に作成したプログラムの例を**リスト 5.1** に示す。

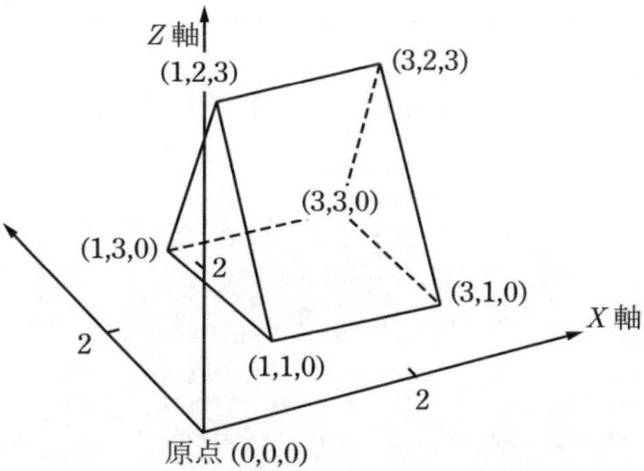

図 5.6 PC内3次元空間に置く三角体の座標（寸法は単位化）

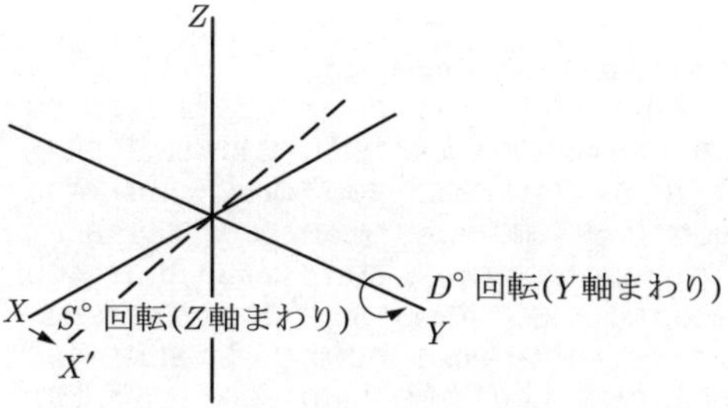

図 5.7 PC内3次元空間の座標設定

リスト 5.1　三角体の3次元表示プログラム

```
Private Sub Command1_Click()                    '描画指令
Picture1.Scale (-1000, 1000)-(1000, -1000)      '画面寸法
sheeta = -72 * 3.14 / 180                        'XZ 軸まわりの回転角
delta = 23 * 3.14 / 180                          'Y 軸まわりの回転角
SinD = Sin(delta): SinS = Sin(sheeta)
CosD = Cos(delta): CosS = Cos(sheeta)
CosSin = CosS * SinD: SinSin = SinS * SinD

Picture1.Cls                                     '前画面の消去
Picture1.DrawWidth = 1                           '描画線幅
Picture1.DrawStyle = 3                           '線種
Picture1.ForeColor = QBColor(0)
Picture1.Line (-800 * CosS, 800 * SinS * SinD)-(800 * CosS, -800 * SinS * SinD)      'X 軸座標
Picture1.PSet (-700 * SinS, -700 * CosS * SinD), QBColor(15)
Picture1.Print "X 軸"
Picture1.Line (0, 700 * CosD)-(0, -700 * CosD)                                        'Z 軸座標
Picture1.PSet (0, 700 * CosD)
Picture1.Print "Z 軸"
Picture1.Line (-800 * SinS, -800 * CosS * SinD)-(800 * SinS, 800 * CosS * SinD)      'Y 軸座標
Picture1.PSet (700 * CosS, -700 * SinS * SinD)
Picture1.Print "Y 軸"

Picture1.DrawWidth = 3                           '描画線幅
Picture1.ForeColor = QBColor(0)                  '描画線色（黒）
Picture1.Line (-200 * SinS + 200 * CosS, -200 * CosS * SinD - 200 * SinS * SinD)-(-600 * SinS
+ 200 * CosS, -600 * CosS * SinD - 200 * SinS * SinD)
Picture1.Line (-600 * SinS + 200 * CosS, -600 * CosS * SinD - 200 * SinS * SinD)-(-600 * SinS
+ 600 * CosS, -600 * CosS * SinD - 600 * SinS * SinD)
Picture1.Line (-600 * SinS + 600 * CosS, -600 * CosS * SinD - 600 * SinS * SinD)-(-200 * SinS
+ 600 * CosS, -200 * CosS * SinD - 600 * SinS * SinD)
Picture1.Line (-200 * SinS + 600 * CosS, -200 * CosS * SinD - 600 * SinS * SinD)-(-200 * SinS
+ 200 * CosS, -200 * CosS * SinD - 200 * SinS * SinD)
Picture1.Line (-200 * SinS + 400 * CosS, -200 * CosS * SinD - 400 * SinS * SinD + 600 *
CosD)-(-200 * SinS + 200 * CosS, -200 * CosS * SinD - 200 * SinS * SinD)
Picture1.Line (-200 * SinS + 400 * CosS, -200 * CosS * SinD - 400 * SinS * SinD + 600 *
CosD)-(-200 * SinS + 600 * CosS, -200 * CosS * SinD - 600 * SinS * SinD)
Picture1.Line (-600 * SinS + 400 * CosS, -600 * CosS * SinD - 400 * SinS * SinD + 600 *
CosD)-(-600 * SinS + 200 * CosS, -600 * CosS * SinD - 200 * SinS * SinD)
Picture1.Line (-600 * SinS + 400 * CosS, -600 * CosS * SinD - 400 * SinS * SinD + 600 *
CosD)-(-600 * SinS + 600 * CosS, -600 * CosS * SinD - 600 * SinS * SinD)
Picture1.Line (-200 * SinS + 400 * CosS, -200 * CosS * SinD - 400 * SinS * SinD + 600 *
CosD)-(-600 * SinS + 400 * CosS, -600 * CosS * SinD - 400 * SinS * SinD + 600 * CosD)
''''''''''''''''''''''''''''以上　三角体の線画座標''''''''''''''''''''''''''
End Sub

Private Sub Command2_Click()                     '終了指令
End
End Sub
```

リスト *5.1*（続き）

```
Private Sub HScroll2_Change()              '水平方向スクロールルーチン（Z軸まわりの回転）
Picture1.Scale (-1000, 1000)-(1000, -1000)
she = Str(HScroll2.Value) * 3.14 / 180
del = Str(VScroll1.Value) * 3.14 / 180
SinD = Sin(del): SinS = Sin(she)
CosD = Cos(del): CosS = Cos(she)
CosSin = CosS * SinD: SinSin = SinS * SinD
Picture1.Cls
Picture1.DrawWidth = 1
Picture1.DrawStyle = 3
Picture1.ForeColor = QBColor(0)
Picture1.Line (-800 * CosS, 800 * SinS * SinD)-(800 * CosS, -800 * SinS * SinD)
Picture1.PSet (-700 * SinS, -700 * CosS * SinD), QBColor(15)
Picture1.Print "X軸"
Picture1.Line (0, 700 * CosD)-(0, -700 * CosD)
Picture1.PSet (0, 700 * CosD)
Picture1.Print "Z軸"
Picture1.Line (-800 * SinS, -800 * CosS * SinD)-(800 * SinS, 800 * CosS * SinD)
Picture1.PSet (700 * CosS, -700 * SinS * SinD)
Picture1.Print "Y軸"

Picture1.DrawWidth = 3
Picture1.Line (-200 * SinS + 200 * CosS, -200 * CosS * SinD - 200 * SinS * SinD)-(-600 * SinS
+ 200 * CosS, -600 * CosS * SinD - 200 * SinS * SinD)
Picture1.Line (-600 * SinS + 200 * CosS, -600 * CosS * SinD - 200 * SinS * SinD)-(-600 * SinS
+ 600 * CosS, -600 * CosS * SinD - 600 * SinS * SinD)
Picture1.Line (-600 * SinS + 600 * CosS, -600 * CosS * SinD - 600 * SinS * SinD)-(-200 * SinS
+ 600 * CosS, -200 * CosS * SinD - 600 * SinS * SinD)
Picture1.Line (-200 * SinS + 600 * CosS, -200 * CosS * SinD - 600 * SinS * SinD)-(-200 * SinS
+ 200 * CosS, -200 * CosS * SinD - 200 * SinS * SinD)
Picture1.Line (-200 * SinS + 400 * CosS, -200 * CosS * SinD - 400 * SinS * SinD + 600 *
CosD)-(-200 * SinS + 200 * CosS, -200 * CosS * SinD - 200 * SinS * SinD)
Picture1.Line (-200 * SinS + 400 * CosS, -200 * CosS * SinD - 400 * SinS * SinD + 600 *
CosD)-(-200 * SinS + 600 * CosS, -200 * CosS * SinD - 600 * SinS * SinD)
Picture1.Line (-600 * SinS + 400 * CosS, -600 * CosS * SinD - 400 * SinS * SinD + 600 *
CosD)-(-600 * SinS + 200 * CosS, -600 * CosS * SinD - 200 * SinS * SinD)
Picture1.Line (-600 * SinS + 400 * CosS, -600 * CosS * SinD - 400 * SinS * SinD + 600 *
CosD)-(-600 * SinS + 600 * CosS, -600 * CosS * SinD - 600 * SinS * SinD)
Picture1.Line (-200 * SinS + 400 * CosS, -200 * CosS * SinD - 400 * SinS * SinD + 600 *
CosD)-(-600 * SinS + 400 * CosS, -600 * CosS * SinD - 400 * SinS * SinD + 600 * CosD)

Label2.Caption = "X軸角度:" & Str(HScroll2.Value)  'Z軸まわりのX軸の角度を表示
End Sub

Private Sub VScroll1_Change()              '垂直方向スクロールルーチン（Y軸まわりの回転）
Picture1.Scale (-1000, 1000)-(1000, -1000)
she = Str(HScroll2.Value) * 3.14 / 180
del = Str(VScroll1.Value) * 3.14 / 180
SinD = Sin(del): SinS = Sin(she)
CosD = Cos(del): CosS = Cos(she)
```

リスト 5.1（続き）

```
CosSin = CosS * SinD: SinSin = SinS * SinD
Picture1.Cls

Picture1.DrawWidth = 1
Picture1.DrawStyle = 3
Picture1.ForeColor = QBColor(0)
Picture1.Line (-800 * CosS, 800 * SinS * SinD)-(800 * CosS, -800 * SinS * SinD)
Picture1.PSet (-700 * SinS, -700 * CosS * SinD), QBColor(15)
Picture1.Print "X 軸"
Picture1.Line (0, 700 * CosD)-(0, -700 * CosD)
Picture1.PSet (0, 700 * CosD)
Picture1.Print "Z 軸"
Picture1.Line (-800 * SinS, -800 * CosS * SinD)-(800 * SinS, 800 * CosS * SinD)
Picture1.PSet (700 * CosS, -700 * SinS * SinD)
Picture1.Print "Y 軸"

Picture1.DrawWidth = 3
Picture1.Line (-200 * SinS + 200 * CosS, -200 * CosS * SinD - 200 * SinS * SinD)-(-600 * SinS
+ 200 * CosS, -600 * CosS * SinD - 200 * SinS * SinD)
Picture1.Line (-600 * SinS + 200 * CosS, -600 * CosS * SinD - 200 * SinS * SinD)-(-600 * SinS
+ 600 * CosS, -600 * CosS * SinD - 600 * SinS * SinD)
Picture1.Line (-600 * SinS + 600 * CosS, -600 * CosS * SinD - 600 * SinS * SinD)-(-200 * SinS
+ 600 * CosS, -200 * CosS * SinD - 600 * SinS * SinD)
Picture1.Line (-200 * SinS + 600 * CosS, -200 * CosS * SinD - 600 * SinS * SinD)-(-200 * SinS
+ 200 * CosS, -200 * CosS * SinD - 200 * SinS * SinD)
Picture1.Line (-200 * SinS + 400 * CosS, -200 * CosS * SinD - 400 * SinS * SinD + 600 *
CosD)-(-200 * SinS + 200 * CosS, -200 * CosS * SinD - 200 * SinS * SinD)
Picture1.Line (-200 * SinS + 400 * CosS, -200 * CosS * SinD - 400 * SinS * SinD + 600 *
CosD)-(-200 * SinS + 600 * CosS, -200 * CosS * SinD - 600 * SinS * SinD)
Picture1.Line (-600 * SinS + 400 * CosS, -600 * CosS * SinD - 400 * SinS * SinD + 600 *
CosD)-(-600 * SinS + 200 * CosS, -600 * CosS * SinD - 200 * SinS * SinD)
Picture1.Line (-600 * SinS + 400 * CosS, -600 * CosS * SinD - 400 * SinS * SinD + 600 *
CosD)-(-600 * SinS + 600 * CosS, -600 * CosS * SinD - 600 * SinS * SinD)
Picture1.Line (-200 * SinS + 400 * CosS, -200 * CosS * SinD - 400 * SinS * SinD + 600 *
CosD)-(-600 * SinS + 400 * CosS, -600 * CosS * SinD - 400 * SinS * SinD + 600 * CosD)

Label3.Caption = "Z 軸角度 : " & Str(VScroll1.Value)        'Y 軸まわりの Z 軸の角度を表示
End Sub
```

また，このプログラムを使ったアプリケーションで三角体の CG を表示したのが**図 5.8** である。

Visual Basic のプログラム作成法やアプリケーションについては，巻末の参考文献で学習されたい。

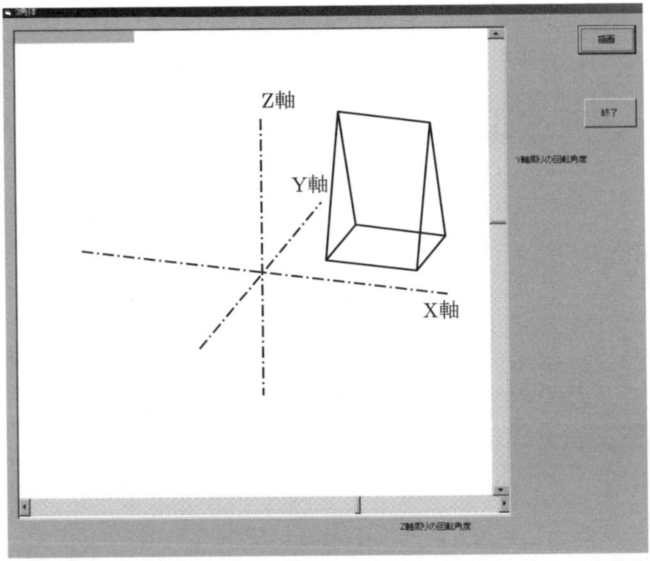

図 5.8　PC による三角体のコンピュータグラフィックス

5.4　物体位置の動き検知方法

今までの議論は計測しようとする物体が静止した状態での位置検出法であった。ロボットの作業においては確かに静止した対象物に対して作業を行う場合も多く，機械部品に対するネジの取付けや部品間の接合など，静止した部材や部品の位置，座標が検知できるか認知できれば十分な場合も少なくはない。しかし，さらに広範な作業を行わせたり，ロボットの自律性を向上させるには動いている物体の位置を検出すること，つまり位置の時間的変化を検出する能力が求められる。

そのためには，物体の動きを撮像できる撮影機や，TV のムービーカメラを使えばよいことは容易に想像がつくであろう。しかし，フィルムの撮影機や今までのアナログ式の TV ムービーカメラでは，画像の撮影と記録は容易に行えても，その記録から位置の時間的変化を割り出すのはたいへんな手間と時間を要し，そのわりには高い精度が得られなかった。この難問を見事に解決し，比較的専門外の人たちにも扱えるようになったのは，ディジタル技術とPC技術の発展のお陰である。すでに ***5.2.1*** 項で述べたごとく，1枚のディジタル写真はVGAと称する方式では横640，縦480点から成る座標系である。したがって，この写真をある一定の時間間隔で撮像していけば，時間ごとの位置座標の変化を追うことができる。現代社会は，ITとかディジタル技術という言葉の意味を十分理解しないでその恩恵にあずかっているが，まず以下の点を十分認識しておく必要がある。

① 自然界の現象そのものはアナログ的に変化するもので，電気信号化してもアナログ変化である。

② TVは，画像の明暗や色彩を電気信号に変換し，時間的に送り出したり記録することを可能にするものであるが，もともと歴史的にはアナログ信号を取り扱うことからスタートしたものである。

③ ディジタル技術とは，それらのアナログ信号を雑音信号から守って記録保存し，効率よく送り出す技術である。また雑音その他に埋もれた信号から正確な情報を取り出すことを可能とする信号処理技術である。

ここではまず，最初はディジタル技術とは無関係に発展してきたTVの撮像と画像再生についての技術を知っておかねばならない。

5.4.1 テレビ撮像管および受像管の構造とメカニズム

物体の動きを撮像し，その画像を別途に再現する方式には，フィルムを記録媒体とするムービーカメラと，テレビジョン方式による電気信号化，すなわちビデオ信号化の二つがある。しかし，最近はフィルムを使ったムービーカメラは映画撮影や特殊な場合にしか使われておらず，一般にはテレビジョン方式が最も広く使われるようになった。この理由は，***4*** 章で述べたテレビの撮像素子となるCCDやCMOS素子の発達と，信号の高度なディジタル化を可能にする半導体素子の急速な進歩によるものである。動画像の解析はロボットによる作業，工程管理や検査だけでなく，ビルや家庭でのセキュリティに至るまで，種々のケースで求められることが多く，それにはまずテレビ撮像を行わねばならない。テレビで物体像を撮像して電気信号化し，それを再び可視像に変換する受像について原理を知っておく必要がある。

図 5.9 は，物体を写すテレビの撮像管とその電気信号（**ビデオ信号**ともいう）を再び画像として映し出す受像管の構造を示したものである。図(a)の撮像管よりも図(b)の受像管の方が理解しやすいので，これから先に行う。最近では受像機も液晶テレビやプラズマテレビなど平面薄型化が進んでいるが，まだブラウン管と呼ばれる受像管を使った機種が残っている。受像管は一種の真空管で，一方の端を内部ヒータで加熱すると電子を放出する電子銃を備えてい

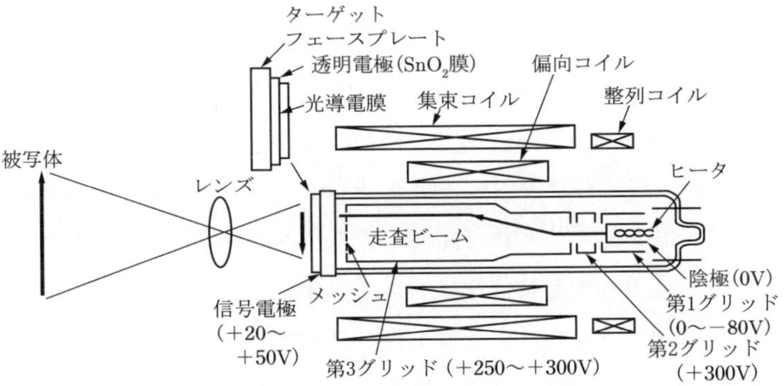

（a）撮像管

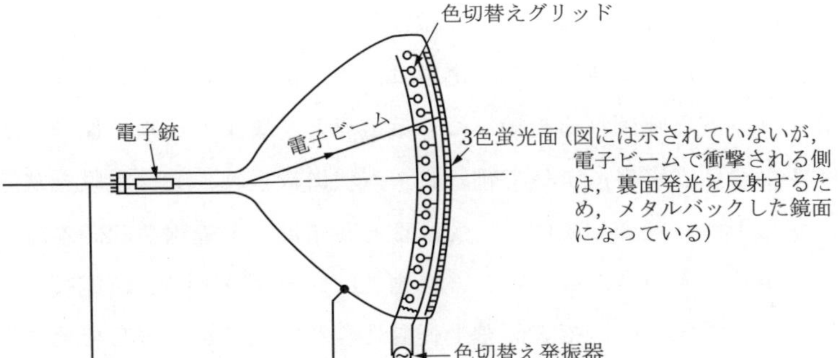

（b）受像管

図 5.9　アナログ信号式テレビの撮像管および受像管の構造

る。この電子を周囲の電極や電磁石で発生させた電界や磁界で細いビーム状に絞り，25kV の正の高電圧で加速し，反対側の蛍光体面に衝撃を与える。この衝撃によって蛍光体が明るく発光し画像を再現する。この蛍光体は赤（red,R），緑（green,G），青（blue,B）に発光する素材がストライプ状に配置されており，直前にある色切替えグリッドの電圧を切り替えてそれぞれの色ストライプに衝突する。この際，電子ビームは受像面の左上からスタートしてわずか斜め右下方向に走査していく。1 回の走査で左端から右端まで行くが，それを繰り返して画面上端から下端までに 525 回の走査で 1 画面が完成する。電子ビームによってできる 1 本の線状の輝線を**走査線**と呼ぶ。したがって，テレビの画面は 525 本の走査線で構成されることになる。画像の明暗は電子ビーム量の大小で決まり，1 本の走査線の輝度が電気信号の強弱に応じて時々刻々変化しながら走査し続けて，像の明るい部分と暗い部分が描かれるのである。

一方，撮像の原理はこれと反対で，**図 *5.9*** (*a*) に示すようにテレビ撮像管と呼ばれる真空管が歴史的に使われて発達してきた。動作メカニズムは前述した受像管とちょうど逆対称で，物体像はレンズを介してガラス窓のターゲットフェースプレート内側に設けられた光導電膜（**ターゲット**）の上に結ばれる。光導電膜は光が当たらない状態では電気抵抗が高いが，光が当たった部分は光量と照射時間に比例して電気抵抗が減少する性質を持っている。光が当たらない状態で，図 (*a*) の右端にあるヒータ部分が受像管の場合と同じく電子銃になっており，電子を左側に発射する。電子は，周辺部を囲むように配置された第 1〜第 3 グリッドと呼ばれる電極がつくる電界と，集束コイル，偏向コイルと整列コイルがつくる磁界によって細いビーム状に絞られ，光導電膜を左端から右端，上から下へと走査し続ける。受像管と同様に，走査線数 525 本分で再び下から上へ戻る。光が当たっていない状態ではターゲットの光導電膜は電気抵抗が高いので，電子ビームで表面を走査されると，電子が付着して負に帯電し，ある一定の負電位状態になる。ここで，物体像がレンズを介してターゲット面に結像されると，像の明部と暗部に応じてターゲットの電気抵抗が減少し，負の電荷が外部回路を通じて流れることになる。電子ビームが走査し続けると同時に，ターゲット上の像の明暗に比例した電気信号が時系列で取り出せることになる。これが撮像管による物体像のビデオ信号化である。図(*b*)の受像機の役割は，この電気信号を載せた電子ビームを使って蛍光体を発光させて像の再生を行うものである。

物体には色彩があるので，撮像管からも R，G，B の画像信号が個別に必要である。ここでは撮像管 1 本の構造しか示さなかったが，実際のカラー撮像では R，G，B それぞれ専用に 3 本必要である。レンズ系は一つであるが，光はレンズ通過後プリズムで 3 方向に分けられ，R，G，B それぞれの撮像管のフェースプレートへ入射するように配置されている。

5.4.2 ビデオ信号の仕組み

日本や米国におけるテレビジョン画像の伝送方法と走査線数は国際標準で定められた NTSC 方式を採用している。NTSC 方式では 1 枚の画像を 1/30 秒間に ***5.4.1*** 項で述べたように 525 本の走査線で仕上げる。つまり，1 秒間に 30 枚の画像をビデオ信号として送り出すようになっている。**図 *5.10*** は縦縞（じま）6 段階のグレースケールを撮像し，走査線 525 本のうちの 1 本を抜き出してモニタに表示した例である。横軸は時間であり，1 本の走査線が画面左端から右端まで走査するのに 60 μs かかる。左側の水平同期信号は左端スタートの位置をそろえるものであり，カラーバースト信号は信号波形に色の指示を与えるものである。電圧強度が高いほど明るい部分である。同期信号は画面左端のスタートをそろえるだけでなく，走査線数 525 本が終了し画面最下端まで来たとき，上に折り返して上端のスタート位置をそろえるためにも必要である。さらに，テレビジョンが実用化された初期の段階では画像信号の記録装置がなく，すべて同時中継であった。その際，撮像側で走査している画面の位置と，受像側で観察している画面の走査位置が一致していないと画像の乱れを生じてしまう。**図 *5.11*** が，撮像側と受像側で走査線の位置が，画面の位置でも時間的にも一致している場合を示したものである。現在ではビデオ信号の記録装置が発達したので，好みの時間に信号を再生して観察することも編集することも可能になった。そこで必要なのが，水平方向走査左端のスタートと右端の終了位置をそろえる水平同期信号，および画面上端のスタートと下端の折返し位置とをそろえる垂直同期信号である。信号はすべて時系列で出力され，**図 5.12** のような波形を構成する。図に記述されている水平帰線期間とは走査線が右端から折り返して左端スタート点まで来る時間であり，垂直帰線期間とは画面下端から折り返して画面上端まで来る時間である。この間は撮像管では像信号を拾わないし，受像管では蛍光体を発光させないので，ブランキング期間ともいう。

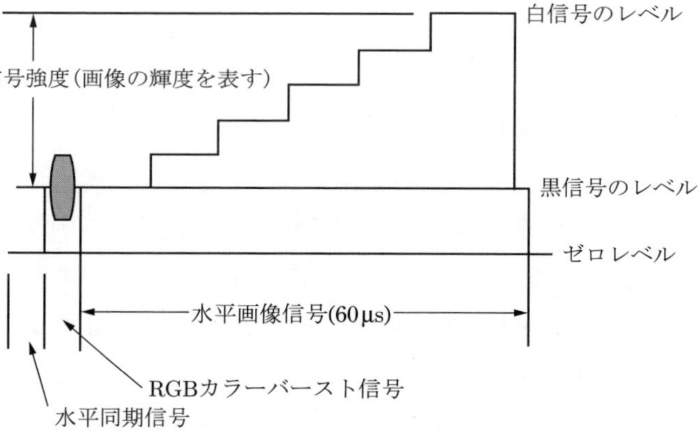

図 5.10　走査線１本分の画像信号波形

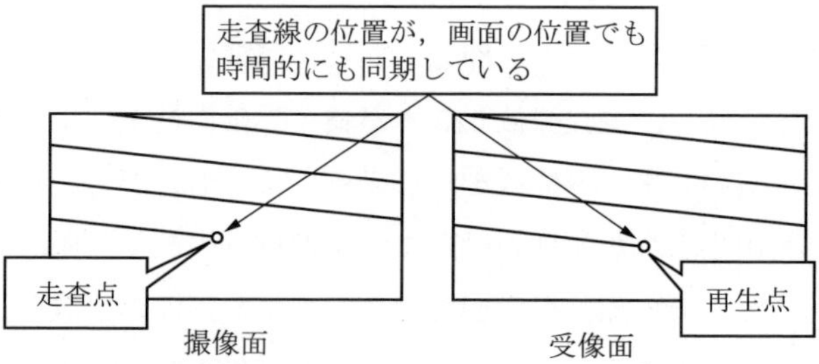

図 5.11　撮像側と受像側との同期が一致している場合の走査線

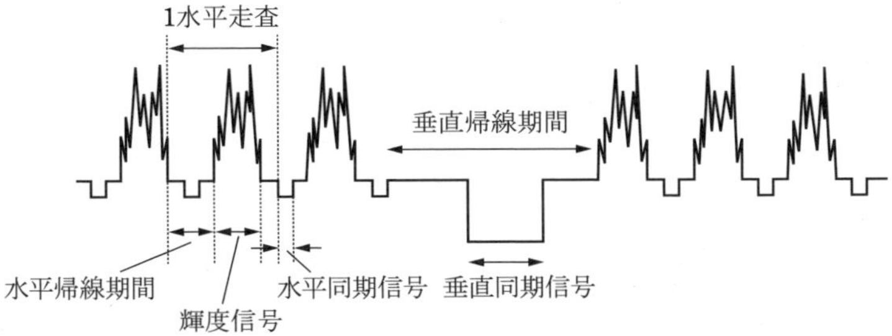

図 *5.12* 水平同期信号および垂直同期信号と画像信号波形出力

5.4.3 飛 越 し 走 査

先にテレビの画面は 30 分の 1 秒間に 525 本の走査線ででき上がると述べたが，厳密にいうと 1 枚の画像は間引きされた二つの画像を合わせて見ているものなのである。家庭で見ているテレビの画像はまず 60 分の 1 秒間に 525 本の走査線を 1 本おきに走査し，(525/2) 本分の画像を 1 枚つくる。そのつぎの 60 分の 1 秒間で前に走査しなかった，つまり間引かれた残りの (525/2) 本分の画像をつくって，合計 30 分の 1 秒間で 1 枚の画像を仕上げるようになっている。その様子を**図 *5.13*** に示した。60 分の 1 秒間の画像を **1 フィールド画像**といい，つぎの 60 分の 1 秒でつくった画像と合わせてフル 525 本分の画像を 1

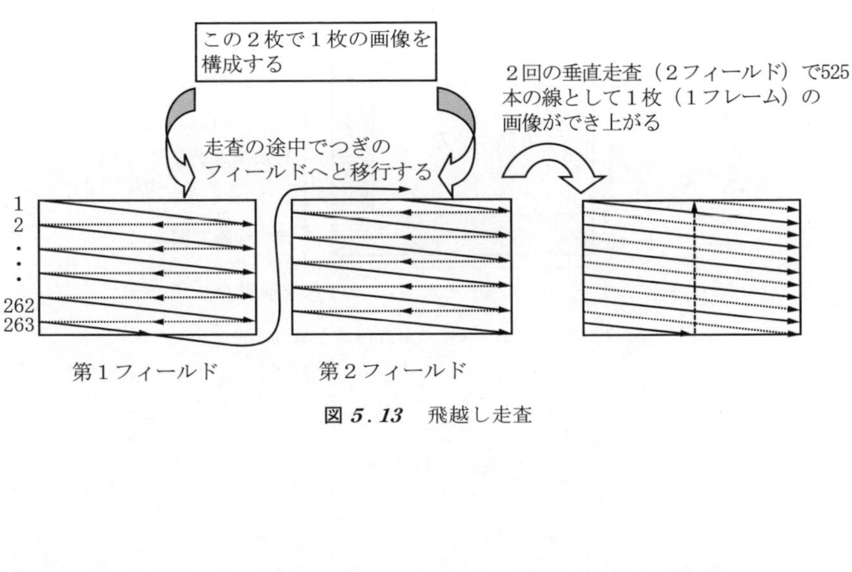

図 *5.13* 飛越し走査

フレームという。跳越し走査を行う理由は，動いている物体を撮像した場合に，できるだけボケやフリッカ（ちらつき）を少なくする目的からである。これで，動きに対するボケやフリッカは改善されるが，画像の精細度が損なわれることはない。それは人の目には残像現象があり，約 0.25 秒残っているからである。そのため，静止している物体を見るときは 1/60 秒も 1/30 秒も十分残像時間より短いので，飛越し走査を行ういかんにかかわらずフル 525 本分の精細度で観察するのと同じになるからである。飛越し走査を採用するのが NTSC 方式の特徴でもある。

NTSC 方式の 1 フレームの走査線数は 525 本である。しかし，**図 *5.12*** からもわかるように，走査線が画面の右端から折り返して左端に戻るまでの時間と，画面下端から上端まで戻るのに要する時間，つまり水平と垂直の帰線期間は無効時間である。**図 *5.14*** はその様子を示したものであるが，垂直帰線期間は水平走査線数に換算して 40 本分に相当する。したがって，有効走査線の数は 485 本分となる。そこで，一般には垂直方向に走査線数 480 ライン分と同じ画素数を有効とし，水平方向は NTSC 方式の画面縦横比 3 : 4 に従って 480×4/3＝640 画素を有効画素としている。前述した VGA 規格は，この縦横 480 画素×640 画素のことである。画像の空間分解能も当然この数値で決まるものである。

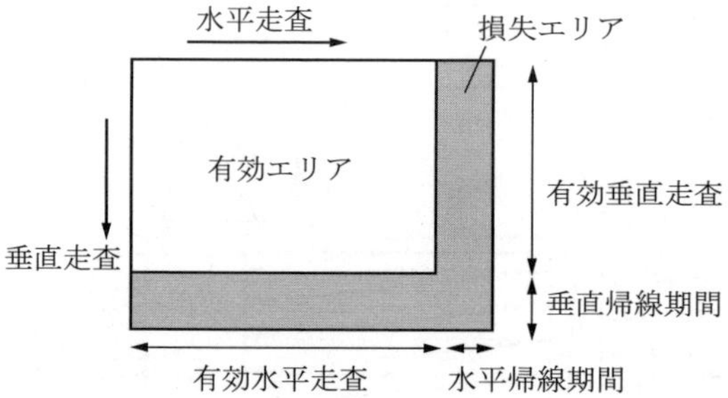

図 *5.14* NTSC 信号の走査線数と有効エリア

5.5　3次元空間で動く物体位置の検出

5.3 節までは，実空間で静止した物体を二つの画像センサを用いて撮像し，3 次元の座標を設定して位置を求める手法について述べた。この物体が動体である場合には，座標位置の時間的変化を求めねばならない。これを可能にするのが，テレビジョン撮像によるビデオ信号の取得である。つまり，非常に短いある一定時間の間隔でつぎつぎにシャッターを切って静止画面を取り込み，その画像から位置の変化を読み取ることである。シャッターを繰り返して切る時間間隔が短ければ短いほど，動きの速い物体のより正確な変化を知ることができる。高速低速それぞれ特殊な手法があるが，一般にはNTSCテレビジョン方式の1フレーム1/30秒，1フィールド1/60秒が使われている。ここではその方式を用いた動き画像の位置変化検出について述べる。

5.5.1　左右画像センサによる落体の撮像

静止画の場合は**図 5.3** のカメラはデジタルスチールカメラで十分であったが，動画の場合はテレビのムービーカメラでなければならない。最近ではムービーカメラも信号が最初からディジタル化されたものがあるが，アナログ信号であってもPCに取り込んでディジタル処理ができるものであればかまわない。ただ，左右2台のカメラまたは画像センサは，水平も垂直も完全に同期が一致していなければならない。現在では，生放送といえども，撮像側の走査位置と受像側の走査位置とが，同じ物体の同じ位置を時間的にも同時に走査しているとは限らない。受像する側では時間的に1フィールドあるいは1フレーム時間だけずれても，画像さえ正確に受像されておればまったく問題ないのである。録画を見る場合はその極端な例で，撮像した時間にまったく関係なく再現される。これを可能にするのが同期信号であり，撮像側，受像側ともに，NTSC方式に基づいた同期信号発生器を各カメラごと，各受像機ごとに内臓しているのである。

しかし，ロボットが2台の撮像センサで物体の動きを観測する場合には，左右の走査の同期が完全に一致していなければならない。なぜなら，二つのセンサで別方向から動いている物体を撮像する場合，時間的に二つの画面の同じ位置を走査していないと意味がないからである。物体の動きを撮像するだけならビデオカメラの再生だけで行えるが，時間的処理と画像から位置検出を行うにはPCを用いなければ可能にならない。**図 5.3** の配置で2台のビデオカメラを用いて，まずキャリブレーションツールを撮像する。左右2台のカメラから画像1枚分を取り出し，**5.2.1** 項で述べた手法でカメラ定数を求めた。今回はキャリブレーションツールとして，1 辺が 45 cm で 8 箇所の座標点を持つもので行った。したがって，A_1〜C_3までの値が前回の 40 cm の場合とは若干異なっている。**表 5.16** は，その左右カメラの 11 個の定数である。**表 5.7**，**表 5.12** の場合と比べて今回は左右カメラとも係数が異なっているが，ツールが変わったためではない。この原因はツールが大きくなって画面に入りきらなくなったので，左右カメラの位置を動かしたためである。カメラの配置が同じなら，カメラ定数はツールの大小に無関係に定まるものである。こうして左右のカメラでピンポン玉が床に落下し跳ね返る動きを撮像し，43 フレーム分繰り返して再生できるアプリケーションを Visual Basic を使って作成し PC 上で再生した例を**図 5.15** に示す。ビデオカメラの動画を PC に取り込むには専用のソフトが必要であるが，いったん PC 内に取り込んだ画像はカメラとは無関係に再生できる。画像の動きは当然，1 フレームごと，30 分の 1 秒間隔である。アプリケーションのプログラム例を**リスト 5.2** に示す。

表 5.16　左右画像センサのカメラ定数

左カメラ定数		右カメラ定数	
A_1	6.931 68	α_1	5.089 43
A_2	−0.607 04	α_2	3.889 05
A_3	0.096 596	α_3	−0.549 73
A_4	204.005	α_4	124.735
B_1	0.061 64	β_1	0.247 977
B_2	−1.354 35	β_2	−1.262 02
B_3	−6.954 92	β_3	−6.194 23
B_4	438.099	β_4	387.744
C_1	0.000 748	ζ_1	−0.001 59
C_2	0.003 686	ζ_2	0.002 6
C_3	−0.001 33	ζ_3	−0.000 86

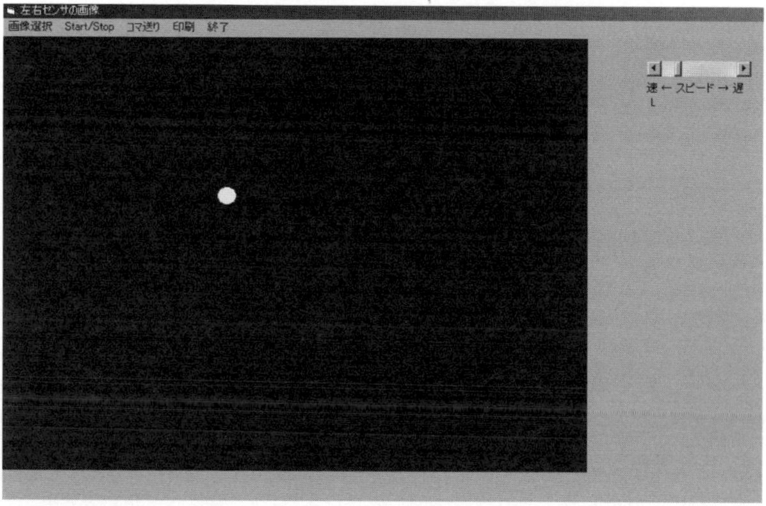

図 *5.15* ピンポン玉の動きの再生画像（左カメラ，15 フレーム目）

リスト *5.2* 動画再生プログラム

```
Dim page, Number As Integer
Dim BmpFileName(0 To 1, 1 To 70) As String

Private Sub Form_Load()
  Dim NN As Integer
  Form1.Cls:
  Form1.ScaleMode = 3:
  Form1.AutoRedraw = True:
  Timer1.Interval = HScroll1.Value:
  Timer1.Enabled = False
  Number = 1

 CDROM = GetTargetDrive
  DirName = "C:¥Windows¥ﾃﾞｽｸﾄｯﾌﾟ¥ロボット" :左右カメラで取り込んだ43フレーム分の収納ファイル
                                            設置場所
   For page = 1 To 43                       :最大繰返し再生フレーム数
    NN = 100 + page                         :画像番号　100番代
    BmpFileName(0, page) = DirName + "¥LR センサ¥L" & NN & ".Bmp"  :ファイル内左センサの画像
    BmpFileName(1, page) = DirName + "¥LR センサ¥R" & NN & ".Bmp"  :ファイル内右センサの画像
    Next page
End Sub

Private Sub HScroll1_Change()                  :画像自動送り時間間隔調整
  Timer1.Interval = HScroll1.Value
End Sub
```

リスト 5.2（続き）

```
Private Sub mnuEnd_Click()
  End
End Sub

Private Sub mnuKomaokuri_Click()              :1コマ再生のオプション
  Timer1.Enabled = False
  Select Case Number
      Case 0 To 1
        If page >= 43 Then page = 1            :43フレームから1フレームへ戻る指令
   End Select
  Form1.Picture = LoadPicture(BmpFileName(Number, page))
  Text2.Text = " BmpFileName = " & BmpFileName(Number, page)
  page = page + 1
End Sub

Private Sub mnuPrint_Click()                   :印刷オプション
  Form1.PrintForm
End Sub

Private Sub SetLR_Click(Index As Integer)      :左右画像の選択オプション
  Number = Index
  For i = 0 To 1
    SetLR(i).Checked = False
  Next i
  SetLR(Index).Checked = True
  Select Case Number
    Case 0:  Label1.Caption = "左センサ"
    Case 1:  Label1.Caption = "右センサ"
   End Select
  page = 1
  Timer1.Enabled = True
End Sub

Private Sub mnuStartStop_Click()               :画像のスタート，ストップ
  Timer1.Enabled = Not Timer1.Enabled
End Sub

Private Sub Timer1_Timer()       :画像の自動送りオプション（速度はスクロールバーで調節）
  Select Case Number
   Case 0 To 1
        If page >= 43 Then page = 1
     End Select
  Form1.Picture = LoadPicture(BmpFileName(Number, page))
  Text2.Text = " BmpFileName = " & BmpFileName(Number, page)
  page = page + 1
End Sub
```

5.5.2　移動体の位置座標の算出

1フレームごと，つまり30分の1秒に1枚の画像から位置を割り出す方法は，**5.1** 節で述べた手法と同じである。算出した位置のフレームごとの動きを調べれば，物体の動きがわかる。PC のソフトを工夫すればいろいろな算出法が編み出せるが，基本は同じである。

移動したピンポン玉の中心座標を1フレームごとの画像から割り出すために，取り込んだ 43 フレームのピンポン玉の画像を重ねて表示すると 1 フレームごとの座標変化を的確に決めやすい。**図 5.16** は左カメラで撮像した 43 フレームの全画像を横 640×縦 480 画素分の座標面に重ね合わせて表示したものである。撮像時は背景の黒い画面から白いピンポン玉のコントラストがとれるよう配慮したが，今回は玉の移動を見やすくするため画像の白黒を反転させてある。この図から玉の中心座標を求めるとその位置での（U_L，V_L）座標が決まり，43 フレームに対応して（U_{L1}, V_{L1}）から（U_{L43}, V_{L43}）が求まる。同様にして右カメラの 43 フレーム分（U_R，V_R）についても求められる。こうして割り出したのが**表 5.17** である。

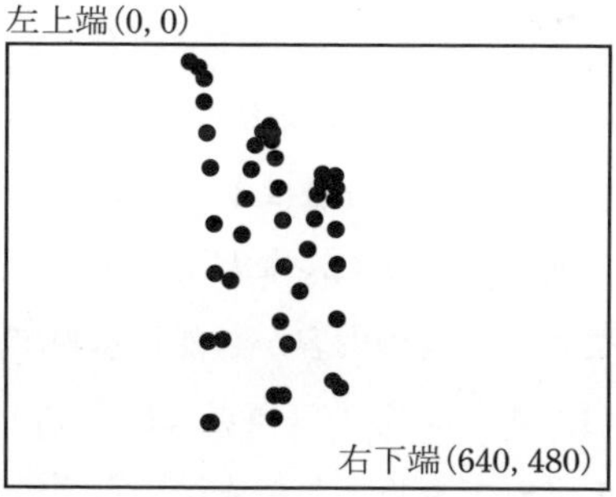

図 5.16　43 フレームの全画像（左カメラ）を連続的に重ねた例

表 5.17　左右画像センサの座標

フレーム数	左センサの座標		右センサの座標		フレーム数	左センサの座標		右センサの座標	
	U_L	V_L	U_R	V_R		U_L	V_L	U_R	V_R
1	186.7	62.7	57.3	53.3	23	277.3	194.7	176	169.3
2	194.7	65.3	62.7	58	24	277.3	233.3	192	204
3	197.3	78.7	64	66.7	25	277.3	274.7	192	246.7
4	198.7	100	72	88	26	278.7	325.3	198.7	294.7
5	202.7	133.3	81.3	112	27	277.3	384	209.3	346.7
6	205.3	172	90.7	144	28	281.3	392	216	354.7
7	206.7	224	98.7	189.3	29	288	338.7	217.3	306.7
8	208	285.3	106.7	238.7	30	297.3	293.3	221.3	266.7
9	210.7	344	112	294.7	31	304	256	224	230.7
10	212	404	124	356	32	312	222.7	226.7	204
11	216	408	130.7	360	33	318.7	202.7	229.3	182.7
12	224	342.7	136	300	34	326.7	186.7	236	166.7
13	228	290.7	134.7	253.3	35	329.3	178.7	237.3	162.7
14	237.3	241.3	134.7	210.7	36	332	181.3	245.3	161.3
15	241.3	202.7	138.7	173.3	37	334.7	190.7	252	170.7
16	248	173.3	141.3	150.7	38	337.3	206.7	257.3	190.7
17	253.3	149.3	142.7	128	39	334.7	232	265.3	216
18	258.7	137.3	149.3	114.7	40	336	262.7	270.7	242.7
19	268	129.3	152	109.3	41	334.7	308	277.3	280
20	272	137.3	161.3	117.3	42	334.7	353.3	282.7	328
21	269.3	141.3	165.3	126.7	43	332	394.7	292	372
22	276	166.7	172	145.3					

左右の画像センサから 43 フレーム分の座標点 (U_L, V_L)，(U_R, V_R) を求め，これから仮想的 3 次元空間における 43 箇所分の XYZ 座標を算出すれば 30 分の 1 秒ごとの位置の動きがわかる。方法は 1 フレームごとに式 (*5.24*) を解いて出すのが最も基本的である。エクセルなど PC を使っていろいろ便利な算出法が考えられるが，ここでは本書の内容から外れるので，専門誌を参考にされたい。いずれにしろ，43 フレーム分の座標点（U_L, V_L），（U_R, V_R）から割り出した XYZ 座標が**表 *5.18*** である。この表に限らず，表に表れている数字の桁数には 6 桁や 7 桁以上もあるが，これは計算上出てきた値であり，有効桁数はせいぜい 3 桁であることに注意されたい。

表 5.18　3次元空間で移動するピンポン玉の位置座標

フレーム数	X座標	Y座標	Z座標
1	−6.011	−4.001 2	61.081 7
2	−4.511 627 91	−3.162 790 698	60.727 9
3	−3.767 441 86	−2.744 186 047	58.924 2
4	−3.023 255 81	−2.325 581 395	55.288
5	−2.279 069 77	−1.906 976 744	50.480 6
6	−1.534 883 72	−1.488 372 093	44.502 7
7	−0.790 697 67	−1.069 767 442	36.314 2
8	−0.046 511 63	−0.651 162 791	26.890 9
9	0.697 674 419	−0.232 558 14	15.013
10	1.441 860 465	0.186 046 512	0.259 44
11	2.186 046 512	0.604 651 163	0.101
12	2.930 232 558	1.023 255 814	15.002 3
13	3.674 418 605	1.441 860 465	24.451 2
14	4.418 604 651	1.860 465 116	32.532 2
15	5.162 790 698	2.279 069 767	38.622 8
16	5.906 976 744	2.697 674 419	42.994 3
17	6.651 162 791	3.116 279 07	46.899 9
18	7.395 348 837	3.534 883 721	49.784 1
19	8.139 534 884	3.953 488 372	50.146 2
20	8.883 720 93	4.372 093 023	49.010 2
21	9.627 906 977	4.790 697 674	47.165 2
22	10.372 093 02	5.209 302 326	44.102
23	11.116 279 07	5.627 906 977	39.226 5
24	11.860 465 12	6.046 511 628	33.219 5
25	12.604 651 16	6.465 116 279	25.314 1
26	13.348 837 21	6.883 720 93	15.501
27	14.093 023 26	7.302 325 581	1.501 2
28	14.837 209 3	7.720 930 233	1.001 4
29	15.581 395 35	8.139 534 884	10.401
30	16.325 581 4	8.558 139 535	20.100 6
31	17.069 767 44	8.976 744 186	27.640 1
32	17.813 953 49	9.395 348 837	32.925 4
33	18.558 139 53	9.813 953 488	36.522 7
34	19.302 325 58	10.232 558 14	39.171 2
35	20.046 511 63	10.651 162 79	40.231 6
36	20.790 697 67	11.069 767 44	39.773
37	21.534 883 72	11.488 372 09	37.997 7
38	22.279 069 77	11.906 976 74	34.891 9
39	23.023 255 81	12.325 581 4	30.018 4
40	23.767 441 86	12.744 186 05	23.539 6
41	24.511 627 91	13.162 790 7	13.501
42	25.255 813 95	13.581 395 35	1.003 12
43	26.012	14.003 4	0.101 2

5.5.3　PCによる仮想3次元空間におけるピンポン玉の軌跡の再現

5.3 節では静止している三角体の座標をPC内の仮想3次元空間に再現し，いろいろな視角方向から観察した形状を認識することができた。今回は，この手法をピンポン玉に応用してその位置を追跡し，43フレーム時間に移動した軌跡を求めることにする。43フレーム分の *XYZ* 座標をプログラムの中に書き込むのは手間がかかり過ぎるので，**表 *5.18*** の *XYZ* 座標をPC内の別ファイルに保存し，動作時に呼び出すようにした。PCアプリケーションとしては，**リスト *5.1*** とほぼ同じであるが，43フレーム分を表示させる新たなプログラムが加わっている。変更，追加部のみを**リスト *5.3*** に示す。

リスト *5.3*　ピンポン玉の軌跡の再生プログラム（変更，追加部のみ）

```
Private Sub Command1_Click()
Dim W(43, 3), X(50), Y(50) As Double   :43 フレーム分の XYZ 座標を読み込む宣言文
Dim i, j As Integer
Picture1.Scale (-1000, 1000)-(1000, -1000)
sheeta = -72 * 3.14 / 180
delta = 23 * 3.14 / 180
SinD = Sin(delta): SinS = Sin(sheeta)
CosD = Cos(delta): CosS = Cos(sheeta)
CosSin = CosS * SinD: SinSin = SinS * SinD
Picture1.Cls
Picture1.DrawWidth = 1
Picture1.DrawStyle = 3
Picture1.ForeColor = QBColor(0)
Picture1.Line (-800 * CosS, 800 * SinS * SinD)-(800 * CosS, -800 * SinS * SinD)
Picture1.PSet (-700 * SinS, -700 * CosS * SinD), QBColor(15)
Picture1.Print "X 軸"
Picture1.Line (0, 700 * CosD)-(0, -700 * CosD)
Picture1.PSet (0, 700 * CosD)
Picture1.Print "Z 軸"
Picture1.Line (-800 * SinS, -800 * CosS * SinD)-(800 * SinS, 800 * CosS * SinD)
Picture1.PSet (700 * CosS, -700 * SinS * SinD)
Picture1.Print "Y 軸"
Picture1.DrawWidth = 3
Open "D:¥H20 ロボット工学¥VB¥玉軌道(1).csv" For Input As #1   :X,Y,Z の収納ファイルとファイルの種類
   For i = 1 To 43
     For j = 1 To 3
       Input #1, W(i, j)                            :X,Y,Z を 43 個読み込むための関数
     Next j
Next i
```

リスト 5.3（続き）

```
Close #1
Picture1.ForeColor = QBColor(0)
Picture1.DrawWidth = 3
For i = 1 To 43

  X(i) = -15 * W(i, 1) * SinS + 15 * W(i, 2) * CosS
   Y(i) = -15 * W(i, 1) * CosS * SinD - 15 * W(i, 2) * SinS * SinD + 15 * W(i, 3) * CosD
   Picture1.PSet (X(i), Y(i)), QBColor(0)     :43 個のポイントを黒で点としてマークする
  Next i
For i = 2 To 42
Picture1.Line (X(i), Y(i))-(X(i - 1), Y(i - 1)) :前の点と一つ手前の点とを線で結んで軌跡をつくる
Next i
End Sub
```

このアプリケーションによりピンポン玉の 43 フレーム分の軌跡を示したのが図 **5.17** である。

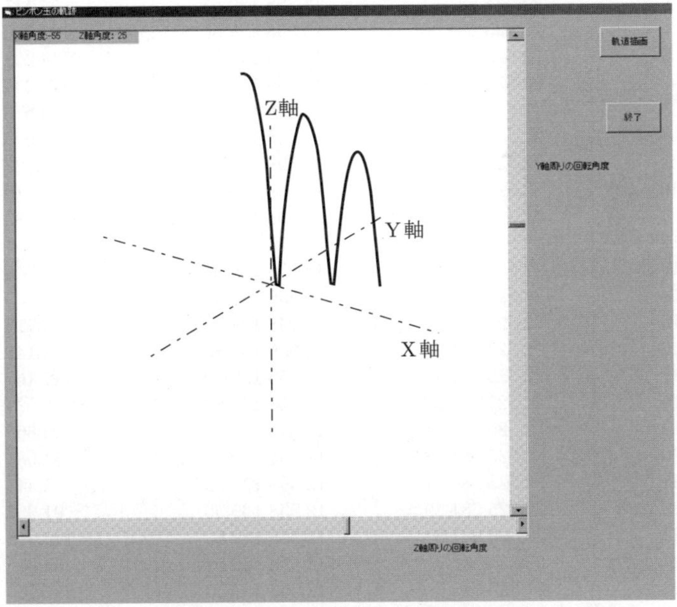

図 5.17 ピンポン玉の軌跡の再現図

5.5.4 多フレームデータを利用した動特性の算出

ピンポン玉の3次元位置座標の時間的変化は**表 5.18** のようになるので，これを基にして種々の動特性が割り出せる。1フレームごとの時間は30分の1秒であるから，**表 5.18** の位置座標の変化からその時点での X 方向，Y 方向，Z 方向の速度が求まる。それが**表 5.19** である。この速度は X，Y，Z 方向の成分であるから，玉が実空間を進む方向の実際の速度はそれぞれの速度を2乗して足し，その平方根で求めることができるが，これは計算操作で可能であるから省略した。フレーム時間ごとの XYZ 座標の変化および速度の変化を**図 5.18** に示した。速度は座標位置間の計算なので，1 フレーム目はない。また，座標の正確さに依存するので，誤差も多い点に注意を要する。

表 5.19　フレームごとの位置から割り出した X, Y, Z 方向速度

フレーム数	X 方向速度	Y 方向速度	Z 方向速度
2	44.651 162 79	25.116 279 06	−10.614
3	22.325 581 41	12.558 139 53	−54.111
4	22.325 581 38	12.558 139 56	−109.086
5	22.325 581 41	12.558 139 53	−144.222
6	22.325 581 38	12.558 139 53	−179.337
7	22.325 581 41	12.558 139 53	−245.655
8	22.325 581 38	12.558 139 53	−282.699
9	22.325 581 41	12.558 139 53	−356.727
10	22.325 581 38	12.558 139 56	−442.216 8
11	22.325 581 41	12.558 139 53	−4.783 2
12	22.325 581 38	12.558 139 53	447
13	22.325 581 41	12.558 139 53	283.536
14	22.325 581 38	12.558 139 53	242.43
15	22.325 581 41	12.558 139 53	182.718
16	22.325 581 38	12.558 139 56	131.145
17	22.325 581 41	12.558 139 53	117.168
18	22.325 581 38	12.558 139 53	86.526
19	22.325 581 41	12.558 139 53	10.863
20	22.325 581 38	12.558 139 53	−34.086
21	22.325 581 41	12.558 139 53	−55.344
22	22.325 581 29	12.558 139 56	−91.956
23	22.325 581 5	12.558 139 53	−146.205
24	22.325 581 5	12.558 139 53	−180.21
25	22.325 581 2	12.558 139 53	−237.162
26	22.325 581 5	12.558 139 53	−294.423
27	22.325 581 5	12.558 139 53	−420
28	22.325 581 2	12.558 139 56	−15
29	22.325 581 5	12.558 139 53	282

表 **5.19**（続き）

フレーム数	X方向速度	Y方向速度	Z方向速度
30	22.325 581 5	12.558 139 53	291
31	22.325 581 2	12.558 139 53	226.203
32	22.325 581 5	12.558 139 53	158.559
33	22.325 581 2	12.558 139 53	107.919
34	22.325 581 5	12.558 139 56	79.455
35	22.325 581 5	12.558 139 5	31.812
36	22.325 581 2	12.558 139 5	−13.758
37	22.325 581 5	12.558 139 5	−53.259
38	22.325 581 5	12.558 139 5	−93.174
39	22.325 581 2	12.558 139 8	−146.205
40	22.325 581 5	12.558 139 5	−194.364
41	22.325 581 5	12.558 139 5	−301.188
42	22.325 581 2	12.558 139 5	−375
43	22.325 581 5	12.558 139 5	−27

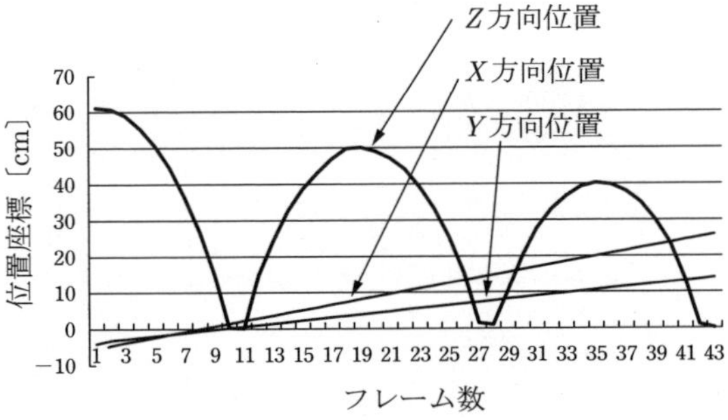

（a）位置座標

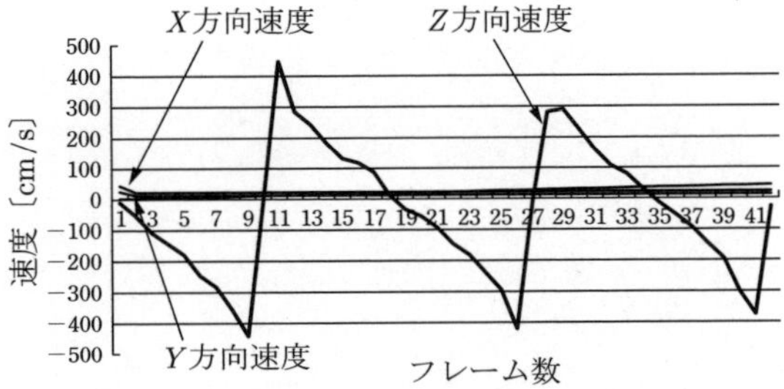

（b）X, Y, Z方向速度

図 5.18　ピンポン玉の軌跡と速度の変化

演　習　問　題

【1】 図 **5.1** に示した3次元の実空間座標系の物体をセンサの2次元平面座標系へ投影する座標変換法において，図(a)はレンズが物体と投影面の間に介在する場合を示している。これに対して，図(b)は物体と投影面の外にレンズが来る場合を示したものである。図(b)のような変換法の例を挙げよ。

【2】 **5.1** 節，**5.2** 節で述べたように，2台のカメラを用いて3次元と2次元の相互変換を行う場合，画面内に無限遠のかなたが写ることもある。例えば，3次元座標の原点（0，0，0）から奥行 Y 軸方向無限遠の座標（0，∞，0）までラインが引かれている場合，左右カメラの原点と無限遠の座標点（U_{L0}，V_{L0}），（U_{R0}，V_{R0}），（$U_{L\infty}$，$V_{L\infty}$），（$U_{R\infty}$，$V_{R\infty}$）は数値的にどのように表されるかを示せ。

6

ベクトルによる物体の位置と運動ならびに回転の解析

ロボットアームやマニピュレータが運動するためには位置や速度などを空間的な幾何学問題としてとらえる必要があり，この解析にはベクトルの導入が不可欠である。本章ではまずベクトル解析の基本的事項を整理して，物体の移動や回転について解析するとともに具体例について学ぶ。

6.1 ベクトル

6.1.1 ベクトルの基礎

ベクトルを取り扱う空間は右手系である。図 6.1 のように右手の親指，人指し指，中指それぞれを直交させて開いたとき，人指し指を x 軸，中指を y 軸とし，親指が z 軸となるように，x，y，z 軸が定義されている。ちょうど電気に使われているフレミングの右手の法則を想起されたい。ここで，注目すべき点は，図のように x，y，z 方向に単位ベクトル $\boldsymbol{i}$，$\boldsymbol{j}$，$\boldsymbol{k}$ が定義されていることである。

3次元空間である方向に向いているある大きさのベクトル $\boldsymbol{A}$ を考え，その x，

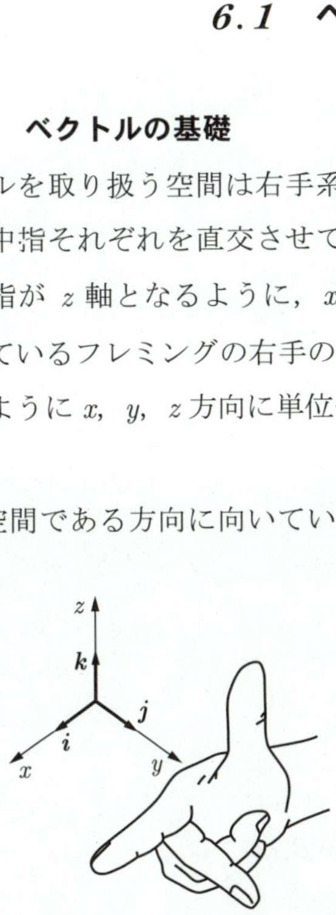

図 6.1　右手座標系直交ベクトル

y, z 方向の成分を A_x, A_y, A_z とする。このとき，$\boldsymbol{A}$ は

$$\boldsymbol{A}=\begin{bmatrix} A_x \\ A_y \\ A_z \end{bmatrix} \tag{6.1}$$

と表される。また

$$\boldsymbol{A}=(A_x, A_y, A_z)^T \tag{6.2}$$

とも書かれることがある。T は転置（transpose）を意味するものである。式(6.1)，(6.2)は x, y, z 軸方向の成分と単位ベクトル $\boldsymbol{i}$, $\boldsymbol{j}$, $\boldsymbol{k}$ を使って

$$\boldsymbol{A}=A_x\boldsymbol{i}+A_y\boldsymbol{j}+A_z\boldsymbol{k} \tag{6.3}$$

とも表すことができる。

ベクトルを取り扱う演算で大切なのが，内積と外積である。

〔1〕 **内　　積**　スカラー積とも呼ばれる。二つのベクトルを $\boldsymbol{A}$, $\boldsymbol{B}$ とするとき，内積は

$$\boldsymbol{A}\cdot\boldsymbol{B}=AB\cos\theta \tag{6.4}$$

である。AB はベクトル $\boldsymbol{A}$, $\boldsymbol{B}$ の絶対値 $|\boldsymbol{A}|$ と $|\boldsymbol{B}|$ の積，θ は $\boldsymbol{A}$ と $\boldsymbol{B}$ のなす角度である。

内積には以下の関係がある。

① $\boldsymbol{A}\cdot\boldsymbol{B}=\boldsymbol{B}\cdot\boldsymbol{A}$　　(6.5)

② $\boldsymbol{A}\cdot(\boldsymbol{B}+\boldsymbol{C})=\boldsymbol{A}\cdot\boldsymbol{B}+\boldsymbol{A}\cdot\boldsymbol{C}$　　(6.6)

③ $\boldsymbol{A}$ と $\boldsymbol{B}$ が直交する場合

$$\boldsymbol{A}\cdot\boldsymbol{B}=AB\cos\frac{\pi}{2}=0 \tag{6.7}$$

④ 単位ベクトルは相互に直交するため

$$\left.\begin{aligned} \boldsymbol{i}\cdot\boldsymbol{i}=\boldsymbol{j}\cdot\boldsymbol{j}=\boldsymbol{k}\cdot\boldsymbol{k}=1 \\ \boldsymbol{i}\cdot\boldsymbol{j}=\boldsymbol{j}\cdot\boldsymbol{k}=\boldsymbol{k}\cdot\boldsymbol{i}=0 \end{aligned}\right\} \tag{6.8}$$

である。内積を計算すると

$$\boldsymbol{A}\cdot\boldsymbol{B}=(A_x\boldsymbol{i}+A_y\boldsymbol{j}+A_z\boldsymbol{k})\cdot(B_x\boldsymbol{i}+B_y\boldsymbol{j}+B_z\boldsymbol{k}) \tag{6.9}$$

となるが，式(6.8)の関係を使って計算すると

$$\boldsymbol{A}\cdot\boldsymbol{B}=A_xB_x+A_yB_y+A_zB_z \qquad (6.10)$$

の成分になる。

〔2〕 **外　　　積**　$\boldsymbol{A}\times\boldsymbol{B}$ で示され，結果がベクトル値になることから**ベクトル積**とも呼ばれる。

求まるベクトルの大きさは

$$|\boldsymbol{A}\times\boldsymbol{B}|=AB\sin\theta \qquad (6.11)$$

であり，これはベクトル $\boldsymbol{A}$ と $\boldsymbol{B}$ の表す平行四辺形の面積に相当する。

外積には以下の関係がある。

① $\boldsymbol{A}\times\boldsymbol{B}=-\boldsymbol{B}\times\boldsymbol{A} \qquad (6.12)$

ベクトルの順番が変わると方向が反対になる。

② $\boldsymbol{A}\times(\boldsymbol{B}+\boldsymbol{C})=\boldsymbol{A}\times\boldsymbol{B}+\boldsymbol{A}\times\boldsymbol{C} \qquad (6.13)$

③ 直交座標系の単位ベクトルについては循環の関係にある。

$$\left.\begin{array}{lll}\boldsymbol{i}\times\boldsymbol{j}=\boldsymbol{k}, & \boldsymbol{j}\times\boldsymbol{k}=\boldsymbol{i}, & \boldsymbol{k}\times\boldsymbol{i}=\boldsymbol{j}\\ \boldsymbol{i}\times\boldsymbol{i}=\boldsymbol{j}\times\boldsymbol{j}=\boldsymbol{k}\times\boldsymbol{k}=\boldsymbol{0} & & \end{array}\right\} \qquad (6.14)$$

外積を成分で示すと

$$\begin{aligned}\boldsymbol{A}\times\boldsymbol{B}&=(A_x\boldsymbol{i}+A_y\boldsymbol{j}+A_z\boldsymbol{k})\times(B_x\boldsymbol{i}+B_y\boldsymbol{j}+B_z\boldsymbol{k})\\&=(A_yB_z-A_zB_y)\,\boldsymbol{i}+(A_zB_x-A_xB_z)\,\boldsymbol{j}+(A_zB_y-A_yB_x)\,\boldsymbol{k}\end{aligned} \qquad (6.15)$$

となる。これを行列式を使って示すと

$$\boldsymbol{A}\times\boldsymbol{B}=\begin{vmatrix}\boldsymbol{i} & \boldsymbol{j} & \boldsymbol{k}\\ A_x & A_y & A_z\\ B_x & B_y & B_z\end{vmatrix}$$

$$=\begin{vmatrix}A_y & A_z\\ B_y & B_z\end{vmatrix}\boldsymbol{i}-\begin{vmatrix}A_x & A_z\\ B_x & B_z\end{vmatrix}\boldsymbol{j}+\begin{vmatrix}A_x & A_y\\ B_x & B_y\end{vmatrix}\boldsymbol{k} \qquad (6.16)$$

④ スカラー三重積

$$\boldsymbol{A}\cdot(\boldsymbol{B}\times\boldsymbol{C})=\boldsymbol{B}\cdot(\boldsymbol{C}\times\boldsymbol{A})=\boldsymbol{C}\cdot(\boldsymbol{A}\times\boldsymbol{B})$$

$$
=\begin{vmatrix} A_x & A_y & A_z \\ B_x & B_y & B_z \\ C_x & C_y & C_z \end{vmatrix} \tag{6.17}
$$

スカラー三重積は $\boldsymbol{A} \to \boldsymbol{B} \to \boldsymbol{C} \to \boldsymbol{A}$ のように入れ替えても成立する。

⑤　ベクトル三重積

$$
\begin{aligned}
\boldsymbol{A}\times(\boldsymbol{B}\times\boldsymbol{C}) &= -(\boldsymbol{B}\times\boldsymbol{C})\times\boldsymbol{A} = (\boldsymbol{C}\times\boldsymbol{B})\times\boldsymbol{A} \\
&= (\boldsymbol{A}\cdot\boldsymbol{C})\,\boldsymbol{B} - (\boldsymbol{A}\cdot\boldsymbol{B})\,\boldsymbol{C}
\end{aligned} \tag{6.18}
$$

6.1.2　ベクトル空間と回転

3 次元空間における物体の移動には平行移動と回転がある。まず基本的な立場として，空間に一つの絶対座標系を考え，つねにその上で議論することにする。

絶対座標系は単位ベクトル $\boldsymbol{i}_0$, $\boldsymbol{j}_0$, $\boldsymbol{k}_0$ から成るとし，座標系 Σ_0 として示す。一般に添え字 0 は省略することが多い。

ベクトルの平行移動は明らかであるので，ベクトルの回転についてのみ説明する。**図 6.2** のように，3 次元空間の点 O でたがいに垂直に交わる 3 本のレーザビームとそれを取り囲む箱型の空間を考える。この箱型を回転させると内部のベクトルは回転するが，空間内を通過するレーザビームは不動である。レーザビームの方向の単位ベクトルを絶対座標系 Σ_0 の 3 軸基底ベクトル $\boldsymbol{i}$, $\boldsymbol{j}$, $\boldsymbol{k}$ とする。

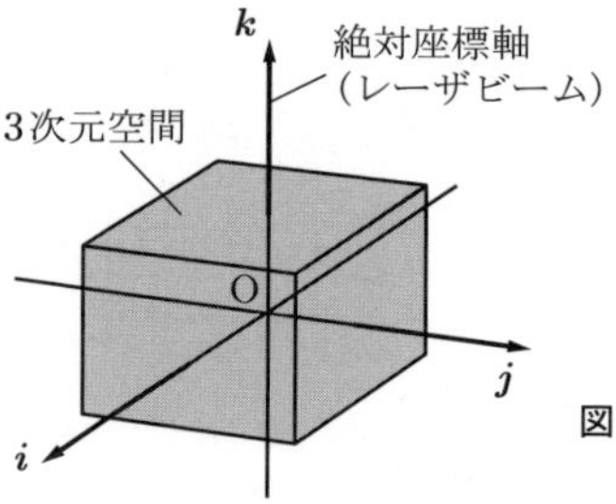

図 6.2　直交するレーザビームのつくる絶対座標軸と箱型 3 次元空間

ベクトル $\boldsymbol{R}$ をベクトル $\boldsymbol{\omega}$ のまわりに角度 θ だけ右ねじ方向に回転して得られるベクトルを $\boldsymbol{R}'$ とするとき，$\boldsymbol{R}'$ を

$$\boldsymbol{R}' = \boldsymbol{E}^{\omega\theta}(\boldsymbol{R}) \tag{6.19}$$

とする。ここで $\boldsymbol{E}^{\omega\theta}$ は，**回転変換行列**と呼ばれる。

6.1.3 ベクトルの回転

回転変換行列 $\boldsymbol{E}^{\omega\theta}$ の理解を深めるため，まず $\boldsymbol{k}$ 軸のまわりの角度 θ の回転を考える。最初 x 方向の単位ベクトル $\boldsymbol{i}$ に一致していた箱型空間内の単位ベクトルが，箱型全体の $\boldsymbol{k}$ 軸まわりの角度 θ の回転で，**図 *6.3***（a）のようにベクトル $\boldsymbol{i}$ が $\boldsymbol{i}'$ になったとする。

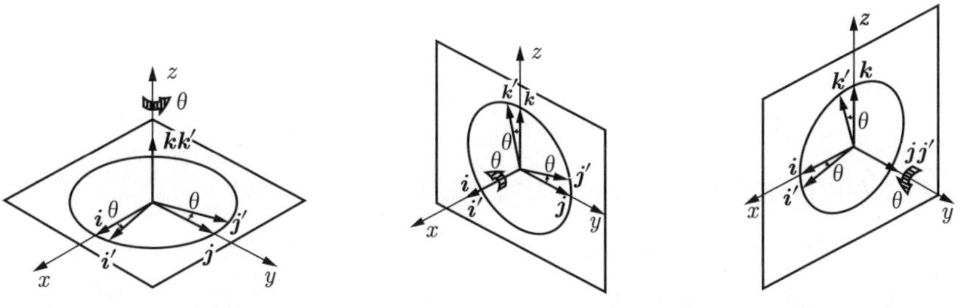

（a） $\boldsymbol{k}$ 軸まわりの回転　（b） $\boldsymbol{i}$ 軸まわりの回転　（c） $\boldsymbol{j}$ 軸まわりの回転

図 *6.3* 単位ベクトル $\boldsymbol{i}, \boldsymbol{j}, \boldsymbol{k}$ の $\boldsymbol{k}$ 軸，$\boldsymbol{i}$ 軸および $\boldsymbol{j}$ 軸まわりの回転

ベクトル $\boldsymbol{i}'$ を絶対座標系 Σ_0 から見ると，$\boldsymbol{i}'$ の $\boldsymbol{i}$ 方向成分は $\cos\theta$ となり，$\boldsymbol{j}$ 方向に $\sin\theta$ の投影成分を生じるが，$\boldsymbol{k}$ 方向成分の変動はない。これから

$$\boldsymbol{i} = \begin{bmatrix} 1 \\ 0 \\ 0 \end{bmatrix}, \qquad \boldsymbol{i}' = \begin{bmatrix} \cos\theta \\ \sin\theta \\ 0 \end{bmatrix} \tag{6.20}$$

となる。この $\boldsymbol{i}$ から $\boldsymbol{i}'$ への変換は，回転変換行列 $\boldsymbol{E}^{k\theta}$ によってなされたものであるから

$$\begin{bmatrix} \cos\theta \\ \sin\theta \\ 0 \end{bmatrix} = \boldsymbol{E}^{k\theta} \begin{bmatrix} 1 \\ 0 \\ 0 \end{bmatrix} \tag{6.21}$$

である。同様に y 方向の単位ベクトル $\boldsymbol{j}$, つまり $(0,\ 1,\ 0)^T$ に一致していたベクトルは，箱型の回転によって同時に動き $\boldsymbol{j}'$, つまり $(-\sin\theta,\ \cos\theta,\ 0)^T$ となる。

また，z 方向の単位ベクトル $\boldsymbol{k}$ に一致していたベクトルは，$\boldsymbol{k}$ 軸自身のまわりに回転するだけなので，その方向はまったく変化せず，$\boldsymbol{k}(0,\ 0,\ 1)^T$ は $\boldsymbol{k}'(0,\ 0,\ 1)^T$ となる。

以上，三つの単位ベクトルをまとめて 3×3 行列をつくり，同時に回転変換を行うと

$$(\boldsymbol{i}'\ \boldsymbol{j}'\ \boldsymbol{k}') = \boldsymbol{E}^{k\theta}(\boldsymbol{i}\ \boldsymbol{j}\ \boldsymbol{k}) \tag{6.22}$$

となる。これを行列で表すと

$$\begin{bmatrix} \cos\theta & -\sin\theta & 0 \\ \sin\theta & \cos\theta & 0 \\ 0 & 0 & 1 \end{bmatrix} = \boldsymbol{E}^{k\theta} \begin{bmatrix} 1 & 0 & 0 \\ 0 & 1 & 0 \\ 0 & 0 & 1 \end{bmatrix} \tag{6.23}$$

となる。右辺は $\boldsymbol{E}^{k\theta}$ と単位行列との積であるから

$$\boldsymbol{E}^{k\theta} = \begin{bmatrix} \cos\theta & -\sin\theta & 0 \\ \sin\theta & \cos\theta & 0 \\ 0 & 0 & 1 \end{bmatrix} \tag{6.24}$$

である。

つまり，任意ベクトル $\boldsymbol{P}$ と，$\boldsymbol{P}$ を絶対座標系の $\boldsymbol{k}$ 軸まわりに角度 θ だけ回転させて得られるベクトル $\boldsymbol{P}'$ をそれぞれ

$$\boldsymbol{P} = \begin{bmatrix} x \\ y \\ z \end{bmatrix}, \qquad \boldsymbol{P}' = \begin{bmatrix} x' \\ y' \\ z' \end{bmatrix} \tag{6.25}$$

とすると，$\boldsymbol{P}'$ は

$$\begin{aligned} \boldsymbol{P}' &= \boldsymbol{E}^{k\theta}(\boldsymbol{P}) \\ &= \begin{bmatrix} \cos\theta & -\sin\theta & 0 \\ \sin\theta & \cos\theta & 0 \\ 0 & 0 & 1 \end{bmatrix} \begin{bmatrix} x \\ y \\ z \end{bmatrix} \end{aligned} \tag{6.26}$$

ゆえに

$$\begin{bmatrix} x \\ y \\ z \end{bmatrix} = \begin{bmatrix} x\cos\theta - y\sin\theta \\ x\sin\theta + y\cos\theta \\ z \end{bmatrix} \tag{6.27}$$

と求めることができる。

同様に $\boldsymbol{i}$ 軸まわり，$\boldsymbol{j}$ 軸まわりの回転変換行列はそれぞれ**図 6.3**（b），（c）のように単位ベクトルが回転することを意味する。これから $\boldsymbol{E}^{i\theta}$，$\boldsymbol{E}^{j\theta}$ は，それぞれ式（6.28），（6.29）のようになる。

$$\boldsymbol{E}^{i\theta} = \begin{bmatrix} 1 & 0 & 0 \\ 0 & \cos\theta & -\sin\theta \\ 0 & \sin\theta & \cos\theta \end{bmatrix} \tag{6.28}$$

$$\boldsymbol{E}^{j\theta} = \begin{bmatrix} \cos\theta & 0 & \sin\theta \\ 0 & 1 & 0 \\ -\sin\theta & 0 & \cos\theta \end{bmatrix} \tag{6.29}$$

つねに回転方向が右ねじ方向であることを念頭に置けば，回転角度で発生する $\sin\theta$, $\cos\theta$ の符号も直感的にわかる。

6.1.4 任意の軸のまわりの回転

図 6.4 に示すように，任意のベクトル $\boldsymbol{R}$ を別の任意の単位ベクトル $\boldsymbol{\omega}$ のまわりに角度 θ だけ回転させて生ずるベクトル $\boldsymbol{R}'$ と，これを回転させる回転変換行列 $\boldsymbol{E}^{\omega\theta}$ を求めてみる。

まず，ベクトルは平行移動してもよいので，$\boldsymbol{R}$ を移動して図（a）のように $\boldsymbol{\omega}$ と点 O で一致させる。$\boldsymbol{\omega}$ に垂直で，$\boldsymbol{R}$ の先端の点 R を含む平面を V とする。点 P はこの平面 V とベクトル $\boldsymbol{\omega}$ の交点とする。この平面上でベクトル $\overrightarrow{\mathrm{PR}}$ 方向の点 P からの単位ベクトルを $\boldsymbol{u}$，ベクトル $\boldsymbol{\omega}$ と $\boldsymbol{u}$ に直交し $\boldsymbol{\omega}\times\boldsymbol{u}$ の方向，つまり $\overrightarrow{\mathrm{PQ}}$ 方向の単位ベクトルを $\boldsymbol{v}$ とする。ベクトル $\boldsymbol{u}$ をベクトル $\boldsymbol{\omega}$ のまわりに 90° 回転したものが $\boldsymbol{v}$ である。このとき，ベクトル $\overrightarrow{\mathrm{OP}}$ の長さはベクトル $\boldsymbol{R}$，$\boldsymbol{\omega}$ の内積（$\boldsymbol{R}\cdot\boldsymbol{\omega}$）であり

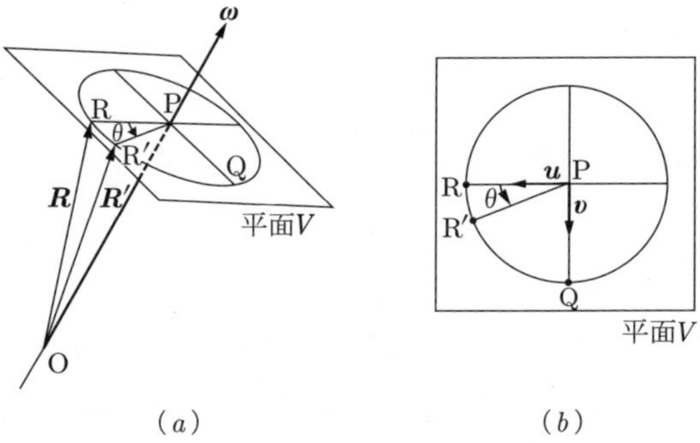

図 6.4　ベクトル $\boldsymbol{R}$ の $\boldsymbol{\omega}$ 軸まわりの回転

$$\overrightarrow{\mathrm{OP}} = (\boldsymbol{R} \cdot \boldsymbol{\omega})\boldsymbol{\omega} \tag{6.30}$$

と示される。これは単位ベクトル $\boldsymbol{\omega}$ をスカラー係数（$\boldsymbol{R} \cdot \boldsymbol{\omega}$）倍したものである。ベクトル $\overrightarrow{\mathrm{PR}}$ は $\boldsymbol{R} = \overrightarrow{\mathrm{OP}} + \overrightarrow{\mathrm{PR}}$ から

$$\overrightarrow{\mathrm{PR}} = \boldsymbol{R} - (\boldsymbol{R} \cdot \boldsymbol{\omega})\boldsymbol{\omega} \tag{6.31}$$

である。また，$\overrightarrow{\mathrm{PQ}}$ は大きさが $|\mathrm{PR}|$ で，方向が $\boldsymbol{v}(=\boldsymbol{\omega} \times \boldsymbol{u})$ であるから，$\boldsymbol{\omega} \times \boldsymbol{u}$ において単位ベクトル $\boldsymbol{u}$ の代わりに $\overrightarrow{\mathrm{PR}}$ を代入して

$$\begin{aligned}\overrightarrow{\mathrm{PQ}} &= \boldsymbol{\omega} \times \overrightarrow{\mathrm{PR}} \\ &= \boldsymbol{\omega} \times \{\boldsymbol{R} - (\boldsymbol{R} \cdot \boldsymbol{\omega})\boldsymbol{\omega}\}\end{aligned} \tag{6.32}$$

となる。ここで（$\boldsymbol{R} \cdot \boldsymbol{\omega}$）は，単なるスカラー係数であるため

$$\overrightarrow{\mathrm{PQ}} = \boldsymbol{\omega} \times \boldsymbol{R} - (\boldsymbol{R} \cdot \boldsymbol{\omega})(\boldsymbol{\omega} \times \boldsymbol{\omega}) \tag{6.33}$$

となるが，ここで $\boldsymbol{\omega} \times \boldsymbol{\omega} = \boldsymbol{0}$ であるから

$$\overrightarrow{\mathrm{PQ}} = \boldsymbol{\omega} \times \boldsymbol{R} \tag{6.34}$$

である。

以上の三つのベクトル $\overrightarrow{\mathrm{OP}}$，$\overrightarrow{\mathrm{PR}}$，$\overrightarrow{\mathrm{PQ}}$ を使用して，ベクトルの回転を考えてみよう。

図(b)のように，ベクトル $\boldsymbol{R}$ の $\overrightarrow{\mathrm{OP}}$ 方向の成分は $\boldsymbol{R}$ が $\boldsymbol{R}'$ になっても変わらないが，ベクトル $\boldsymbol{R}$ の $\overrightarrow{\mathrm{PR}}$ 方向の成分は，$\boldsymbol{R}'$ になると $\cos\theta\ \overrightarrow{\mathrm{PR}}$ に減少する。ベクトル $\boldsymbol{R}$ の $\overrightarrow{\mathrm{PQ}}$ 方向の成分は0であるが，$\boldsymbol{R}'$ になると $\sin\theta\ \overrightarrow{\mathrm{PQ}}$ に増加する。よって回転後のベクトル $\boldsymbol{R}'$ は，以上の直交する 3 軸のベクトル成分の合成と

して示され

$$\boldsymbol{R}'=\overrightarrow{\mathrm{OP}}+\cos\theta\ \overrightarrow{\mathrm{PR}}+\sin\theta\ \overrightarrow{\mathrm{PQ}} \tag{6.35}$$

$$\therefore\quad \boldsymbol{R}'=(\boldsymbol{R}\cdot\boldsymbol{\omega})\boldsymbol{\omega}+\cos\theta\{\boldsymbol{R}-(\boldsymbol{R}\cdot\boldsymbol{\omega})\boldsymbol{\omega}\}+\sin\theta(\boldsymbol{\omega}\times\boldsymbol{R}) \tag{6.36}$$

となる。

式(6.35)，(6.36)は，任意のベクトル$\boldsymbol{R}$を同じく任意の単位ベクトル$\boldsymbol{\omega}$のまわりに角度θだけ回転したときに得られるベクトル$\boldsymbol{R}'$を示す基礎式である。

6.1.5 回転変換行列の性質

回転変換行列は，つぎの ① ～ ⑥ の性質を持っている。

① 交換則は成り立たない。

$$\boldsymbol{E}^{k\theta}(\boldsymbol{E}^{j\alpha}(\boldsymbol{R}))\neq\boldsymbol{E}^{j\alpha}(\boldsymbol{E}^{k\theta}(\boldsymbol{R})) \tag{6.37}$$

② 同一軸まわりの回転は，交換則が成立し，加え合わせも可能である。

$$\boldsymbol{E}^{k\alpha}(\boldsymbol{E}^{k\beta}(\boldsymbol{R}))=\boldsymbol{E}^{k\beta}(\boldsymbol{E}^{k\alpha}(\boldsymbol{R}))=\boldsymbol{E}^{k(\alpha+\beta)}(\boldsymbol{R}) \tag{6.38}$$

③ 対応する行列式は1となる。

$$\left|\boldsymbol{E}^{i\theta}\right|=1\quad\text{あるいは}\quad\det\boldsymbol{E}^{i\theta}=1 \tag{6.39}$$

④ 逆行列，転置行列はθを$-\theta$にするだけで容易に求まる。

$$\boldsymbol{R}'=\boldsymbol{E}^{i\theta}(\boldsymbol{R})\quad\text{ならば}\quad\boldsymbol{R}=\boldsymbol{E}^{i(-\theta)}(\boldsymbol{R}') \tag{6.40}$$

$$\boldsymbol{R}=\left[\boldsymbol{E}^{i\theta}\right]^{-1}(\boldsymbol{R}') \tag{6.41}$$

$$\left[\boldsymbol{E}^{i\theta}\right]^{-1}=\boldsymbol{E}^{i(-\theta)} \tag{6.42}$$

⑤ 同じ回転$\boldsymbol{E}$を与えた二つのベクトルの内積は，元のベクトルどうしの内積と一致する。

$$\boldsymbol{E}(\boldsymbol{A})\cdot\boldsymbol{E}(\boldsymbol{B})=\boldsymbol{A}\cdot\boldsymbol{B} \tag{6.43}$$

⑥ 同じ回転$\boldsymbol{E}$を与えた二つのベクトルの外積は，元のベクトルどうしの外積に同じ回転$\boldsymbol{E}$を与えたものと等しい。

$$\boldsymbol{E}(\boldsymbol{A})\times\boldsymbol{E}(\boldsymbol{B})=\boldsymbol{E}(\boldsymbol{A}\times\boldsymbol{B}) \tag{6.44}$$

6.2　ベクトル解析の応用

マニピュレータなどロボットの手や腕は一種の立体機構であるが，ベクトル解析は立体機構を扱う上で非常に便利である。立体画像を取り扱う場合に便利であるため **5** 章で若干触れたが，ここでは CG への応用も含めて例示しながら論ずることにする。

■　立体機構解析

絶対座標系 3 軸まわりの回転と，3 軸方向への平行移動を組み合わせたベクトル解析によって，以下の例を解析する。

図 6.5 は円錐（すい）を円柱が貫通したように組み合わさったものである。この円錐に対する円柱の貫通断面の形状をベクトル解析で求めてみる。図の太い矢印で示した線がベクトルを示しているが，閉じたベクトルループをつくると

$$\boldsymbol{E}^{k\phi}(\boldsymbol{A}+\boldsymbol{P})=\boldsymbol{H}+\boldsymbol{C}+\boldsymbol{E}^{j\theta}(\boldsymbol{R})+\boldsymbol{L} \tag{6.45}$$

となる。ここで

$$\left.\begin{array}{llll}\boldsymbol{A}=a\boldsymbol{i}, & \boldsymbol{P}=p(b\boldsymbol{k}-a\boldsymbol{i}) \quad (0<p<1), & & \boldsymbol{H}=h\boldsymbol{k} \\ \boldsymbol{C}=c\boldsymbol{j}, & \boldsymbol{R}=r\boldsymbol{i}, & \boldsymbol{L}=-l\boldsymbol{j} & \end{array}\right\} \tag{6.46}$$

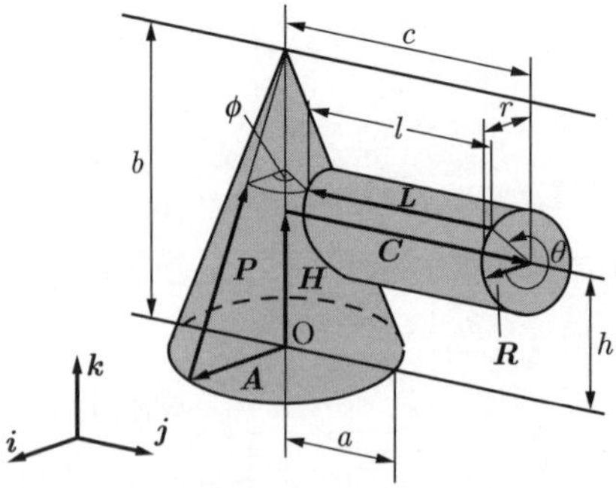

図 6.5　円錐に対する円柱の貫通断面の形状を求めるためのベクトルループ

である。したがって，式(**6.45**)は

$$\begin{bmatrix}\cos\phi & -\sin\phi & 0\\ \sin\phi & \cos\phi & 0\\ 0 & 0 & 1\end{bmatrix}\begin{bmatrix}a-ap\\ 0\\ pb\end{bmatrix}=\begin{bmatrix}0\\0\\h\end{bmatrix}+\begin{bmatrix}0\\c\\0\end{bmatrix}+\begin{bmatrix}\cos\theta & 0 & \sin\theta\\ 0 & 1 & 0\\ -\sin\theta & 0 & \cos\theta\end{bmatrix}\begin{bmatrix}r\\0\\0\end{bmatrix}+\begin{bmatrix}0\\-l\\0\end{bmatrix}$$

$$\begin{bmatrix}(a-ap)\cos\phi\\ (a-ap)\sin\phi\\ pb\end{bmatrix}=\begin{bmatrix}r\cos\theta\\ c-l\\ h-r\sin\theta\end{bmatrix} \tag{6.47}$$

となる。

ここで，未知数は p，ϕ，l である。角度 θ を動かすことによって未知数が数値的に求まる。

$$p=\frac{h-r\sin\theta}{b} \tag{6.48}$$

$$\cos\phi=\frac{r\cos\theta}{a-ap} \tag{6.49}$$

$$l=c-(a-ap)\sin\phi \tag{6.50}$$

式(**6.50**)に式(**6.48**)，(**6.49**)を代入することにより，円柱の貫通断面の形状が得られる。

3 次元座標（x，y，z）で表すと

$$x=r\cos\theta \tag{6.51}$$

$$y=\frac{\sqrt{a^2(b-h)^2+2a^2r(b-h)\sin\theta+r^2(a^2\sin^2\theta-b^2\cos^2\theta)}}{b} \tag{6.52}$$

$$z=h-r\sin\theta \tag{6.53}$$

となる。

ここでは，一例として $a=b=3$，$h=1.5$，$r=1$ として計算した結果を示す。r の回転角度 θ を 10° おきにとり，x，y，z 座標値の変化を計算したのが**表 6.1** である。さらに，貫通断面の形状をそれぞれ xy 面，xz 面，yz 面へ投影した場合を，**図 6.6**(a)，(b)，(c)に示した。また，CG で立体的に示したのが**図 6.7** である。

表 6.1　ベクトル $\boldsymbol{R}$ の回転角度 θ と xyz 座標の値

θ〔°〕	x	y	z
0	1	1.118 034	1.5
10	0.984 808	1.353 238	1.326 352
20	0.939 693	1.584 303	1.157 98
30	0.866 025	1.802 776	1
40	0.766 044	2.001 178	0.857 212
50	0.642 788	2.172 966	0.733 956
60	0.5	2.312 591	0.633 975
70	0.342 02	2.415 6	0.560 307
80	0.173 648	2.478 733	0.515 192
90	0	2.5	0.5
100	−0.173 65	2.478 733	0.515 192
110	−0.342 02	2.415 6	0.560 307
120	−0.5	2.312 591	0.633 975
130	−0.642 79	2.172 966	0.733 956
140	−0.766 04	2.001 178	0.857 212
150	−0.866 03	1.802 776	1
160	−0.939 69	1.584 303	1.157 98
170	−0.984 81	1.353 238	1.326 352
180	−1	1.118 034	1.5
190	−0.984 81	0.888 461	1.673 648
200	−0.939 69	0.676 68	1.842 02
210	−0.866 03	0.5	2
220	−0.766 04	0.384 693	2.142 788
230	−0.642 79	0.354 281	2.266 044
240	−0.5	0.389 774	2.366 025
250	−0.342 02	0.443 809	2.439 693
260	−0.173 65	0.485 046	2.484 808
270	0	0.5	2.5
280	0.173 648	0.485 046	2.484 808
290	0.342 02	0.443 809	2.439 693
300	0.5	0.389 774	2.366 025
310	0.642 788	0.354 281	2.266 045
320	0.766 044	0.384 693	2.142 788
330	0.866 025	0.5	2
340	0.939 693	0.676 679	1.842 02
350	0.984 808	0.888 461	1.673 648
360	1	1.118 034	1.5

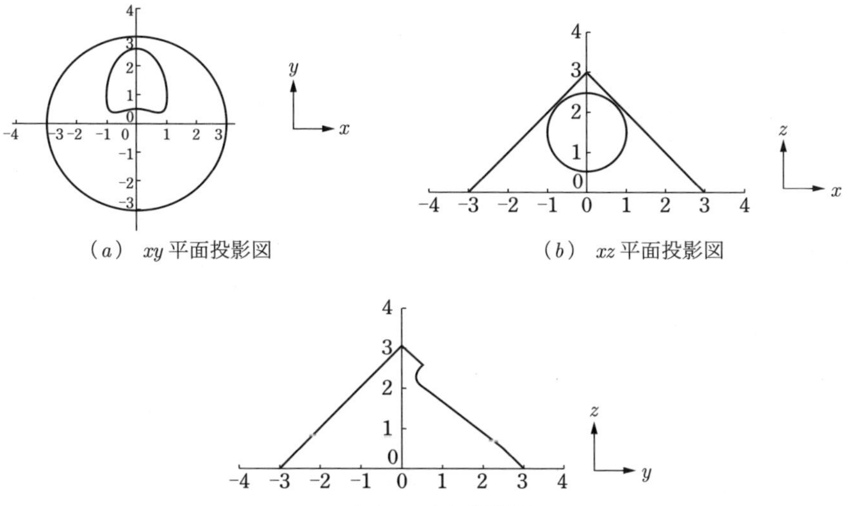

（a） xy 平面投影図　（b） xz 平面投影図　（c） yz 平面投影図

図 6.6　円錐に対する円柱の貫通断面を
xy, xz, yz 各平面へ投影した図

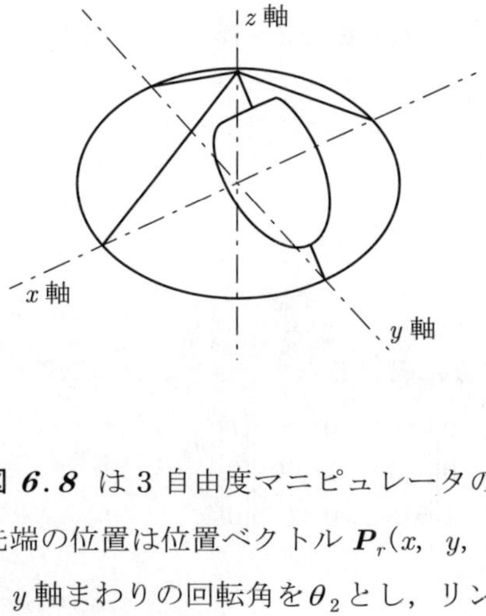

円錐の稜面は透明化して，x 軸，y 軸
との交点を通る稜線のみを示した。

図 6.7　円錐に対する円柱の貫通断面
の透視図

図 6.8 は 3 自由度マニピュレータの例である。図（a）に示すようにアームの先端の位置は位置ベクトル $\boldsymbol{P}_r(x,\ y,\ z)^T$ で示される。z 軸まわりの回転角を θ_1，y 軸まわりの回転角を θ_2 とし，リンクの長さを r, l とする。図（b）に基準の姿勢を示す。

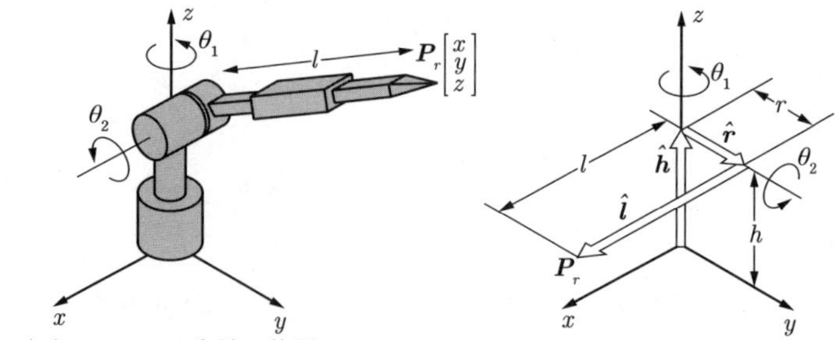

（a）アームの先端の位置　（b）基準の姿勢

図 6.8　3 自由度マニピュレータ

リンクのベクトルは

$$\boldsymbol{h}=\begin{bmatrix}0\\0\\h\end{bmatrix},\qquad \boldsymbol{r}=\begin{bmatrix}0\\r\\0\end{bmatrix},\qquad \boldsymbol{l}=\begin{bmatrix}l\\0\\0\end{bmatrix} \tag{6.54}$$

となる。まず，リンクベクトル $\boldsymbol{l}$ の根元を絶対座標系の原点に一致させ，リンク $\boldsymbol{l}$ を浮かべた空間全体を y 軸まわりに θ_2 だけ回転させる。つぎに，空間全体を $\boldsymbol{r}$ だけ移動してリンクベクトル $\boldsymbol{h}$ の根元を絶対座標系の原点に一致させる。さらにその状態で，リンクベクトル $\boldsymbol{h}$，$\boldsymbol{r}$ と回転後の $\boldsymbol{l}$ を浮かべた空間を，z 軸まわりに θ_1 回転させる。これを式で表記すると

$$\begin{aligned}\boldsymbol{P}_r &= \boldsymbol{E}^{k\theta_1}\,(\boldsymbol{h}+\boldsymbol{r}+\boldsymbol{E}^{j\theta_2}\,(\boldsymbol{l}))\\ &= \boldsymbol{E}^{k\theta_1}\,(\boldsymbol{h}+\boldsymbol{r})+\boldsymbol{E}^{k\theta_1}\,\boldsymbol{E}^{j\theta_2}\,(\boldsymbol{l})\end{aligned} \tag{6.55}$$

となる。ここで

$$\cos\theta_i = C_i\,,\qquad \sin\theta_i = S_i \tag{6.56}$$

と略すと，式(6.55)は式(6.57)のように書ける。

$$\begin{aligned}\boldsymbol{P}_r &= \begin{bmatrix}C_1 & -S_1 & 0\\ S_1 & C_1 & 0\\ 0 & 0 & 1\end{bmatrix}\begin{bmatrix}0\\r\\h\end{bmatrix}+\begin{bmatrix}C_1 & -S_1 & 0\\ S_1 & C_1 & 0\\ 0 & 0 & 1\end{bmatrix}\begin{bmatrix}C_2 & 0 & S_2\\ 0 & 1 & 0\\ -S_2 & 0 & C_2\end{bmatrix}\begin{bmatrix}l\\0\\0\end{bmatrix}\\ &= \begin{bmatrix}-S_1 r\\ C_1 r\\ h\end{bmatrix}+\begin{bmatrix}C_1C_2 l\\ S_1C_2 l\\ -S_2 l\end{bmatrix}\end{aligned} \tag{6.57}$$

式(6.57)は容易に解けて x，y，z は三つの入力 θ_1，θ_2，l の関数として得

られ

$$\left.\begin{aligned} x &= -r\sin\theta_1 + l\cos\theta_1\cos\theta_2 \\ y &= r\cos\theta_1 + l\sin\theta_1\cos\theta_2 \\ z &= h - l\sin\theta_2 \end{aligned}\right\} \tag{6.58}$$

と表される。

6.3 CGへの応用

6.3.1 アフィン変換

アフィン変換とは線形変換と平行移動とを合成したものである。つまり，3次元空間の任意の点 $\boldsymbol{P}(P_x,\ P_y,\ P_z)^T$ を3次元空間の点 $\boldsymbol{Q}(Q_x,\ Q_y,\ Q_z)^T$ へ，式(6.59)のように変換する操作

$$\left.\begin{aligned} Q_x &= a_{11}P_x + a_{12}P_y + a_{13}P_z + l \\ Q_y &= a_{21}P_x + a_{22}P_y + a_{23}P_z + m \\ Q_z &= a_{31}P_x + a_{32}P_y + a_{33}P_z + n \end{aligned}\right\} \tag{6.59}$$

を行うことである。これを行列で表示すると

$$\boldsymbol{Q} = \boldsymbol{E}\boldsymbol{P} + \boldsymbol{L} \tag{6.60}$$

$$\boldsymbol{Q} = \begin{bmatrix} Q_x \\ Q_y \\ Q_z \end{bmatrix},\quad \boldsymbol{E} = \begin{bmatrix} a_{11} & a_{12} & a_{13} \\ a_{21} & a_{22} & a_{23} \\ a_{31} & a_{32} & a_{33} \end{bmatrix},\quad \boldsymbol{P} = \begin{bmatrix} P_x \\ P_y \\ P_z \end{bmatrix},\quad \boldsymbol{L} = \begin{bmatrix} l \\ m \\ n \end{bmatrix} \tag{6.61}$$

である。変換行列 $\boldsymbol{E}$ は正則，すなわち $\det \boldsymbol{E} \neq 0$ であり，$\mathrm{rank}\,(\boldsymbol{E}) = 3$ である。前述した回転変換行列 $\boldsymbol{E}^{k\theta}$ は正規直交変換行列で $\det \boldsymbol{E}^{k\theta} = 1$ であるから，この変換行列の特別な場合といえる。アフィン変換では一般に，直線は直線に変換され，直線上の点の距離の比や線分の平行性は保存される。

アフィン変換の例は，式(6.60)から，式(6.62)，(6.63)，(6.65)のように表される。

〔1〕 **平行移動**

$$\boldsymbol{E}=\begin{bmatrix}1&0&0\\0&1&0\\0&0&1\end{bmatrix},\qquad \boldsymbol{L}=\begin{bmatrix}l\\m\\n\end{bmatrix} \tag{6.62}$$

〔2〕 **拡大・縮小**

$$\boldsymbol{E}=\begin{bmatrix}a&0&0\\0&b&0\\0&0&c\end{bmatrix},\qquad \boldsymbol{L}=\begin{bmatrix}0\\0\\0\end{bmatrix} \tag{6.63}$$

ここで a, b, c は，それぞれ x 軸，y 軸，z 軸方向の縮尺比である。縮尺比が負になると，原点に対して反転した位置に変換される。右手系から右手系へ変換する条件は

$$\det E > 0 \tag{6.64}$$

であるが，式(6.63)においては $abc > 0$ ということになる。

〔3〕 **せん断変形**　弾性体に力を加えたときの変形に相当するもので，式(6.60)において

$$\boldsymbol{E}=\begin{bmatrix}1&a_{12}&a_{13}\\a_{21}&1&a_{23}\\a_{31}&a_{32}&1\end{bmatrix},\qquad \boldsymbol{L}=\begin{bmatrix}0\\0\\0\end{bmatrix} \tag{6.65}$$

と示される。例えば，**図 6.9** のように xy 平面に貼り付けた立方体の弾性体に y 方向の力を加えたとする。点 $\boldsymbol{P}(P_x,\ P_y,\ P_z)^T$ が，せん断後に点 $\boldsymbol{Q}(Q_x,\ Q_y,\ Q_z)^T$ になったとすると

$$\left.\begin{aligned}Q_x&=P_x\\Q_y&=P_y+aP_z\\Q_z&=P_z\end{aligned}\right\} \tag{6.66}$$

へ変換される。これは式(6.65)において，$a_{23}=a$ で，他は 0 の場合に相当する。

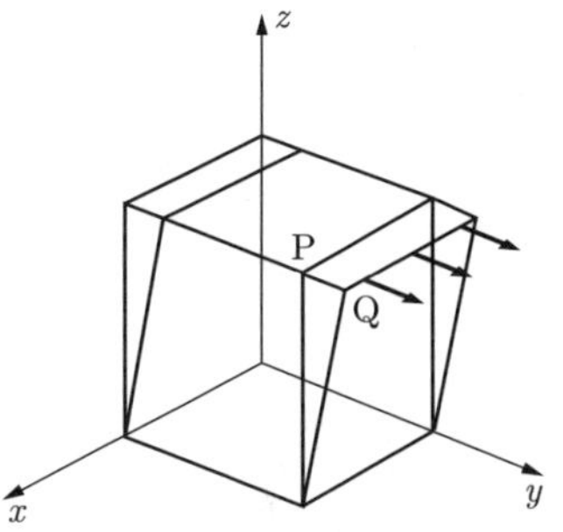

図 6.9　弾性体のせん断変形

6.3.2 平行投影

CG では，3 次元の物体を 2 次元平面にディスプレイする必要がある。まず絶対座標系 O-xyz（以後$\varSigma$と書く）において，**図 6.10** に示すように物体の任意の点 $\boldsymbol{P}(P_x,\ P_y,\ P_z)^T$を，ある点 $\boldsymbol{L}(0,\ 0,\ a)^T$ を通り xy 平面と平行な平面 Vに投影したとする。ここで，点 $\boldsymbol{L}(0,\ 0,\ a)^T$ は平面 Vの基準点と称される。また，点 $\boldsymbol{P}(P_x,\ P_y,\ P_z)^T$が平面 Vに投影された点を点 Q とする。なお，平面 Vには点 L を原点とし，x'，y' 軸，平面と垂直に z' 軸が絶対座標系と平行に定義される。これを絶対座標系$\varSigma$に対して L-$x'y'z'$（以後$\varSigma'$と書く）座標系とする。この系での点 $\boldsymbol{Q}(Q_x,\ Q_y,\ Q_z)^T$は

$$\boldsymbol{Q}=\boldsymbol{X}(\boldsymbol{P}-\boldsymbol{L}) \tag{6.67}$$

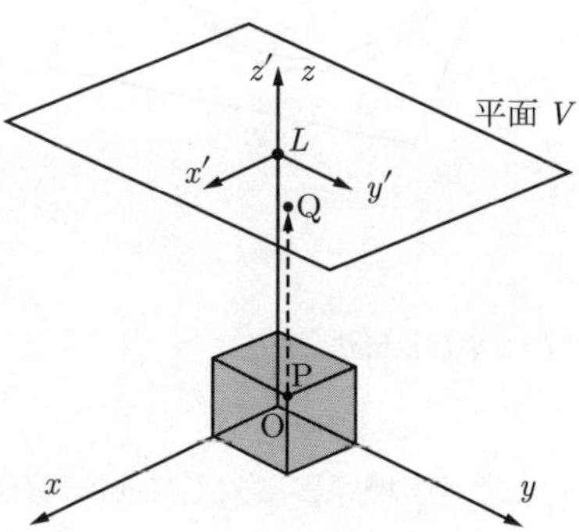

図 6.10　平面 Vへの平行投影

$$\boldsymbol{X}=\begin{bmatrix}1&0&0\\0&1&0\\0&0&0\end{bmatrix},\qquad \boldsymbol{L}=\begin{bmatrix}0\\0\\a\end{bmatrix} \tag{6.68}$$

と求まる。X は rank 2，det $X=0$ であり，3 次元が 2 次元の記述に変換される次元変換行列になる。

絶対座標系Σの上で与えられる図形を，任意の基準点 $\boldsymbol{L}(l,\ m,\ n)^T$ を通り，任意の傾きを持つ平面 V に平行投影する方法のより一般的な場合を考える。**図 6.11** は，その様子を示したものである。最初，平面 V を絶対座標系の yz 平面にとり，それを z 軸まわりに角度αだけ回転させる。つぎに，回転後の相対座標系を y 軸まわりに角度$-\beta$だけ回転させて傾ける。こうして得られる平面 V 上の相対座標系Σ^*は，点 L を原点とし，初めに絶対座標系の x 軸，y 軸，z 軸それぞれと一致していた x^*軸，y^*軸，z^*軸は，y^*軸と z^*軸が平面 V 上に，x^*軸が平面 V と垂直になる。

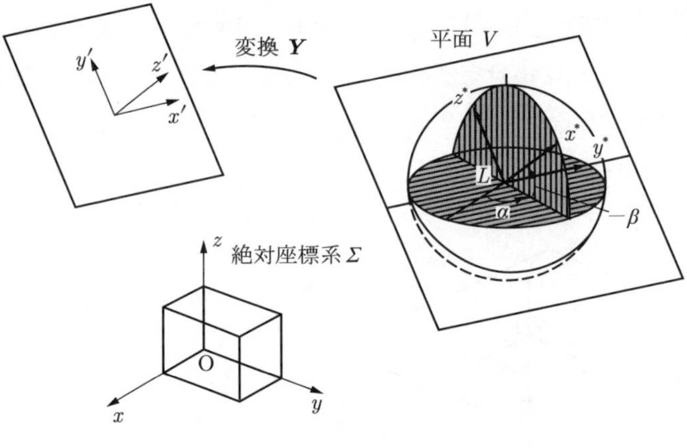

図 6.11　一般的な平行投影法

この平面 V と物体の両者を含む空間を，絶対座標系Σに対して回転移動と平行移動をさせることを試みる。それにはまず，相対座標系全体を$-\boldsymbol{L}\ (-l,\ -m,\ -n)^T$ だけ平行移動して点 L を原点 O に一致させる。つぎに，全空間を z 軸まわりに角度$-\alpha$だけ回転させ（y^*軸がy軸と一致する），y軸のまわりに角度βだけ回転させる。この結果，相対座標系で点$\boldsymbol{P}(P_x,\ P_y,\ P_z)^T$と示されていた点を，絶対座標系と一致した相対座標系Σ^*上の点$\boldsymbol{P}^*(P^*_x,\ P^*_y,\ P^*_z)^T$として記述し直すことができ

$$\boldsymbol{P}^* = \boldsymbol{E}^{j\beta}(\boldsymbol{E}^{-k\alpha}(\boldsymbol{P}-\boldsymbol{L})) \tag{6.69}$$

となる。式（6.69）では，平面V上の座標がy^*z^*座標面で示されることになり，都合が悪い。そこで，y^*軸をx'軸，z^*軸をy'軸，平面Vに垂直なx^*軸をz'軸と定義し直すことにする。この変換は以下のようになる。

$$\boldsymbol{P}' = \boldsymbol{Y}\boldsymbol{P}^* \tag{6.70}$$

ただし

$$\boldsymbol{P}' = \begin{bmatrix} x' \\ y' \\ 0 \end{bmatrix}, \qquad \boldsymbol{Y} = \begin{bmatrix} 0 & 1 & 0 \\ 0 & 0 & 1 \\ 1 & 0 & 0 \end{bmatrix}, \qquad \boldsymbol{P}^* = \begin{bmatrix} 0 \\ y^* \\ z^* \end{bmatrix} \tag{6.71}$$

である。ここで，変換行列Yは，y^*z^*平面を$x'y'$平面に一致させる変換である。空間全体をz軸まわりに$-90°$回転した後，x軸まわりに$-90°$回転させる操作を式（6.72）のように行う。

$$\boldsymbol{Y} = \boldsymbol{E}^{-i\frac{\pi}{2}}\boldsymbol{E}^{-k\frac{\pi}{2}} \tag{6.72}$$

これを計算すると

$$\boldsymbol{Y} = \begin{bmatrix} 1 & 0 & 0 \\ 0 & 0 & 1 \\ 0 & -1 & 0 \end{bmatrix}\begin{bmatrix} 0 & 1 & 0 \\ -1 & 0 & 0 \\ 0 & 0 & 1 \end{bmatrix} = \begin{bmatrix} 0 & 1 & 0 \\ 0 & 0 & 1 \\ 1 & 0 & 0 \end{bmatrix} \tag{6.73}$$

として得られる。さらに，点Pの平面V上への投影点を相対座標系Σ'の$x'y'$平面上に示すには，2次元への次元変換行列Xを使って

$$\boldsymbol{Q}' = \boldsymbol{X}\boldsymbol{P}', \qquad \boldsymbol{X} = \begin{bmatrix} 1 & 0 & 0 \\ 0 & 1 & 0 \\ 0 & 0 & 0 \end{bmatrix} \tag{6.74}$$

として$\boldsymbol{P}'$のz成分を0にする。

最終的に，絶対座標系 Σ 上の任意の点 P を平面 V 上に投影した点 Q を平面 V 上の相対座標系 Σ' で示した点 $\boldsymbol{Q}'(Q'_x, Q'_y, Q'_z)^T$ は，式(6.69)，(6.70)，(6.74)から

$$\boldsymbol{Q}' = \boldsymbol{X}\boldsymbol{Y}\boldsymbol{E}^{j\beta}(\boldsymbol{E}^{-k\alpha}(\boldsymbol{P} - \boldsymbol{L})) \tag{6.75}$$

で示せる。

式(6.75)は，$S_\alpha = \sin\alpha$，$C_\alpha = \cos\alpha$，$S_\beta = \sin\beta$，$C_\beta = \cos\beta$ と略すと

$$\begin{bmatrix} Q_x' \\ Q_y' \\ 0 \end{bmatrix} = \begin{bmatrix} 1 & 0 & 0 \\ 0 & 1 & 0 \\ 0 & 0 & 0 \end{bmatrix} \begin{bmatrix} 0 & 1 & 0 \\ 0 & 0 & 1 \\ 1 & 0 & 0 \end{bmatrix} \begin{bmatrix} C_\beta & 0 & S_\beta \\ 0 & 1 & 0 \\ -S_\beta & 0 & C_\beta \end{bmatrix} \begin{bmatrix} C_\alpha & S_\alpha & 0 \\ -S_\alpha & C_\alpha & 0 \\ 0 & 0 & 1 \end{bmatrix} \begin{bmatrix} P_x - l \\ P_y - m \\ P_z - n \end{bmatrix} \tag{6.76}$$

$$\begin{bmatrix} Q_x' \\ Q_y' \\ 0 \end{bmatrix} = \begin{bmatrix} -S_\alpha & C_\alpha & 0 \\ -C_\alpha S_\beta & -S_\alpha S_\beta & C_\beta \\ 0 & 0 & 0 \end{bmatrix} \begin{bmatrix} P_x - l \\ P_y - m \\ P_z - n \end{bmatrix} \tag{6.77}$$

と書ける。これは2×3 行列で

$$\begin{bmatrix} Q_x' \\ Q_y' \end{bmatrix} = \begin{bmatrix} -S_\alpha & C_\alpha & 0 \\ -C_\alpha S_\beta & -S_\alpha S_\beta & C_\beta \end{bmatrix} \begin{bmatrix} P_x - l \\ P_y - m \\ P_z - n \end{bmatrix} \tag{6.78}$$

とも示せる。式(5.30)～(5.32)で用いた 3 次元座標 X，Y，Z から 2 次元ディスプレイ Q_x，Q_y への変換は，この式に基づくものである。ここで，絶対座標系の x，y，z 方向の単位ベクトル $\boldsymbol{i}$，$\boldsymbol{j}$，$\boldsymbol{k}$ が平面に投影されて $\boldsymbol{i}'$，$\boldsymbol{j}'$，$\boldsymbol{k}'$ になったとすると，それぞれの絶対値は

$$\left.\begin{aligned} |\boldsymbol{i}'| &= \sqrt{S_\alpha{}^2 + C_\alpha{}^2 S_\beta{}^2} \\ |\boldsymbol{j}'| &= \sqrt{C_\alpha{}^2 + S_\alpha{}^2 S_\beta{}^2} \\ |\boldsymbol{k}'| &= C_\beta \end{aligned}\right\} \tag{6.79}$$

である。$\boldsymbol{i}'$，$\boldsymbol{j}'$，$\boldsymbol{k}'$ とも等しい長さで 3 軸のなす角が 120° の投影図の場合，**等測投影**または**アイソメトリック投影**と呼ばれている。3 軸のうち 2 軸が等しい

投影は2軸測投影，3軸とも異なる投影は**3軸測投影**と呼ばれている。一般的なアイソメトリック投影図では

$$\alpha = 45° \qquad \text{つまり} \qquad \sin\alpha = \cos\alpha = \frac{1}{\sqrt{2}}$$

$$\beta = 35.26° \qquad \text{つまり} \qquad \sin\beta = \frac{1}{\sqrt{3}},\ \ \cos\beta = \sqrt{\frac{2}{3}}$$

である。単位ベクトルは元の長さの $\sqrt{2/3}$ 倍である。

ここで一例として x, y, z 軸座標上で原点をOとし，以下のような点A～Gの座標で示される四角柱のアイソメトリック投影図を描いてみる。

$$\boldsymbol{O} = \begin{bmatrix} 0 \\ 0 \\ 0 \end{bmatrix},\quad \boldsymbol{A} = \begin{bmatrix} 2 \\ 0 \\ 0 \end{bmatrix},\quad \boldsymbol{B} = \begin{bmatrix} 2 \\ 1 \\ 0 \end{bmatrix},\quad \boldsymbol{C} = \begin{bmatrix} 0 \\ 1 \\ 0 \end{bmatrix},\quad \boldsymbol{D} = \begin{bmatrix} 0 \\ 0 \\ 4 \end{bmatrix},\quad \boldsymbol{E} = \begin{bmatrix} 2 \\ 0 \\ 4 \end{bmatrix},\quad \boldsymbol{F} = \begin{bmatrix} 2 \\ 1 \\ 4 \end{bmatrix},\quad \boldsymbol{G} = \begin{bmatrix} 0 \\ 1 \\ 4 \end{bmatrix}$$

式(*6.78*)で $S_\alpha = C_\alpha = 1/\sqrt{2}$，$S_\beta = 1/\sqrt{3}$，$C_\beta = \sqrt{2/3}$ であり，平行移動はないので $\boldsymbol{L}(l,\ m,\ n)^T = \boldsymbol{0}$ を入れて

$$\begin{bmatrix} Q_x' \\ Q_y' \end{bmatrix} = \begin{bmatrix} -0.71 & 0.71 & 0 \\ -0.41 & -0.41 & 0.82 \end{bmatrix} \begin{bmatrix} P_x \\ P_y \\ P_z \end{bmatrix} \tag{6.80}$$

となる。これを用いて点O～Gまでの座標を変換すると

$$\left.\begin{array}{llll} \boldsymbol{O} = \begin{bmatrix} 0 \\ 0 \end{bmatrix}, & \boldsymbol{A} = \begin{bmatrix} -1.42 \\ -0.82 \end{bmatrix}, & \boldsymbol{B} = \begin{bmatrix} -0.71 \\ -1.23 \end{bmatrix}, & \boldsymbol{C} = \begin{bmatrix} 0.71 \\ -0.41 \end{bmatrix} \\ \boldsymbol{D} = \begin{bmatrix} 0 \\ 3.28 \end{bmatrix}, & \boldsymbol{E} = \begin{bmatrix} -1.42 \\ 2.46 \end{bmatrix}, & \boldsymbol{F} = \begin{bmatrix} -0.71 \\ 2.05 \end{bmatrix}, & \boldsymbol{G} = \begin{bmatrix} 0.71 \\ 2.87 \end{bmatrix} \end{array}\right\} \tag{6.81}$$

となる。これを示したのが**図 *6.12*** である。

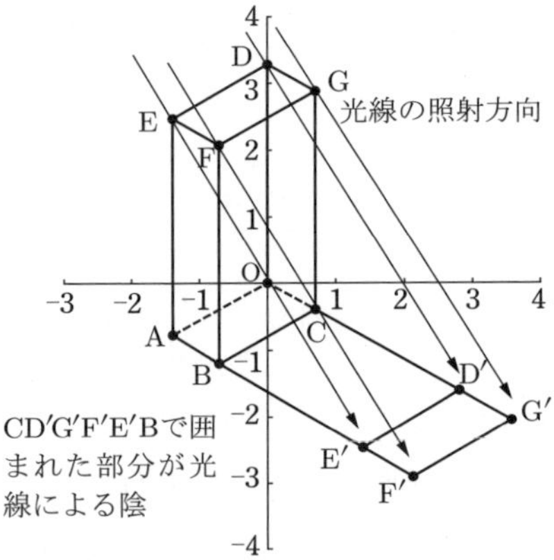

図 6.12　四角柱のアイソメトリック投影図と光線による影

6.3.3 斜　投　影

絶対座標系 Σ 上に置かれている図形が任意の平面 V に投影される場合，その投影の方向が平面と垂直でない任意の方向を向いた光で行われることがある。平面 V へのこのような投影を**斜投影**という。

光線の方向を単位ベクトル $\boldsymbol{q}\,(u,\ v,\ w)^T$ で示す。平面 V は平行投影と同じく基準点 $\boldsymbol{L}\,(l,\ m,\ n)^T$ を含み，その点を原点とする相対座標系 Σ' を有するとする。また $x'y'$ 平面は平面 V に含まれ，z' 軸は平面に垂直である。図形上の任意の点 $\boldsymbol{P}\,(P_x,\ P_y,\ P_z)^T$ が光線 $\boldsymbol{q}$ によって平面 V 上へつくる斜投影点 Q は，絶対座標系では $\boldsymbol{Q}\,(Q_x, Q_y, Q_z)^T$ で示し，平面上の相対座標系では $\boldsymbol{Q}'\,(Q_x', Q_y', Q_z')^T$ として表記する。

絶対座標系上での点 Q は点 P を光線ベクトル $\boldsymbol{q}$ の方向にある距離だけ移動した位置にあるので，ベクトル $\boldsymbol{Q}$ は未知数 λ を使って

$$\boldsymbol{Q} = \boldsymbol{P} - \lambda \boldsymbol{q} \tag{6.82}$$

と示すことができる。この点 Q を平面 V の相対座標系 Σ' で示すと式(6.75)から

$$\boldsymbol{Q}' = \boldsymbol{Y}\boldsymbol{E}^{j\beta}(\boldsymbol{E}^{-k\alpha}(\boldsymbol{P} - \lambda \boldsymbol{q} - \boldsymbol{L})) \tag{6.83}$$

となる。行列 $\boldsymbol{Y}$ は式(6.70)で定義した座標軸の変換行列である。なお，式

(6.75) 中の行列 X は，ここでは点Pに含まれる条件を利用するため，除外して行う。式(6.83) を展開して

$$\begin{bmatrix} Q_x{}' \\ Q_y{}' \\ Q_z{}' \end{bmatrix} = \begin{bmatrix} -S_\alpha & C_\alpha & 0 \\ -C_\alpha S_\beta & -S_\alpha S_\beta & C_\beta \\ C_\alpha C_\beta & S_\alpha C_\beta & S_\beta \end{bmatrix} \begin{bmatrix} P_x - \lambda u - l \\ P_y - \lambda v - m \\ P_z - \lambda w - n \end{bmatrix} \tag{6.84}$$

である。点Q′が平面 V に含まれる条件は $Q_z' = 0$ となることである。したがって

$$\begin{aligned} &C_\alpha C_\beta (P_x - l) + S_\alpha C_\beta (P_y - m) + S_\beta (P_z - n) \\ &\quad - (uC_\alpha C_\beta + vS_\alpha C_\beta + wS_\beta)\lambda = 0 \end{aligned} \tag{6.85}$$

が成り立つ。この式から未知数 λ は

$$\lambda = \frac{C_\alpha C_\beta (P_x - l) + S_\alpha C_\beta (P_y - m) + S_\beta (P_z - n)}{uC_\alpha C_\beta + vS_\alpha C_\beta + wS_\beta} \tag{6.86}$$

となる。これから λ を式(6.84) に代入すれば，点Q′のベクトル $\boldsymbol{Q}'$ が求まる。

6.3.2 項の平行投影で扱った四角柱を例に，透視投影を使って説明する。$\boldsymbol{q}(0, 1/\sqrt{2}, -1/\sqrt{2})^T$ の光線で四角柱が照らされたとき，xy 平面への斜投影を求める。xy 平面は，基準とする yz 平面を，原点をそのままで z 軸まわりに $\alpha = -90°$ 回転し，x 軸まわりに $-\beta = -90°$ 回転させたものである。式(6.86) で $l = m = n = 0$，$\alpha = -90°$，$\beta = 90°$，光線方向の単位ベクトル $\boldsymbol{q}$ の成分 $u = 0$，$v = 1/\sqrt{2}$，$w = -1/\sqrt{2}$ を代入して未知数 λ を求めると

$$\lambda = \frac{P_z}{w} = -\sqrt{2} P_z \tag{6.87}$$

の関係を得る。式(6.82) に，式(6.87) の λ と $\boldsymbol{q}$ の成分を代入して

$$\boldsymbol{Q} = \begin{bmatrix} Q_x \\ Q_y \\ Q_z \end{bmatrix} = \begin{bmatrix} P_x \\ P_y + P_z \\ 0 \end{bmatrix} \tag{6.88}$$

となる。変換すると，$\boldsymbol{O}$, $\boldsymbol{A}$, $\boldsymbol{B}$, $\boldsymbol{C}$ は初めから xy 平面にあるから，変換後の座標 $\boldsymbol{O}'$, $\boldsymbol{A}'$, $\boldsymbol{B}'$, $\boldsymbol{C}'$ は変化せず，$\boldsymbol{D}'$, $\boldsymbol{E}'$, $\boldsymbol{F}'$, $\boldsymbol{G}'$ は式(6.89) のようになる。

$$\boldsymbol{D}'=\begin{bmatrix}0\\4\\0\end{bmatrix},\quad \boldsymbol{E}'=\begin{bmatrix}2\\4\\0\end{bmatrix},\quad \boldsymbol{F}'=\begin{bmatrix}2\\5\\0\end{bmatrix},\quad \boldsymbol{G}'=\begin{bmatrix}0\\5\\0\end{bmatrix} \qquad (6.89)$$

さらにこれをアイソメトリック投影図に変換すると，$\boldsymbol{O}'$, $\boldsymbol{A}'$, $\boldsymbol{B}'$, $\boldsymbol{C}'$ は式（6.81）の $\boldsymbol{O}$, $\boldsymbol{A}$, $\boldsymbol{B}$, $\boldsymbol{C}$ と同じであり，$\boldsymbol{D}'$, $\boldsymbol{E}'$, $\boldsymbol{F}'$, $\boldsymbol{G}'$ は式（6.90）のようになる。

$$\boldsymbol{D}'=\begin{bmatrix}2.84\\-1.64\end{bmatrix},\quad \boldsymbol{E}'=\begin{bmatrix}1.42\\-2.46\end{bmatrix},\quad \boldsymbol{F}'=\begin{bmatrix}2.13\\-2.87\end{bmatrix},\quad \boldsymbol{G}'=\begin{bmatrix}3.55\\-2.05\end{bmatrix} \qquad (6.90)$$

この結果を**図 6.12** に，アイソメトリック投影図と併せて示した。矢印が光線の差し込む方向である。また**図 6.13** に，PC 上に CG で表示したものを示した。ここで注目すべき点は，ディスプレイ左上に示されている「X 軸角度 45」と「Z 軸角度 36」の表記であり，このとき**図 6.12** の投影図に近い状態がディスプレイされる。

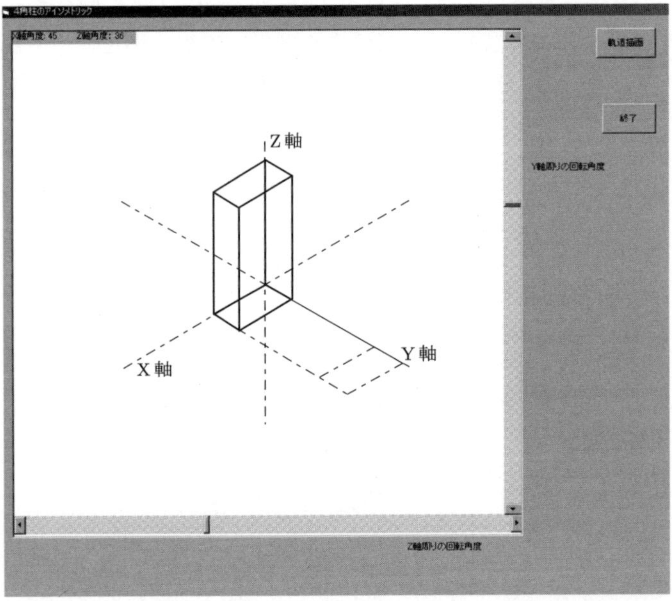

図 6.13　CG で表示した四角柱のアイソメトリック投影図と光線による影

6.3.4 透視投影

遠近法を使って描く投影図を**透視投影**という。これは射影変換の一種で，直線は直線に変換されるが直線の平行性や直線上の点の間隔の比率は保存されない。透視投影図を描くとは，物体と視点を結ぶ光が平面を貫く交点をつぎつぎに求めていく作業である。

絶対座標系Σ上の任意の点 $\boldsymbol{P}(P_x,\ P_y,\ P_z)^T$と視点 $\boldsymbol{E}(E_x,\ E_y,\ E_z)^T$を結ぶ光が平面 Vを貫く点を $\boldsymbol{Q}(Q_x,\ Q_y,\ Q_z)^T$とする。ここで平面 Vは絶対座標系の yz 平面を z 軸まわりに角度 α だけ回転し，回転後の相対座標系で y 軸まわりに角度$-\beta$だけ回転したものとする。また，平面 Vは基準点 $\boldsymbol{L}(l,\ m,\ n)^T$を含み，$\overrightarrow{\mathrm{LE}}$ が平面と垂直に交わるようにする。平面 Vには $\overrightarrow{\mathrm{LE}}$ を z 軸とし，平面上に x' 軸，y' 軸を持つ相対座標系Σ'を設定する。絶対座標系での点 Q は，この相対座標系では $\boldsymbol{Q}'(Q_x',\ Q_y',\ Q_z')^T$として示す。このとき，$\overrightarrow{\mathrm{EP}}$ の単位ベクトル $\boldsymbol{q}(u,\ v,\ w)^T$は

$$q=\frac{\boldsymbol{P}-\boldsymbol{E}}{|\boldsymbol{P}-\boldsymbol{E}|} \tag{6.91}$$

であり，これは

$$\boldsymbol{q}=\begin{bmatrix}u\\v\\w\end{bmatrix}=\frac{1}{\sqrt{(P_x-E_x)^2+(P_y-E_y)^2+(P_z-E_z)^2}}\begin{bmatrix}P_x-E_x\\P_y-E_y\\P_z-E_z\end{bmatrix} \tag{6.92}$$

として与えられる。$\boldsymbol{q}(u,\ v,\ w)^T$が求まると，斜投影と同じ手法で点 Q$'$の平面 V上の位置（Q_x'，Q_y'）は

$$\begin{bmatrix}Q_x'\\Q_y'\end{bmatrix}=\begin{bmatrix}-S_\alpha & C_\alpha & 0\\-C_\alpha S_\beta & S_\alpha S_\beta & C_\beta\end{bmatrix}\begin{bmatrix}P_x-\lambda u-l\\P_y-\lambda v-m\\P_z-\lambda w-n\end{bmatrix} \tag{6.93}$$

となる。λは式(6.86)で得たものと同じである。

一例として，前述の四角柱にこの手法を適用してみる。視点 $\boldsymbol{E}(6,\ 6,\ 6)^T$から四角柱の xy 平面への影を見たとし，原点 O を通る垂直平面への透視投影図を描くことにする。その手順は，つぎの ① ～ ③ のとおりである。

① 斜投影の陰の部分まで含めた点 OABCDEFG〜D′E′F′G′ の座標について式(6.92)から $\boldsymbol{q}(u,\ v,\ w)^T$ を求める。

② 原点 $\boldsymbol{O}$ と点 $\boldsymbol{E}$ とがつくるベクトル $\overrightarrow{\mathrm{OE}}$ の xy 平面や yz 平面への成分から，式(6.94)が成り立つ。

$$\left.\begin{aligned}\alpha &= \arctan\frac{y}{x} = \arctan\left(\frac{-6}{-6}\right) = 45^\circ \\ \beta &= \arctan\frac{z}{\sqrt{x^2+y^2}} = \arctan\frac{1}{\sqrt{2}} = 35.26^\circ\end{aligned}\right\} \quad (6.94)$$

これはアイソメトリック投影の場合と同じである。この α, β の値を式(6.86)に代入して λ を得る。

③ ①, ② で得た各座標点の u, v, w 値と λ を使って，式(6.93)より透視投影図の座標点が求められる。

①, ②, ③ の計算段階と透視投影した四角柱の各座標点を**表 6.2** に，これを基に描画した四角柱と影を**図 6.14** に示す。これからわかるように近くのものが大きく見え，遠くが小さくなる遠近法の効果がうかがえる。さらにこの効果を誇張したのが**図 6.15** である。視点を $\boldsymbol{E}(3,\ 3,\ 3)^T$ にとった例で，下から見上げる構図になっている。

表 6.2 透視投影で見た四角柱の各座標点

座標点	P_x	P_y	P_z	u	v	w	λ	Q'_x	Q'_y
O	0	0	0	−0.577 35	−0.577 35	−0.577 35	0	0	0
A	2	0	0	−0.426 4	−0.639 6	−0.639 6	−1.176	−1.598	−0.923
B	2	1	0	−0.455 84	−0.569 8	−0.683 76	−1.754 99	−0.852	−1.476
C	0	1	0	−0.609 21	−0.507 64	−0.609 21	−0.579 34	0.752	−0.434
D	0	0	4	−0.688 25	−0.688 25	−0.229 42	−2.490 8	0	4.217
E	2	0	4	−0.534 52	−0.801 78	−0.267 26	−3.741 66	−2.13	3.69
F	2	1	4	−0.596 28	−0.745 36	−0.298 14	−4.268 86	−1.162	3.355
G	0	1	4	−0.744 21	−0.620 17	−0.248 07	−3.100 87	0.981	3.974
D′	0	4	0	−0.688 25	−0.229 42	−0.688 25	−2.490 8	3.651 429	−2.108 57
E′	2	4	0	−0.534 52	−0.267 26	−0.801 78	−3.741 66	2.13	−3.69
F′	2	5	0	−0.549 44	−0.137 36	−0.824 16	−4.632 8	3.485 455	−4.696 36
G′	0	5	0	−0.702 25	−0.117 04	−0.702 25	−3.286 16	4.915 385	−2.838 46

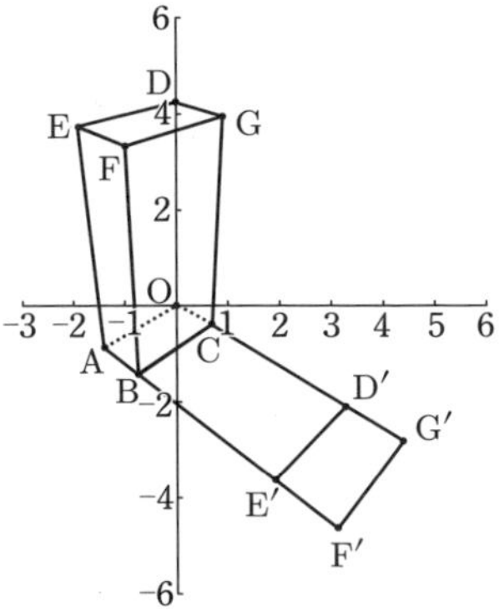

図 6.14　四角柱の透視投影図（遠近法で視点 $\boldsymbol{E}$ $(6,\ 6,\ 6)^T$ から見た場合）

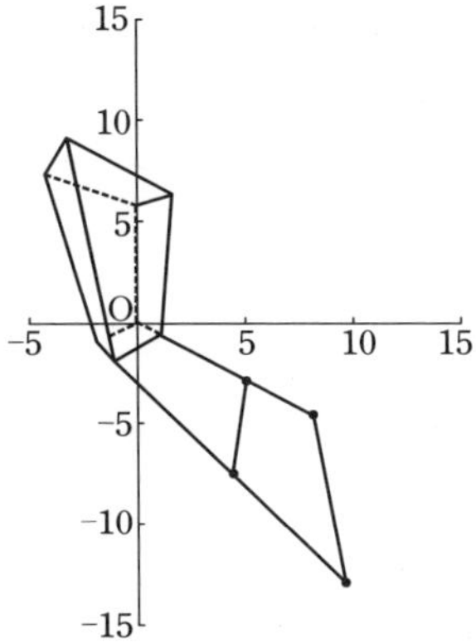

図 6.15　四角柱の透視投影図（遠近法で視点 $\boldsymbol{E}$ $(3,\ 3,\ 3)^T$ から見た場合）

6.4　回転ベクトル

静的なベクトルに対して動的なベクトルが考えられる。ベクトルの運動は回転と伸縮に大別でき，その運動は微分によって表現できる。ここでは，回転を行うベクトルとその微分について述べる。

6.4.1　角速度と角加速度ベクトル

物体が任意の3次元回転運動をする場合，瞬間的には一つの回転軸しか存在しない。これを**オイラーの定理**という。複雑な回転運動でも，ある瞬間には一つの回転軸しか存在し得ないということである。回転軸を表す単位ベクトルを $\boldsymbol{k}$ とし，$\boldsymbol{k}$ まわりに剛体が微小時間 Δt に微小回転角 $\Delta\theta$ だけ運動するとき，物体の角速度 $\boldsymbol{\omega}$ はベクトルであり

$$\boldsymbol{\omega}=\lim_{\Delta t\to 0}\frac{\Delta\theta}{\Delta t}\boldsymbol{k}=\frac{d\theta}{dt}\boldsymbol{k}=\dot{\theta}\boldsymbol{k} \qquad (6.95)$$

となる。回転する物体には，**図 6.16** のように角速度ベクトル $\boldsymbol{\omega}$ が存在する。この $\boldsymbol{\omega}$ は回転軸の上に存在し，軸の回転により右ねじ方向に回転角速度分の長さ ω を有するものとする。$\boldsymbol{\omega}$ は物体の3次元回転運動とともに方向，大きさと

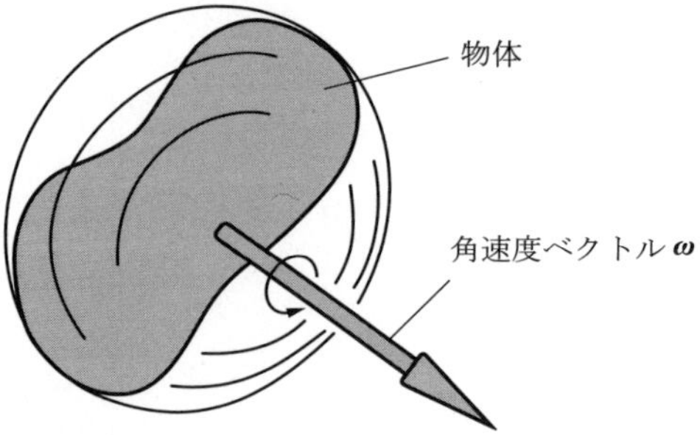

図 6.16　角速度 $\boldsymbol{\omega}$ で回転する物体のベクトル

もに変化する。

また，角加速度 $\dot{\boldsymbol{\omega}}$ は

$$\dot{\boldsymbol{\omega}} = \frac{d^2\theta}{dt^2}\boldsymbol{k} = \frac{d\omega}{dt}\boldsymbol{k} \tag{6.96}$$

と定義される。これも剛体に直立したベクトルである。

6.4.2　任意の軸を回る角速度ベクトル

図 6.17 のように，$\boldsymbol{k}$ 軸のまわりに回転する平面 V を想定し，その上に $\boldsymbol{k}$ 軸と角度 ϕ をなすベクトル $\overrightarrow{\mathrm{OP}}$ が描かれ，平面 V が $\boldsymbol{j}$-$\boldsymbol{k}$ 平面と一致している場合を考える。点 P を通る直線 OP の垂線が $\boldsymbol{k}$ 軸と交わる点を R，点 P から $\boldsymbol{k}$ 軸への垂線の足を点 Q とする。この平面 V が $\boldsymbol{k}$ 軸まわりに角速度の大きさ ω で回転するとき，**図 6.17** で点 P が $\boldsymbol{i}$ 軸の負方向に有する速度 $\boldsymbol{v_P}$ は

$$v_P = \overline{\mathrm{PQ}}\,\omega = \left(\overline{\mathrm{PR}}\cos\phi\right)\omega \tag{6.97}$$

である。点 O，点 R は $\boldsymbol{k}$ 軸上にあるから，それぞれの角速度は 0 である。したがって，軸 OP の自分自身の軸まわりの回転角速度 ω_P は

$$\omega_P = \frac{v_P}{\overline{\mathrm{PR}}} = \cos\phi\,\omega \tag{6.98}$$

となる。点 P は回転しているが，もし回転している点 P に乗って点 R を見れば，$\cos\phi\,\omega$ の角速度で回っているように見えるのである。

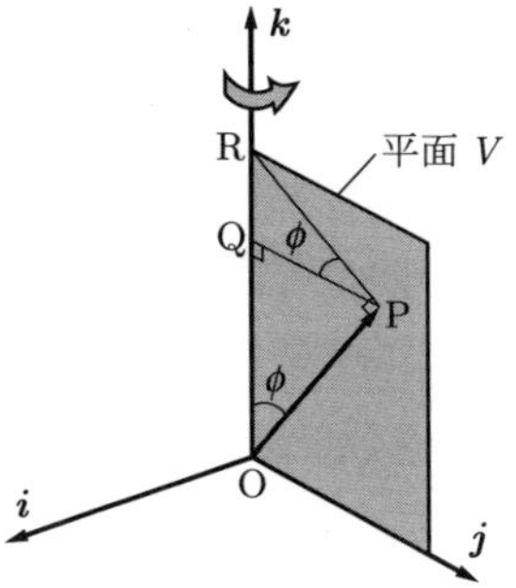

図 6.17　$\boldsymbol{k}$ 軸まわりに回転する $\overrightarrow{\mathrm{OP}}$

これから

$$|\boldsymbol{\omega}_P| = \cos\phi\,|\boldsymbol{\omega}| \qquad (6.99)$$

という関係が成り立つ。角速度も変位，速度，加速度などと同じように他の方向への投影成分を考えるには，方向余弦 $\cos\phi$ を考えればよいことになる。

一般に $\boldsymbol{i}$, $\boldsymbol{j}$, $\boldsymbol{k}$ 軸まわりにそれぞれ ω_x, ω_y, ω_z の角速度を持って運動している物体は

$$\boldsymbol{\omega} = \omega_x \boldsymbol{i} + \omega_y \boldsymbol{j} + \omega_z \boldsymbol{k} \qquad (6.100)$$

の向きと大きさを持って，一つの軸まわりを角速度運動していることになる。

6.4.3 回転するベクトルの微分

角速度ベクトル $\boldsymbol{\omega}$ を直立させて回転する物体を考える。この物体の上に固定された長さ不変の任意ベクトル $\boldsymbol{r}$ を時間微分したベクトル $\dot{\boldsymbol{r}}$ を導く。ベクトル $\boldsymbol{r}$ は平行移動しても同じなので，**図 6.18** のようにベクトル $\boldsymbol{r}$ の始点を角速度ベクトル $\boldsymbol{\omega}$ の始点と一致するようにし，その点を O，終点を R とする。

物体が時間 Δt に角度 $\omega\Delta t$ だけ回転し，ベクトル $\overrightarrow{\mathrm{OR}}(\boldsymbol{r})$ が**図 6.18** において $\overrightarrow{\mathrm{OR}'}$ になったときの $\dot{\boldsymbol{r}}$ を求める。

その絶対値は

$$|\dot{\boldsymbol{r}}| = \lim_{\Delta t\to 0}\frac{\overrightarrow{\mathrm{OR}'} - \overrightarrow{\mathrm{OR}}}{\Delta t} = \lim_{\Delta t\to 0}\frac{\overrightarrow{\mathrm{RR}'}}{\Delta t} = \lim_{\Delta t\to 0}\frac{r\sin\theta\,\omega\Delta t}{\Delta t} = \omega r\sin\theta = |\boldsymbol{\omega}\times\boldsymbol{r}| \qquad (6.101)$$

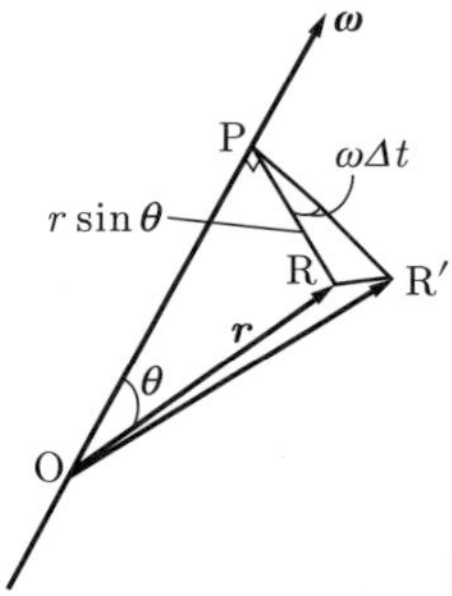

図 6.18　ベクトル r の時間微分

となる。また，$\dot{\boldsymbol{r}}$ の方向は$\varDelta t \to 0$ のときの点 R から点 R′に至るベクトルの方向であるので，外積 $\boldsymbol{\omega}\times\boldsymbol{r}$ の方向と等しい。したがって，角速度 $\boldsymbol{\omega}$ で回転するベクトル $\boldsymbol{r}$ の時間微分 $\dot{\boldsymbol{r}}$ は，その絶対値と方向に着目し

$$\dot{\boldsymbol{r}}=\boldsymbol{\omega}\times\boldsymbol{r} \tag{6.102}$$

と外積で表現できることがわかる。なお，ベクトル積ではベクトルの順番が重要であり，前から $\boldsymbol{\omega}$ をかけることに注意する。

一方，$\boldsymbol{\omega}$ を単位ベクトルとしてこれを任意回転軸として考えた場合，他の任意ベクトル $\boldsymbol{R}$ を $\boldsymbol{\omega}$ のまわりに角度θ回転してできるベクトル $\boldsymbol{R}'$ は

$$\boldsymbol{R}'=(\boldsymbol{R}\cdot\boldsymbol{\omega})\boldsymbol{\omega}+\cos\theta\{\boldsymbol{R}-(\boldsymbol{R}\cdot\boldsymbol{\omega})\boldsymbol{\omega}\}+\sin\theta(\boldsymbol{\omega}\times\boldsymbol{R}) \tag{6.103}$$

として与えられる。式(6.103)から，ベクトル $\boldsymbol{R}$ が長さを変えないで，回転のみを行うときの $\dot{\boldsymbol{R}}$ は式(6.104)のようにして示される。

$$\begin{aligned}\dot{\boldsymbol{R}}&=\lim_{\varDelta t\to 0}\frac{\boldsymbol{R}'-\boldsymbol{R}}{\varDelta t}\\&=\lim_{\varDelta t\to 0}\frac{1}{\varDelta t}[(\boldsymbol{R}\cdot\boldsymbol{\omega})\boldsymbol{\omega}+\cos\theta\{\boldsymbol{R}-(\boldsymbol{R}\cdot\boldsymbol{\omega})\boldsymbol{\omega}\}+\sin\theta(\boldsymbol{\omega}\times\boldsymbol{R})-\boldsymbol{R}]\\&=\lim_{\varDelta t\to 0}\frac{1}{\varDelta t}[(1-\cos\theta)\{(\boldsymbol{R}\cdot\boldsymbol{\omega})\boldsymbol{\omega}-\boldsymbol{R}\}+\sin\theta(\boldsymbol{\omega}\times\boldsymbol{R})]\end{aligned} \tag{6.104}$$

ここで $\theta=\omega\varDelta t$ で $\varDelta t\to 0$ のとき，$(1-\cos\theta)\to 0$ または $\sin\theta\to\theta=\omega\varDelta t$ から

$$\dot{\boldsymbol{R}}=\omega(\boldsymbol{\omega}\times\boldsymbol{R}) \tag{6.105}$$

である。さらに，角速度ベクトルとして，改めて単位ベクトル $\boldsymbol{\omega}$ に角速度の大

きさ ω を乗じたものを $\boldsymbol{\omega}$ と定義し直し，任意ベクトル $\boldsymbol{R}$ を $\boldsymbol{r}$ とすると

$$\dot{\boldsymbol{r}}=\boldsymbol{\omega}\times\boldsymbol{r} \tag{6.106}$$

となり，式(6.102)と同じになる。

6.4.4 回転する変位ベクトルの微分

ベクトル $\boldsymbol{r}$ がそのベクトルの示す長さと方向を持つリンクなどの変位を示すものとする。このとき，ベクトル $\dot{\boldsymbol{r}}$ の始点 O に対して，終点 R は速度 $\boldsymbol{v}$ を持つとすると

$$\boldsymbol{v}=\boldsymbol{\omega}\times\boldsymbol{r} \tag{6.107}$$

となる。ここで，$\boldsymbol{v}$ は点 O に対しての速度であることに注意せねばならない。

例えば，**図 6.19** のような直方体があって，この直方体をベクトル $\overrightarrow{\mathrm{DF}}$ のまわりに角速度 ω で回転させたとする。このとき，点 A の速度を求めてみる。

まず，角速度ベクトルは

$$\overrightarrow{\mathrm{DF}}=\overrightarrow{\mathrm{OF}}-\overrightarrow{\mathrm{OD}}=(a\boldsymbol{i}+b\boldsymbol{j})-c\boldsymbol{k}$$

で

$$|\overrightarrow{\mathrm{DF}}|=\sqrt{a^2+b^2+c^2} \tag{6.108}$$

である。

一方，角速度の大きさは ω であるから，角速度ベクトル $\boldsymbol{\omega}$ は

$$\boldsymbol{\omega}=\frac{\omega}{\sqrt{a^2+b^2+c^2}}(a\boldsymbol{i}+b\boldsymbol{j}-c\boldsymbol{k}) \tag{6.109}$$

となる。点 A を点 D を基準としてベクトルで示すと，そのベクトル $\overrightarrow{\mathrm{DA}}$ は

$$\overrightarrow{\mathrm{DA}}=a\boldsymbol{i} \tag{6.110}$$

である。したがって，点 A の速度ベクトル $\boldsymbol{V}_A$ は

$$\begin{aligned}\boldsymbol{V}_A&=\boldsymbol{\omega}\times\overrightarrow{\mathrm{DA}}\\&=\begin{vmatrix}\boldsymbol{i}&\boldsymbol{j}&\boldsymbol{k}\\pa&pb&-pc\\a&0&0\end{vmatrix}=\begin{vmatrix}pb&-pc\\0&0\end{vmatrix}\boldsymbol{i}-\begin{vmatrix}pa&-pc\\a&0\end{vmatrix}\boldsymbol{j}+\begin{vmatrix}pa&pb\\a&0\end{vmatrix}\boldsymbol{k}\\&=-pac\boldsymbol{j}-pab\boldsymbol{k}\end{aligned} \tag{6.111}$$

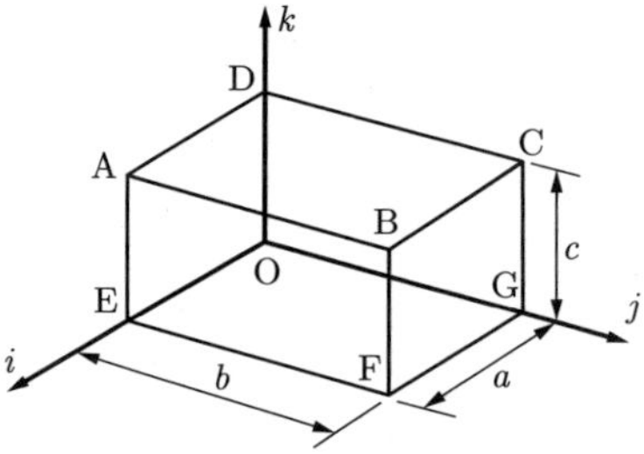

図 6.19　直方体の回転

となる。ただし，$p=\omega/\sqrt{a^2+b^2+c^2}$ である。

6.4.5　回転する速度ベクトルの微分

式(6.102)に示された $\dot{\boldsymbol{r}}=\boldsymbol{\omega}\times\boldsymbol{r}$ のベクトル $\boldsymbol{r}$ が速度であった場合には，$\dot{\boldsymbol{r}}$ は回転する速度ベクトル $\boldsymbol{v}$ の微分となり，加速度を表すことになる。加速度を $\boldsymbol{\alpha}$ で表示すると，つぎの関係が成り立つ。

$$\boldsymbol{\alpha}=\boldsymbol{\omega}\times\boldsymbol{v} \tag{6.112}$$

これに $\boldsymbol{v}=\boldsymbol{\omega}\times\boldsymbol{r}$ を代入すると

$$\boldsymbol{\alpha}=\boldsymbol{\omega}\times(\boldsymbol{\omega}\times\boldsymbol{r}) \tag{6.113}$$

となる。

$\boldsymbol{\omega}\times\boldsymbol{r}$ は図 6.20 の平面 V に含まれ，点 R から旋回する方向にとったベクトルである。さらに $\boldsymbol{\omega}$ をかけて $\boldsymbol{\omega}\times(\boldsymbol{\omega}\times\boldsymbol{r})$ にすると，そのベクトルは中心点 P に向かうベクトルになる。

図 6.20 において速度ベクトル $\overrightarrow{\mathrm{RR'}}$ が $\overrightarrow{\mathrm{R'R''}}$ に変化したとき，その速度ベクトルの変化率は，図(c)のように始点 R′ が始点 R と一致するようにベクトルを平行移動して考えると，終点どうしを結んだベクトル $\overrightarrow{\mathrm{R'R''}}$ になる。回転角をさらに微小化していくと，このベクトルは中心点 P に向かうことがわかる。

一方，$\boldsymbol{\omega}\times(\boldsymbol{\omega}\times\boldsymbol{r})$ の絶対値は $\omega^2 r\sin\theta$ である。つまり式(6.112)の加速度ベクトル $\boldsymbol{\alpha}$ は，$\overrightarrow{\mathrm{RP}}$ の回転中心に向かう求心加速度を示しているのである。

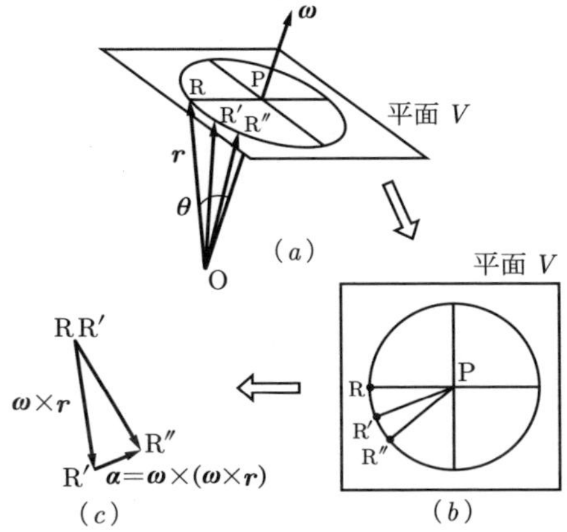

図 6.20 加速度ベクトル $\boldsymbol{\alpha}$

6.4.6 回転する角速度ベクトルの微分

任意の角速度ベクトル $\boldsymbol{\omega}$ がある角速度ベクトル $\boldsymbol{\omega}_0$ によって回転させられるときの角加速度を $\dot{\boldsymbol{\omega}}$ とすると，この角加速度 $\dot{\boldsymbol{\omega}}$ は式(6.114)のように示される。

$$\dot{\boldsymbol{\omega}}=\boldsymbol{\omega}_0\times\boldsymbol{\omega} \tag{6.114}$$

つまり，回転している物体を他の軸まわりに回転させようとすると，二つの回転軸とは別のそれらと直交する方向の軸まわりに回転角加速度が発生してしまう。まず，角速度 $\boldsymbol{\omega}_0$ で回転させられる角速度ベクトル $\boldsymbol{\omega}$ は，結果的に $(\boldsymbol{\omega}+\boldsymbol{\omega}_0)$ を持つので，上の現象は角速度ベクトル $(\boldsymbol{\omega}+\boldsymbol{\omega}_0)$ が角速度 $\boldsymbol{\omega}_0$ で回転させられる運動ともいえる。それは，$\boldsymbol{\omega}_0\times\boldsymbol{\omega}_0=\boldsymbol{0}$ であるから

$$\dot{\boldsymbol{\omega}}=\boldsymbol{\omega}_0\times(\boldsymbol{\omega}+\boldsymbol{\omega}_0)=\boldsymbol{\omega}_0\times\boldsymbol{\omega} \tag{6.115}$$

となって，式(6.114)と同じになるからである。

図 6.21(a)のように，x 軸まわりに $\omega_x=6\,000$ rpm で回転する円板がある。これを y 軸まわりに $\omega_y=3$ rad/s の角速度で回転させるためには円板にどれだけの角加速度が必要かを計算してみる。

円板には x 軸方向に大きさ ω_x の角速度ベクトル $\boldsymbol{\omega}_x(=\overrightarrow{\mathrm{OP}})$ が立っている。

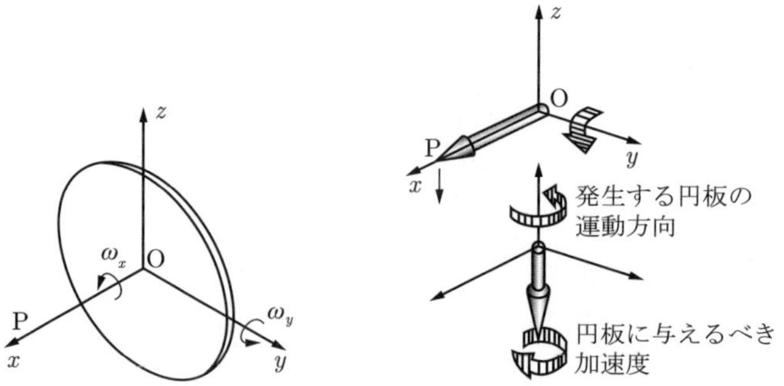

（a）回転円板　　（b）円板の運動方向

図 6.21　回転円板の運動方向

このベクトルを円板とともに，y 方向に大きさが ω_y のベクトル $\boldsymbol{\omega}_y$ によって図（b）のように回転しようとするから，角加速度 $\dot{\boldsymbol{\omega}}$ は

$$\dot{\boldsymbol{\omega}} = \boldsymbol{\omega}_y \times \boldsymbol{\omega}_x \tag{6.116}$$

である。右辺に二つの角速度ベクトルが出てくるが，最初が回転を起こさせるベクトル，そのつぎが振り回されるベクトルである。これを解いて

$$\begin{aligned}\dot{\boldsymbol{\omega}} &= w_y \boldsymbol{j} \times w_x \boldsymbol{i} \\ &= w_x w_y \begin{vmatrix} \boldsymbol{i} & \boldsymbol{j} & \boldsymbol{k} \\ 0 & 1 & 0 \\ 1 & 0 & 0 \end{vmatrix} \\ &= -w_x w_y \boldsymbol{k}\end{aligned} \tag{6.117}$$

となる。これは図（b）で ω_x の先端の点 P が，ω_y の回転で z 軸の負の方向に動かされることから生ずるのである。$\dot{\boldsymbol{\omega}}$ の大きさは，$1\,\mathrm{rpm} = 2\pi/60\,\mathrm{rad/s}$ だから

$$\dot{\boldsymbol{\omega}} = -3 \times \left(\frac{6\,000 \times 2\,p}{60}\right)\boldsymbol{k} = -1\,885\,\boldsymbol{k}\,〔\mathrm{rad/s^2}〕 \tag{6.118}$$

である。回転円板が y 軸まわりに回転するためには，$-z$ 軸まわりに加速度を発生させなければならない。しかし，回転円板は z 軸まわりには束縛されていないので，加速度を発生できない。そのため，円板は，式（6.118）で求めた加

速度の方向とは逆向きに z 軸の正方向に回転を始めることになる。これがジャイロ効果の基本的なメカニズムである。

6.4.7 回転する角運動量ベクトルの微分

物体が回転する際，その物体の上には角運動量ベクトル $\boldsymbol{L}$

$$\boldsymbol{L}=\int_B(\boldsymbol{r}\times\dot{\boldsymbol{r}})dm \tag{6.119}$$

が立っている。$\boldsymbol{r}$ は物体上の重心 G から見た任意の微小部分（質量$\varDelta m$）の位置ベクトル，$\dot{\boldsymbol{r}}$ は同じく物体の重心Gから見たその質点の速度ベクトルを示し，式(6.119)は$(\boldsymbol{r}\times\dot{\boldsymbol{r}})\varDelta m$について全物体Bの総和をとったものを示している。この角運動量ベクトル $\boldsymbol{L}$ が立っている物体を，絶対座標系でとった任意の回転軸に平行で，重心 G を通る軸まわりに回転角速度 $\boldsymbol{\omega}$ で回転させることを考える。この場合，角運動量ベクトル $\boldsymbol{L}$ が振り回されることになる。そこで，$\boldsymbol{L}$ の時間微分 $\dot{\boldsymbol{L}}$ は

$$\dot{\boldsymbol{L}}=\boldsymbol{\omega}\times\boldsymbol{L} \tag{6.120}$$

のように表現できる。運動量の時間微分が力になるのに対し，$\boldsymbol{L}$ の時間微分は力のモーメント $\boldsymbol{N}$ を生ずるため

$$\boldsymbol{N}=\boldsymbol{\omega}\times\boldsymbol{L} \tag{6.121}$$

という関係式が成り立つ。モーメント $\boldsymbol{N}$，角速度 $\boldsymbol{\omega}$，角運動量 $\boldsymbol{L}$ について，このような関係が成り立つことを理解する必要がある。

ところで，今

$$\boldsymbol{L}=\int_B(\boldsymbol{r}\times\dot{\boldsymbol{r}})dm=\int(\boldsymbol{r}\times(\boldsymbol{\omega}\times\boldsymbol{r}))dm \tag{6.122}$$

が成り立つ。ここで，$\boldsymbol{L}$，$\boldsymbol{r}$，$\boldsymbol{\omega}$ は

$$\boldsymbol{L}=\begin{bmatrix}L_x\\L_y\\L_z\end{bmatrix},\qquad \boldsymbol{r}=\begin{bmatrix}x\\y\\z\end{bmatrix},\qquad \boldsymbol{\omega}=\begin{bmatrix}\omega_x\\\omega_y\\\omega_z\end{bmatrix} \tag{6.123}$$

とする。ここで

$$\boldsymbol{\omega}\times\boldsymbol{r}=\begin{vmatrix}\boldsymbol{i} & \boldsymbol{j} & \boldsymbol{k}\\ \omega_x & \omega_y & \omega_z\\ x & y & z\end{vmatrix}=\begin{bmatrix} z\omega_y-y\omega_z\\ -z\omega_x+x\omega_z\\ y\omega_x-x\omega_y\end{bmatrix} \tag{6.124}$$

なので

$$\boldsymbol{r}\times(\boldsymbol{\omega}\times\boldsymbol{r})=\begin{vmatrix}\boldsymbol{i} & \boldsymbol{j} & \boldsymbol{k}\\ x & y & z\\ z\omega_y-y\omega_z & -z\omega_x+x\omega_z & y\omega_x-x\omega_y\end{vmatrix}$$

$$=\begin{bmatrix}(y^2+z^2)\omega_x-xy\omega_y-xz\omega_z\\ -yx\omega_x+(z^2+x^2)\omega_y-yz\omega_z\\ -zx\omega_x-zy\omega_y+(x^2+y^2)\omega_z\end{bmatrix} \tag{6.125}$$

である。よって

$$\begin{bmatrix}L_x\\ L_y\\ L_z\end{bmatrix}=\begin{bmatrix}\int(y^2+z^2)dm & -\int xydm & -\int xzdm\\ -\int yxdm & \int(z^2+x^2)dm & -\int yzdm\\ -\int zxdm & -\int zydm & \int(x^2+y^2)dm\end{bmatrix}\begin{bmatrix}\omega_x\\ \omega_y\\ \omega_z\end{bmatrix} \tag{6.126}$$

が成り立つ。

ここで，慣性モーメント I_x，I_y，I_zを導入し

$$\left.\begin{aligned}I_x&=\int(y^2+z^2)dm\\ I_y&=\int(z^2+x^2)dm\\ I_z&=\int(x^2+y^2)dm\end{aligned}\right\} \tag{6.127}$$

と定義し，慣性乗積 I_{xy}，I_{yz}，I_{zx}を

$$\left.\begin{aligned} I_{xy}(=I_{yx})&=\int xydm \\ I_{yz}(=I_{zy})&=\int yzdm \\ I_{zx}(=I_{xz})&=\int zxdm \end{aligned}\right\} \qquad (6.128)$$

と定義すると，式(*6.126*)は

$$\begin{bmatrix} L_x \\ L_y \\ L_z \end{bmatrix} = \begin{bmatrix} I_x & -I_{xy} & -I_{zx} \\ -I_{xy} & I_y & -I_{yz} \\ -I_{zx} & -I_{yz} & I_z \end{bmatrix} \begin{bmatrix} \omega_x \\ \omega_y \\ \omega_z \end{bmatrix} \qquad (6.129)$$

と示される。式(*6.129*)の右辺の一つ目の行列は一般に**慣性テンソル**と呼ばれるものである。この慣性テンソル $\boldsymbol{I}$ は2階対称テンソルである。対称行列で，2次ベクトルの形で表されている。3次元物体の代表的な慣性テンソルを**図 *6.22*** にまとめておく。

角運動量 $\boldsymbol{L}$ は慣性テンソル $\boldsymbol{I}$ と角速度 $\boldsymbol{\omega}$ との積によって

$$\boldsymbol{L}=\boldsymbol{I}\boldsymbol{\omega} \qquad (6.130)$$

の形で示される。

以上の事柄を整理すると，つぎの①，②がいえる。

① 物体が $\boldsymbol{\omega}$ の回転角速度ベクトルを有するとき，物体は $\boldsymbol{L}=\boldsymbol{I}\boldsymbol{\omega}$ の角運動量ベクトルを持つ。

② この角運動量ベクトル $\boldsymbol{L}$ の立った物体を角速度 $\boldsymbol{\omega}$ で回転させようとするとき，必要なモーメント $\boldsymbol{N}$ は

$$\boldsymbol{N}=\boldsymbol{\omega}\times\boldsymbol{I}\boldsymbol{\omega} \qquad (6.131)$$

である。

式(*6.131*)は角速度と角運動量の関係を示したものであるが，角速度 $\boldsymbol{\omega}$ と角運動量 $\boldsymbol{L}$ の軸は一般には一致しない。例えば，角速度ベクトルが式(*6.132*)のように x 軸の方向を向いているとき

球	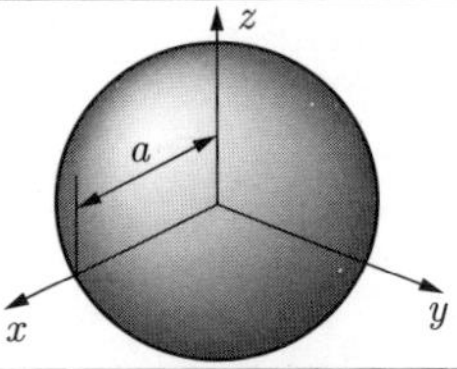	$\boldsymbol{I}=\frac{2}{5}ma^2\begin{bmatrix}1&0&0\\0&1&0\\0&0&1\end{bmatrix}$
球殻	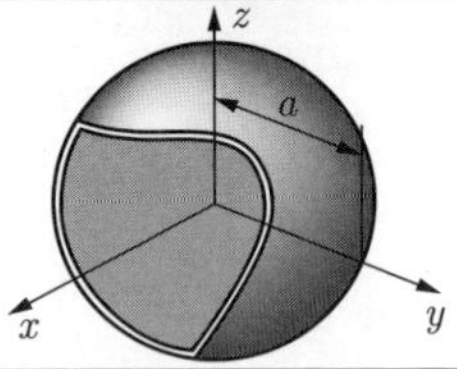	$\boldsymbol{I}=\frac{2}{3}ma^2\begin{bmatrix}1&0&0\\0&1&0\\0&0&1\end{bmatrix}$ (球殻の厚さは0とする)
薄い円板	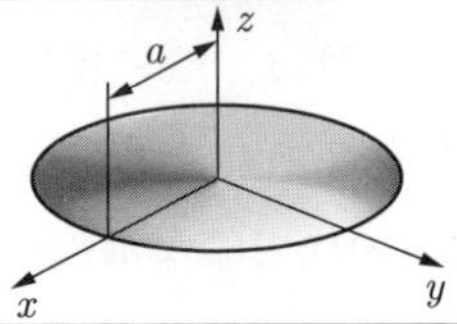	$\boldsymbol{I}=\frac{1}{4}ma^2\begin{bmatrix}1&0&0\\0&1&0\\0&0&2\end{bmatrix}$
円柱	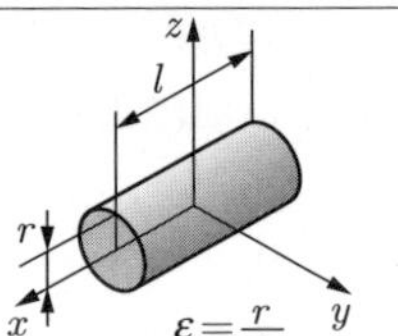 $\varepsilon=\frac{r}{l}$	$\boldsymbol{I}=\frac{1}{12}ml^2\begin{bmatrix}6\varepsilon^2&0&0\\0&1+3\varepsilon^2&0\\0&0&1+3\varepsilon^2\end{bmatrix}$
細い棒	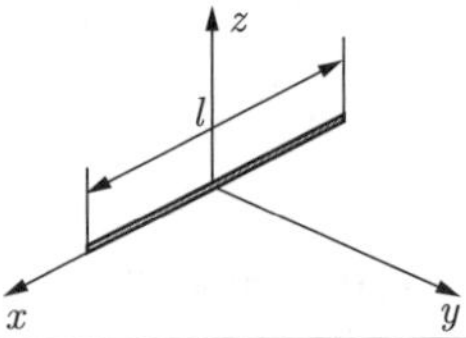	$\boldsymbol{I}=\frac{1}{12}ml^2\begin{bmatrix}0&0&0\\0&1&0\\0&0&1\end{bmatrix}$
直方体	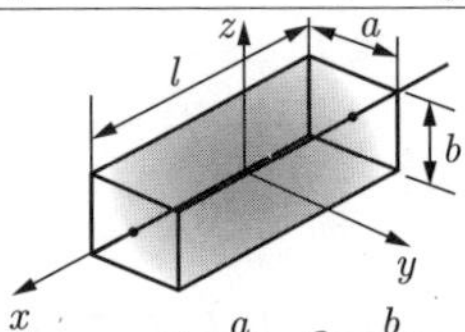 $\alpha=\frac{a}{l}$，$\beta=\frac{b}{l}$	$\boldsymbol{I}=\frac{1}{12}ml^2\begin{bmatrix}\alpha^2+\beta^2&0&0\\0&1+\beta^2&0\\0&0&1+\alpha^2\end{bmatrix}$

（各物体の質量を m とする）

図 6．22　3次元物体の代表的な慣性テンソル

$$\boldsymbol{\omega}=\begin{bmatrix}\omega_x\\0\\0\end{bmatrix} \tag{6.132}$$

となる。この角運動量 $\boldsymbol{L}$ は

$$\boldsymbol{L}=\begin{bmatrix}I_x & -I_{xy} & -I_{zx}\\-I_{xy} & I_y & -I_{yz}\\-I_{zx} & -I_{yz} & I_z\end{bmatrix}\begin{bmatrix}\omega_x\\0\\0\end{bmatrix}=\begin{bmatrix}I_x\omega_x\\-I_{xy}\omega_x\\-I_{zx}\omega_x\end{bmatrix} \tag{6.133}$$

となる。この式からわかるように，I_{xy}，I_{zx} が 0，つまり慣性主軸に沿って回転している場合のみ $\boldsymbol{\omega}$ と $\boldsymbol{L}$ の方向が一致するだけで，他の状態では一致しない。例えば，不定形の物体を慣性主軸でない軸まわりに角速度 $\boldsymbol{\omega}$ で回転させながら投げ上げるとき，その状態を持続させるためには

$$\begin{aligned}\boldsymbol{N}&=\boldsymbol{\omega}\times\boldsymbol{L}\\&=\begin{vmatrix}\boldsymbol{i} & \boldsymbol{j} & \boldsymbol{k}\\\omega_x & 0 & 0\\I_x\omega_x & -I_{xy}\omega_x & -I_{zx}\omega_x\end{vmatrix}=\begin{bmatrix}0\\I_{zx}{\omega_x}^2\\-I_{xy}{\omega_x}^2\end{bmatrix}\end{aligned} \tag{6.134}$$

で与えられる条件を満たし，角速度 $\boldsymbol{\omega}$ と直交する方向のモーメント $\boldsymbol{N}$ を与えることが必要である。しかし，空中を飛ぶ物体にはこのようなモーメントは加わらないので，回転は一定せず不安定な回転運動を生じてしまうのである。

6.4.8 慣性モーメント

物体をある軸のまわりに回転させようとするときの動作は式(6.134)で表される。物体の回転状態を変化させる場合は**力のモーメント**と呼ばれるが，回転状態の勢いを表す場合には**慣性モーメント**と呼ばれる。重い物体は回し始めにくく止まりにくい。また，半径が長いと同じことがいえる。感覚的にも理解できるように，質量 m〔kg〕の物体が回転軸から r〔m〕の距離にあるとき，物体の慣性モーメントは

$$I=mr^2 \tag{6.135}$$

で示され，全物体の慣性テンソルの各成分は積分式(6.127)，(6.128)で導

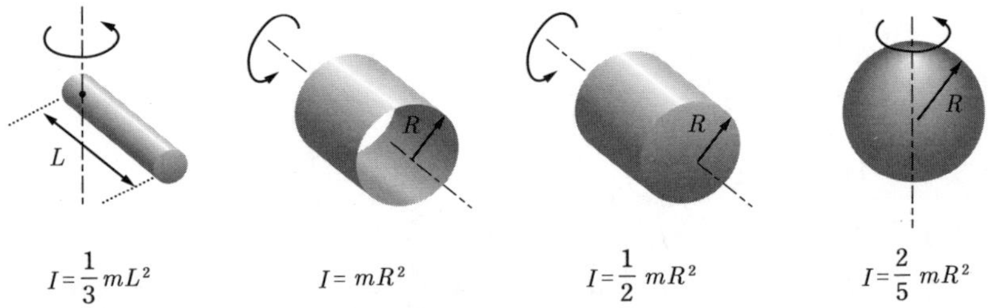

（*a*）細い棒　（*b*）円環（円筒）　（*c*）円盤（円柱）　（*d*）球

一点鎖線の軸まわりに回転する場合の慣性モーメントで，図（*a*）の場合は棒の先端を回転軸とする。各物体の質量を m とする。

図 6.23　種々の形状の物体の慣性モーメント

かれる。**図 6.23** は種々の形状の物体について，慣性モーメントの結果のみを示したものである。

中でも**図 6.24** は，**図 6.23**（*a*）の細い棒において回転軸の位置がずれているときの慣性モーメントを示したものである。図（*a*）は，回転軸が棒の中心を通る場合である。

$$I_G=\frac{1}{12}mL^2 \tag{6.136}$$

I_Gは重心軸まわりの慣性モーメントであり，このとき最小値をとる。

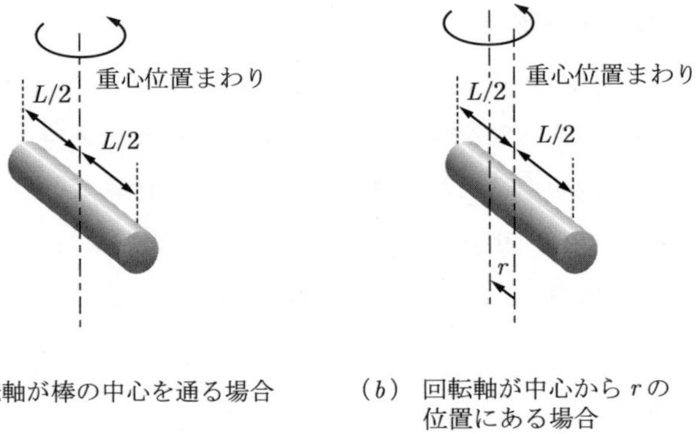

（*a*）回転軸が棒の中心を通る場合　（*b*）回転軸が中心から r の位置にある場合

図 6.24　回転軸の位置の違いによる，細い棒の慣性モーメント

つぎに，図(b)は回転軸が棒の中心から r だけずれている場合で，I_G よりも大きくなり

$$I = I_G + mr^2 \tag{6.137}$$

と表される。回転の位置により慣性モーメントは変化し，$r = L/2$ のとき最大値をとり

$$I = I_G + m\left(\frac{L}{2}\right)^2 = \frac{1}{12}mL^2 + \frac{mL^2}{4} = \frac{1}{3}mL^2 \tag{6.138}$$

となる。

演習問題

【1】 図 **6.25** は，半径 R の球に対してその半分の半径 r を持つ円筒が貫通したものである。貫通した切り口の展開断面形状を求めよ。

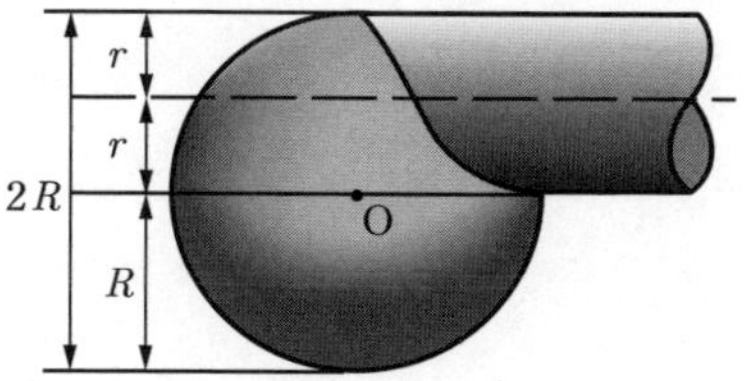

図 **6.25**　球に貫通した円筒

【2】（1） 図 **6.26** は，工具に使われる十文字ユニバーサルジョイントの動作図である（ベクトルも併せて示してある）。図のように主軸と副軸が傾いて角度 δ をなす場合，主軸の回転角 α と副軸の回転角 β の間には

$$\tan\beta = \tan\alpha\cos\delta \tag{6.139}$$

の関係があることを示せ（図で，$|\boldsymbol{A}'| = |\boldsymbol{B}'| = 1$ とする。このとき，回転中にベクトル $\boldsymbol{P}'$ の大きさは一定であることを使う）。

（2） つぎに，傾き δ が 30°，60°，80° の場合，主軸が1回転する間の副軸の回転角度のグラフを示せ。

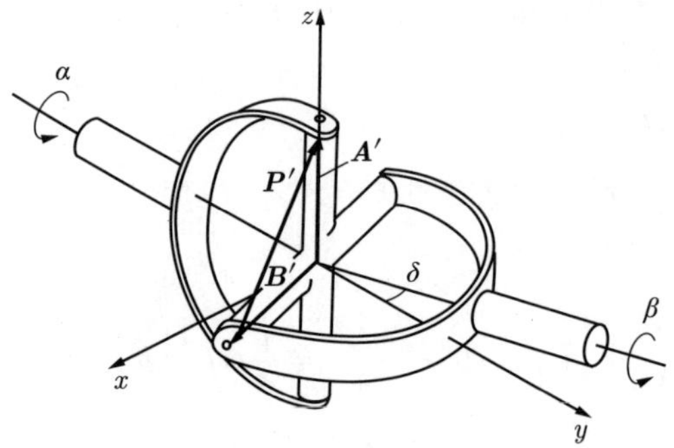

（$\alpha=0$ の姿勢）

図 6.26　十文字ユニバーサルジョイントの動作図

7

立体機構の運動

ロボットも立体機構の一種である。立体的な動きを解析するためにはベクトル解析が不可欠で，**6** 章でもその基礎的な部分について論を進めてきた。木章からは，立体的な動きについて，より立ち入った議論を例示しながら行う。

7.1 伸縮と回転を行うベクトル

回転を行うベクトルについては **6** 章で述べた。しかし，立体的な動きでは伸縮と回転を同時に行う場合も考えねばならない。**6** 章の回転ベクトルでは対象となるベクトル $\boldsymbol{r}$ が定義され，角速度 $\boldsymbol{\omega}$ で回転するとき，その時間微分が

$$\dot{\boldsymbol{r}}=\boldsymbol{\omega}\times\boldsymbol{r} \tag{7.1}$$

で与えられることを述べた。ベクトル $\boldsymbol{r}$ が回転だけでなく，伸縮もする場合，ベクトル $\boldsymbol{r}$ の微分 $\dot{\boldsymbol{r}}$ は

$$\dot{\boldsymbol{r}}=(\,\boldsymbol{r}\text{の伸縮についての微分})+(\,\boldsymbol{r}\text{の回転についての微分}) \tag{7.2}$$

の形をとる。式(*7.2*)で $\boldsymbol{r}$ の回転についての微分は，当然，式(*7.1*)で示されるものである。式(*7.2*)の右辺第 1 項の $\boldsymbol{r}$ の伸縮についての時間微分は $\overset{\cdot s}{\boldsymbol{r}}$ と表して，$\dot{\boldsymbol{r}}$ と区別することにする。それによって，式(*7.2*)は

$$\dot{\boldsymbol{r}}=\overset{\cdot s}{\boldsymbol{r}}+\boldsymbol{\omega}\times\boldsymbol{r} \tag{7.3}$$

となる。

7.2　伸縮回転する速度ベクトルの微分

速度ベクトル $\boldsymbol{v}$ が伸縮と回転を行うとき，その微分の加速度ベクトル $\boldsymbol{\alpha}$ は

$$\boldsymbol{\alpha}=\dot{\boldsymbol{v}}=\frac{d}{dt}\left(\dot{\boldsymbol{r}}\right) \tag{7.4}$$

である。これに式(7.3)を代入して

$$\begin{aligned}\boldsymbol{\alpha}&=\frac{d}{dt}\left(\dot{\boldsymbol{r}}^{s}+\boldsymbol{\omega}\times\boldsymbol{r}\right)=\frac{d}{dt}\left(\dot{\boldsymbol{r}}^{s}\right)+\frac{d}{dt}(\boldsymbol{\omega}\times\boldsymbol{r})\\&=\left(\frac{d}{dt}\dot{\boldsymbol{r}}^{s}+\boldsymbol{\omega}\times\dot{\boldsymbol{r}}^{s}\right)+\dot{\boldsymbol{\omega}}\times\boldsymbol{r}+\boldsymbol{\omega}\times\dot{\boldsymbol{r}}\end{aligned} \tag{7.5}$$

となる。

式(7.5)はさらに

$$\boldsymbol{\alpha}=\ddot{\boldsymbol{r}}^{s}+\boldsymbol{\omega}\times\dot{\boldsymbol{r}}^{s}+\dot{\boldsymbol{\omega}}\times\boldsymbol{r}+\boldsymbol{\omega}\times\left(\dot{\boldsymbol{r}}^{s}+\boldsymbol{\omega}\times\boldsymbol{r}\right)$$

$$\therefore\quad \boldsymbol{\alpha}=\ddot{\boldsymbol{r}}^{s}+\dot{\boldsymbol{\omega}}\times\boldsymbol{r}+2\boldsymbol{\omega}\times\dot{\boldsymbol{r}}^{s}+\boldsymbol{\omega}\times(\boldsymbol{\omega}\times\boldsymbol{r}) \tag{7.6}$$

となる。

この式(7.6)が，伸縮回転するベクトル $\boldsymbol{r}$ の基本式となるものである。**図7.1** のように，原点から出るベクトル $\boldsymbol{r}$ の先端に取り付けられた質量 M が角速度 $\boldsymbol{\omega}$ で回転する場合を考えてみる。

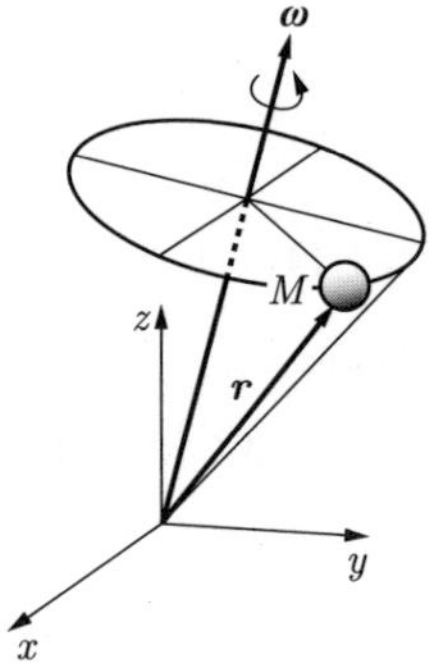

図 7.1　回転する質点と加速度

① 式(7.6)の右辺第1項は，質量 M をベクトル $\boldsymbol{r}$ の延長方向に加速するために必要な力に相当する加速度である。

② 第2項は，質量 M を角加速度 $\dot{\boldsymbol{\omega}}$ で回転方向に加速するための加速度である。

③ 第3項は，回転と並進が一緒に行われた場合に生ずる加速度で，コリオリ（Coriolis）の加速度と呼ばれるものである。

④ 第4項は，質量 M が遠心力で外へ飛んでいかずに円運動させるために必要な求心力の加速度であり，式(6.113)と同じである。

7.3 伸縮回転する角速度ベクトルの微分

ベクトル $\boldsymbol{r}$ の角速度が $\boldsymbol{\omega}$ のとき，$\boldsymbol{\omega}$ 自身の大きさも変動して，しかも外部から角速度 $\boldsymbol{\omega}_0$ を受ける運動を生み出すための角加速度 $\dot{\boldsymbol{\omega}}$ は

$$\dot{\boldsymbol{\omega}} = \overset{\cdot s}{\boldsymbol{\omega}} + \boldsymbol{\omega}_0 \times \boldsymbol{\omega} \qquad (7.7)$$

で与えられる。この関係を，つぎの具体例で使ってみる。

図 7.2 のように，水平面から θ の角を有した姿勢のリンク上に点 O を中心とする座標系 O-xyz をとり，それを x 軸まわりに，一定角速度 ω_x で回転させる。同時にこのリンク系は，絶対座標系 O-XYZ の Z 軸まわりに一定角速度 ω_z の回転をしているとする。今，Z 軸まわりの回転で，x 軸が X 軸と一致したときを考える。このとき，絶対座標系から見た種々の値を求めてみる。

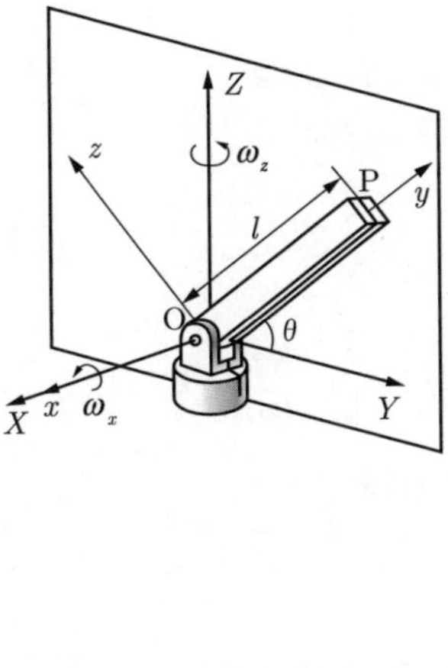

図 7.2　回転するアーム

〔1〕 **アームの角速度 $\boldsymbol{\omega}$**　座標系 O-XYZ の単位ベクトルを $\boldsymbol{i}, \boldsymbol{j}, \boldsymbol{k}$ とすると

$$\boldsymbol{\omega}=\boldsymbol{\omega}_x+\boldsymbol{\omega}_z=\omega_x\boldsymbol{i}+\omega_z\boldsymbol{k} \tag{7.8}$$

で与えられる。

〔2〕 **アームの角加速度 $\dot{\boldsymbol{\omega}}$**　アームの角速度 $\boldsymbol{\omega}$ が $\boldsymbol{\omega}_z$ で振られ，$\overset{\bullet s}{\boldsymbol{\omega}}_x=\overset{\bullet s}{\boldsymbol{\omega}}_z=0$，$\boldsymbol{\omega}_z\times\boldsymbol{\omega}_z=\boldsymbol{0}$ だから

$$\begin{aligned}\dot{\boldsymbol{\omega}}&=\left(\overset{\bullet s}{\boldsymbol{\omega}}_x+\overset{\bullet s}{\boldsymbol{\omega}}_z\right)+\boldsymbol{\omega}_z\times(\boldsymbol{\omega}_x+\boldsymbol{\omega}_z)\\&=\boldsymbol{\omega}_z\times\boldsymbol{\omega}_x\\&=\omega_z\omega_x\boldsymbol{j}\end{aligned} \tag{7.9}$$

となる。この方向は**図 7.3** のように，ベクトル $\boldsymbol{\omega}_x$ が Z 軸まわりのベクトル $\boldsymbol{\omega}_z$ の回転で振られる方向である。この例は**図 6.21** の場合に近く，y 軸まわりの回転が**図 7.3** では z 軸まわりの回転になっている。

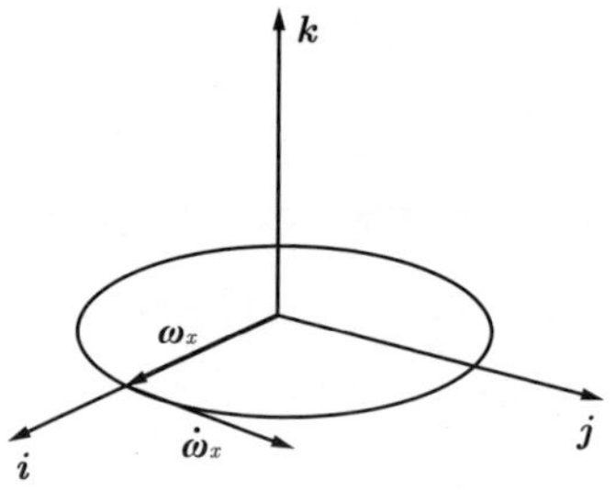

図 7.3　ベクトル $\boldsymbol{\omega}_x$ と回転方向

〔3〕 **アームの先端の点 P の速度 $\boldsymbol{v}$**　点 P の位置ベクトルは $\boldsymbol{r}=l\cos\theta\boldsymbol{j}+l\sin\theta\boldsymbol{k}$ なので

$$\begin{aligned}\boldsymbol{v}&=\dot{\boldsymbol{r}}=\boldsymbol{\omega}\times\boldsymbol{r}\\&=\begin{vmatrix}\boldsymbol{i}&\boldsymbol{j}&\boldsymbol{k}\\\omega_x&0&\omega_z\\0&l\cos\theta&l\sin\theta\end{vmatrix}\\&=\begin{vmatrix}0&\omega_z\\l\cos\theta&l\sin\theta\end{vmatrix}\boldsymbol{i}-\begin{vmatrix}\omega_x&\omega_z\\0&l\sin\theta\end{vmatrix}\boldsymbol{j}+\begin{vmatrix}\omega_x&0\\0&l\cos\theta\end{vmatrix}\boldsymbol{k}\\&=-l\omega_z\cos\theta\boldsymbol{i}-l\omega_x\sin\theta\boldsymbol{j}+l\omega_x\cos\theta\boldsymbol{k}\end{aligned} \tag{7.10}$$

〔**4**〕 **アームの先端の点 P の加速度 $\boldsymbol{\alpha}$**　加速度 $\boldsymbol{\alpha}$ の基本式は式(7.6)で与えられているが，ここで $\ddot{\boldsymbol{r}}^s=\dot{\boldsymbol{r}}^s=\boldsymbol{0}$ であるから

$$\boldsymbol{\alpha}=\dot{\boldsymbol{\omega}}\times\boldsymbol{r}+\boldsymbol{\omega}\times(\boldsymbol{\omega}\times\boldsymbol{r})$$

$$=\begin{vmatrix}\boldsymbol{i} & \boldsymbol{j} & \boldsymbol{k}\\ 0 & \omega_z\omega_x & 0\\ 0 & l\cos\theta & l\sin\theta\end{vmatrix}+\begin{vmatrix}\boldsymbol{i} & \boldsymbol{j} & \boldsymbol{k}\\ \omega_x & 0 & \omega_z\\ -l\omega_z\cos\theta & -l\omega_x\sin\theta & l\omega_x\cos\theta\end{vmatrix}$$

$$=l\omega_z\omega_x\sin\theta\boldsymbol{i}+\begin{vmatrix}0 & \omega_z\\ -l\omega_x\sin\theta & l\omega_x\cos\theta\end{vmatrix}\boldsymbol{i}-\begin{vmatrix}\omega_x & \omega_z\\ -l\omega_z\cos\theta & l\omega_x\cos\theta\end{vmatrix}\boldsymbol{j}$$

$$+\begin{vmatrix}\omega_x & 0\\ -l\omega_z\cos\theta & -l\omega_x\sin\theta\end{vmatrix}\boldsymbol{k}$$

$$\therefore\quad \boldsymbol{\alpha}=2l\omega_z\omega_x\sin\theta\boldsymbol{i}-l(\omega_x{}^2+\omega_z{}^2)\cos\theta\boldsymbol{j}-l\omega_x{}^2\sin\theta\boldsymbol{k} \tag{7.11}$$

となる。

つぎに，**図 7.2** においてリンクが伸縮し，点 P が一定速度 $\boldsymbol{v}_l$ で伸びている場合について考えてみる。

〔**5**〕 **アームの先端の点 P の速度 $\boldsymbol{v}$**　式(7.3)から $\boldsymbol{v}$ は

$$\boldsymbol{v}=\dot{\boldsymbol{r}}^s+\boldsymbol{\omega}\times\boldsymbol{r} \tag{7.12}$$

である。ここで，アームの先端の点 P のベクトル $\boldsymbol{r}$ は

$$\boldsymbol{r}=l\cos\theta\boldsymbol{j}+l\sin\theta\boldsymbol{k} \tag{7.13}$$

であるから，点 P の伸展の速度ベクトル $\boldsymbol{v}_l$ は

$$\boldsymbol{v}_l=\dot{\boldsymbol{r}}^s=v_l\cos\theta\boldsymbol{j}+v_l\sin\theta\boldsymbol{k} \tag{7.14}$$

であり，回転によって生ずる速度 $\boldsymbol{\omega}\times\boldsymbol{r}$ はすでに式(7.10)で求まっているので，これから

$$\boldsymbol{v}=-l\omega_z\cos\theta\boldsymbol{i}+(v_l\cos\theta-l\,\omega_x\sin\theta)\boldsymbol{j}+(v_l\sin\theta+l\,\omega_x\cos\theta)\boldsymbol{k} \tag{7.15}$$

となる。

〔**6**〕 **アームの先端の点 P の加速度 $\boldsymbol{\alpha}$**　式(7.6)において，$\ddot{\boldsymbol{r}}^s=\boldsymbol{0}$ であり，$\dot{\boldsymbol{\omega}}\times\boldsymbol{r}+\boldsymbol{\omega}\times(\boldsymbol{\omega}\times\boldsymbol{r})$ についても式(7.11)で求めた。残りはコリオリの加速度 $2\boldsymbol{\omega}\times\dot{\boldsymbol{r}}^s$ である。これは

$$2\boldsymbol{\omega}\times\dot{\boldsymbol{r}}^{s}=2\begin{vmatrix}\boldsymbol{i} & \boldsymbol{j} & \boldsymbol{k}\\ \omega_x & 0 & \omega_z\\ 0 & v_l\cos\theta & v_l\sin\theta\end{vmatrix}$$

$$=-2\omega_z v_l\cos\theta\boldsymbol{i}-2\omega_x v_l\sin\theta\boldsymbol{j}+2\omega_x v_l\cos\theta\boldsymbol{k} \qquad (7.16)$$

である。したがって，加速度は

$$\boldsymbol{\alpha}=(2l\omega_z\omega_x\sin\theta-2\omega_z v_l\cos\theta)\boldsymbol{i}-\left\{l(\omega_x{}^2+\omega_z{}^2)\cos\theta+2\omega_x v_l\sin\theta\right\}\boldsymbol{j}$$
$$+(-l\omega_x{}^2\sin\theta+2\omega_x v_l\cos\theta)\boldsymbol{k} \qquad (7.17)$$

となる。

つぎに**図 7.4**(*a*)のように大きさ ω の一定角速度 $\boldsymbol{\omega}$ で回転するアーム OA 上を，点 P にあるブロックがスライドして動けるようになっている例を考える。アームが回転すると，ベルトが円形のプーリに巻き取られ，ブロックは速さ $b\omega$ で点 O へ引っ張られる。この場合のブロックの加速度の大きさを r, b, ω で表してみる。なお，ベルトの厚さは薄いとする。

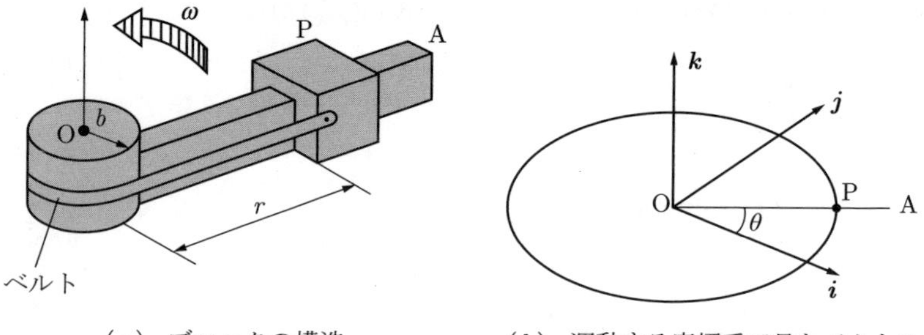

（*a*）ブロックの構造　　（*b*）運動する座標系で見たベクトル

図 7.4　ベルト駆動のブロックと運動座標系から見たベクトル

まず，**図 7.4**(*b*)のように座標系を考えると，$\ddot{\boldsymbol{r}}^{s}=\boldsymbol{0}$，$\dot{\boldsymbol{\omega}}=\boldsymbol{0}$，また $\boldsymbol{\omega}=\omega\boldsymbol{k}$ であり

$$\boldsymbol{r}=r\cos\theta\boldsymbol{i}+r\sin\theta\boldsymbol{j} \qquad (7.18)$$

となる。つぎに $\dot{\boldsymbol{r}}^{s}$ を考えると，大きさが $b\omega$ で方向が $\overrightarrow{\mathrm{AO}}$ であるから

$$\dot{\boldsymbol{r}}^{s}=b\omega(-\cos\theta\boldsymbol{i}-\sin\theta\boldsymbol{j}) \qquad (7.19)$$

である。これから

$$2\boldsymbol{\omega}\times\overset{\cdot s}{\boldsymbol{r}}=2\begin{vmatrix}\boldsymbol{i} & \boldsymbol{j} & \boldsymbol{k}\\ 0 & 0 & \omega\\ -b\omega\cos\theta & -b\omega\sin\theta & 0\end{vmatrix}$$
$$=2b\omega^2\sin\theta\boldsymbol{i}-2b\omega^2\cos\theta\boldsymbol{j} \qquad (7.20)$$

これはコリオリの加速度である。また

$$\boldsymbol{\omega}\times\boldsymbol{r}=\begin{vmatrix}\boldsymbol{i} & \boldsymbol{j} & \boldsymbol{k}\\ 0 & 0 & \omega\\ r\cos\theta & r\sin\theta & 0\end{vmatrix}=-r\omega\sin\theta\boldsymbol{i}+r\omega\cos\theta\boldsymbol{j} \qquad (7.21)$$

であるので

$$\boldsymbol{\omega}\times(\boldsymbol{\omega}\times\boldsymbol{r})=\begin{vmatrix}\boldsymbol{i} & \boldsymbol{j} & \boldsymbol{k}\\ 0 & 0 & \omega\\ -r\omega\sin\theta & r\omega\cos\theta & 0\end{vmatrix}=-r\omega^2\cos\theta\boldsymbol{i}-r\omega^2\sin\theta\boldsymbol{j} \qquad (7.22)$$

で，これが求心加速度である。

これらを総合して，点 P にあるブロックの加速度 $\boldsymbol{\alpha}$ は

$$\boldsymbol{\alpha}=2\boldsymbol{\omega}\times\overset{\cdot s}{\boldsymbol{r}}+\boldsymbol{\omega}\times(\boldsymbol{\omega}\times\boldsymbol{r})$$
$$=(2b\sin\theta-r\cos\theta)\omega^2\boldsymbol{i}-(2b\cos\theta+r\sin\theta)\omega^2\boldsymbol{j} \qquad (7.23)$$

となる。

7.4　伸縮回転運動する角運動量ベクトルの微分

物体が重心のまわりに等速とは限らない速度で回転する際，角運動量ベクトル $\boldsymbol{L}$ は伸縮する。そのため，$\boldsymbol{L}$ の伸縮に関する時間微分 $\overset{\cdot s}{\boldsymbol{L}}$ に相当するモーメントが生ずる。$\boldsymbol{L}$ の添え字 ・s は，ベクトルの伸縮に関する時間微分であることの意味である。また，この物体が任意の軸まわりに角速度 $\boldsymbol{\omega}$ で回転する場合には，式（6.121）で示した $\boldsymbol{\omega}\times\boldsymbol{L}$ のモーメントが必要となる。最終的に発生すべきモーメント $\boldsymbol{N}$ と角運動量との関係は

$$\boldsymbol{N}=\overset{\bullet s}{\boldsymbol{L}}+\boldsymbol{\omega}\times\boldsymbol{L}=\boldsymbol{I}\dot{\boldsymbol{\omega}}+\boldsymbol{\omega}\times\boldsymbol{I}\boldsymbol{\omega}$$
$$=\boldsymbol{I}\left(\overset{\bullet s}{\boldsymbol{\omega}}+\boldsymbol{\omega}_0\times\boldsymbol{\omega}\right)+\boldsymbol{\omega}\times\boldsymbol{I}\boldsymbol{\omega} \tag{7.24}$$

となる。物体上にとる座標系 G-$x'\,y'\,z'$ を，その慣性主軸 ξ, η, ζ と一致させる場合には

$$\boldsymbol{L}=\boldsymbol{I}\boldsymbol{\omega}=\begin{bmatrix} I_\xi & 0 & 0 \\ 0 & I_\eta & 0 \\ 0 & 0 & I_\zeta \end{bmatrix}\begin{bmatrix} \omega_\xi \\ \omega_\eta \\ \omega_\zeta \end{bmatrix} \tag{7.25}$$

$$\boldsymbol{N}=\begin{bmatrix} N_\xi \\ N_\eta \\ N_\zeta \end{bmatrix} \tag{7.26}$$

である。この場合，式(*7.24*)より

$$\left.\begin{aligned} I_\xi\dot{\omega}_\xi-\left(I_\eta-I_\zeta\right)\omega_\eta\omega_\zeta&=N_\xi \\ I_\eta\dot{\omega}_\eta-\left(I_\zeta-I_\xi\right)\omega_\zeta\omega_\xi&=N_\eta \\ I_\zeta\dot{\omega}_\zeta-\left(I_\xi-I_\eta\right)\omega_\xi\omega_\eta&=N_\zeta \end{aligned}\right\} \tag{7.27}$$

が成り立つ。式(*7.24*)，(*7.27*)は**オイラー**（Euler）**の方程式**と呼ばれ，物体の回転で生ずるモーメントの基本式である。

7.5　ジャイロ効果

ジャイロ効果については**図 *6.21*** の回転円板でも触れたが，この場合は厚さのない円板の例であった。しかし，実際には**図 *7.5*** に示すように厚さが存在する。ここでは図のように，x 軸まわりにω_xで回転する円板を y 軸まわりにω_yで回転させるために必要なトルクを考えてみる。

円板の慣性テンソル I は**図 *6.22*** から

$$\left.\begin{aligned} &\boldsymbol{I}=\frac{1}{12}ml^2\begin{bmatrix}6\varepsilon^2 & 0 & 0\\ 0 & 1+3\varepsilon^2 & 0\\ 0 & 0 & 1+3\varepsilon^2\end{bmatrix}=A\begin{bmatrix}a & 0 & 0\\ 0 & 1 & 0\\ 0 & 0 & 1\end{bmatrix}\\ &\varepsilon=\frac{r}{l},\qquad A=\frac{1+3\varepsilon^2}{12}ml^2,\qquad a=\frac{6\varepsilon^2}{1+3\varepsilon^2}\end{aligned}\right\} \tag{7.28}$$

と表すことができる。

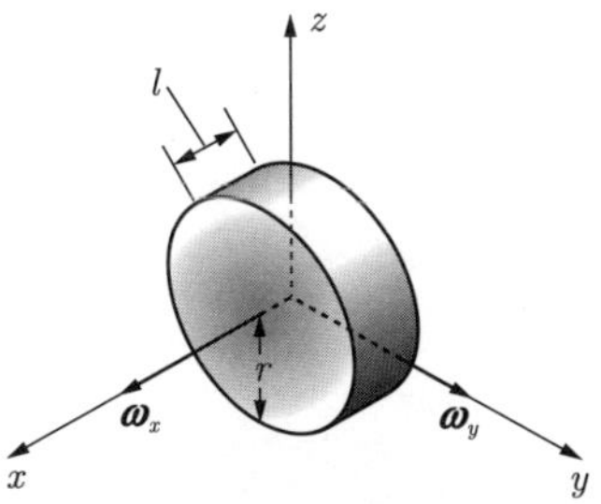

図 7.5 円板のジャイロ効果

$a=0$ の場合は細長い棒になり，$a=2$ の場合は厚さのない円板になる。

円板の角速度 $\boldsymbol{\omega}$ は $\boldsymbol{\omega}=\boldsymbol{\omega}_x+\boldsymbol{\omega}_y$，円板を駆動する角速度 $\boldsymbol{\omega}_0$ は $\boldsymbol{\omega}_0=\boldsymbol{\omega}_y$ である。$\overset{\bullet s}{\boldsymbol{\omega}}_x=\overset{\bullet s}{\boldsymbol{\omega}}_y=\boldsymbol{0}$ とすると

$$\boldsymbol{\omega}_0\times\boldsymbol{\omega}=\begin{vmatrix}\boldsymbol{i} & \boldsymbol{j} & \boldsymbol{k}\\ 0 & \omega_y & 0\\ \omega_x & \omega_y & 0\end{vmatrix}=\begin{bmatrix}0\\ 0\\ -\omega_x\omega_y\end{bmatrix} \tag{7.29}$$

から

$$\boldsymbol{I}\left(\overset{\bullet s}{\boldsymbol{\omega}}+\boldsymbol{\omega}_0\times\boldsymbol{\omega}\right)=A\begin{bmatrix}a & 0 & 0\\ 0 & 1 & 0\\ 0 & 0 & 1\end{bmatrix}\begin{bmatrix}0\\ 0\\ -\omega_x\omega_y\end{bmatrix}=A\begin{bmatrix}0\\ 0\\ -\omega_x\omega_y\end{bmatrix} \tag{7.30}$$

であり，さらに

$$\boldsymbol{I}\boldsymbol{\omega}=A\begin{bmatrix}a & 0 & 0\\ 0 & 1 & 0\\ 0 & 0 & 1\end{bmatrix}\begin{bmatrix}\omega_x\\ \omega_y\\ 0\end{bmatrix}=A\begin{bmatrix}a\omega_x\\ \omega_y\\ 0\end{bmatrix} \tag{7.31}$$

から

$$\boldsymbol{\omega}\times\boldsymbol{I}\boldsymbol{\omega}=A\begin{vmatrix}\boldsymbol{i} & \boldsymbol{j} & \boldsymbol{k}\\ \omega_x & \omega_y & 0\\ a\omega_x & \omega_y & 0\end{vmatrix}=A\begin{bmatrix}0\\0\\(1-a)\omega_x\omega_y\end{bmatrix} \tag{7.32}$$

である。よって，オイラーの方程式(7.24)から

$$\begin{aligned}\boldsymbol{N}&=\boldsymbol{I}\left(\overset{\bullet s}{\boldsymbol{\omega}}+\boldsymbol{\omega}_0\times\boldsymbol{\omega}\right)+\boldsymbol{\omega}\times\boldsymbol{I}\boldsymbol{\omega}\\&=A\begin{bmatrix}0\\0\\-\omega_x\omega_y\end{bmatrix}+A\begin{bmatrix}0\\0\\(1-a)\omega_x\omega_y\end{bmatrix}=-Aa\begin{bmatrix}0\\0\\\omega_x\omega_y\end{bmatrix}\end{aligned} \tag{7.33}$$

となる。Aa は式(7.28)より

$$Aa=\frac{\varepsilon^2}{2}ml^2=\frac{1}{2}mr^2 \tag{7.34}$$

である。円板を ω_y で回転させるために必要なトルク $\boldsymbol{N}$ は

$$\boldsymbol{N}=-\frac{1}{2}mr^2\begin{bmatrix}0\\0\\\omega_x\omega_y\end{bmatrix} \tag{7.35}$$

で与えられる。円板を $\boldsymbol{\omega_y}$ で回転させようとすると，Z 軸まわりに $(1/2\boldsymbol{mr^2})\ \omega_x\omega_y$ のトルクが外部から働くことになる。

また $a=1$ の場合は，式(7.33)の第2項が $\boldsymbol{0}$ となり，角運動量ベクトルの回転効果がなくなる。これは，円板の慣性テンソルが，式(7.28)から明らかなように，球と同じ等方性を示すからである。このときの r と l の比は同式から

$$l=\sqrt{3}r \tag{7.36}$$

である。

7.6 ニュートン・オイラー方程式

空間で3次元運動を行う物体には，並進運動と回転運動とを伴う場合が多い。並進運動については，重心の加速度運動に式(7.6)を用いれば物体に働く外力との平衡関係を求めることができる。これは一般に**ニュートンの方程式**と呼ばれている。つぎに，回転運動については，重心に働く力のモーメントをオイラーの方程式(7.24)に代入し，角運動量の時間微分と力のモーメントの平衡関係を求めることができる。この二つの方程式をセットにした物体運動の解析法を**ニュートン・オイラー法**と呼んでいる。その手順は，つぎの①～⑦のとおりである。

① 物体の瞬間の運動に対して，絶対座標系Σ(O-xyz)，物体の重心Gを原点とし，主軸に沿ってとった相対座標系Σ'(G-$x'y'z'$)および物体に働く外力，外力のモーメントなどを設定する。

② 与えられた動作を行うとき，物体の重心Gの絶対座標系Σに対する角速度$\boldsymbol{\omega}$，角加速度$\dot{\boldsymbol{\omega}}$を求める。

③ 与えられた動作を行うときに，重心Gの速度$\boldsymbol{v}$と加速度$\boldsymbol{\alpha}$を

$$\boldsymbol{\alpha} = \ddot{\boldsymbol{r}}^{s} + \dot{\boldsymbol{\omega}} \times \boldsymbol{r} + 2\boldsymbol{\omega} \times \dot{\boldsymbol{r}}^{s} + \boldsymbol{\omega} \times (\boldsymbol{\omega} \times \boldsymbol{r}) \qquad (7.37)$$

から求める。

④ 相対座標系Σ'に対して定義した物体の慣性テンソル$\boldsymbol{I}'$について，重心Gを原点として3軸方向を絶対座標系と同じくする重心絶対座標系Σ_G(G-xyz)についての慣性テンソル$\boldsymbol{I}$へ，式(7.38)のように変換する。

$$\boldsymbol{I} = \boldsymbol{R}\boldsymbol{I}'\boldsymbol{R}^T \qquad (7.38)$$

ここで，$\boldsymbol{R}$は回転変換行列，$\boldsymbol{R}^T$はその転置行列である。

⑤ 重心Gの角運動量$\boldsymbol{L}$とその長さの成分の微分$\dot{\boldsymbol{L}}^{s}$を，$\boldsymbol{L} = \boldsymbol{I}\boldsymbol{\omega}$，$\dot{\boldsymbol{L}}^{s} = \boldsymbol{I}\dot{\boldsymbol{\omega}}$から求める。

⑥ 与えられた動作を行う場合，重心Gにおいて発生するモーメント$\boldsymbol{N}$を，オイラー方程式

$$\boldsymbol{N} = \overset{\bullet s}{\boldsymbol{L}} + \boldsymbol{\omega} \times \boldsymbol{L} \tag{7.39}$$

から求める。

⑦ 外力および外力のモーメントを考えて，ニュートン方程式とオイラー方程式を立てて解を求める。モーメント $\boldsymbol{N}$，位置ベクトル $\boldsymbol{r}$ とその点に働く力 $\boldsymbol{F}$ の間には

$$\boldsymbol{N} = \boldsymbol{r} \times \boldsymbol{F} \tag{7.40}$$

の関係がある。

以上の手法は，慣性テンソルを絶対座標系（重心絶対座標系）で定義することを前提とする。これに対し，まず物体の慣性主軸についてとった相対座標系を基準座標系とし，その上で①～⑦までの手順を踏んだ後に絶対座標系に戻す手法をとる場合が，より一般的である。この場合は式(7.38)のような慣性テンソル $\boldsymbol{I}'$ の回転変換は行わない。その代わり，角速度 $\boldsymbol{\omega}$ は相対座標系 Σ' (G-x' y' z')についての角速度 $\boldsymbol{\omega}'$ を

$$\boldsymbol{\omega}' = \boldsymbol{R}^{-1}\boldsymbol{\omega} \tag{7.41}$$

と変換して求め，相対座標系で求められるモーメント $\boldsymbol{N}'$ を，絶対座標系でのモーメント $\boldsymbol{N}$ に

$$\boldsymbol{N} = \boldsymbol{R}\boldsymbol{N}' \tag{7.42}$$

と変換して得る。後者の手法は，慣性テンソルの回転を行わないので回転変換の手間は省けるが，最終的には相対座標系から絶対座標系への変換が必要なため，全体としてみれば演算の手間は変わらない。

7.7 ニュートン・オイラー方程式の応用

まず，**図 7.6**(*a*)のように，長さ $2l$，質量 m の，均一で太さが無視できる細いアーム OP が，垂直軸まわりに角速度 $\boldsymbol{\omega}$ で回転している場合を考える。アームが水平面と角度 θ の状態で回転を持続するために支点 O で発生させるべき抗力 $\boldsymbol{F}_0$ とトルク $\boldsymbol{T}_0$ とを，前述した①～⑦の手順で求めてみる。

① 絶対座標系 Σ，相対座標系 Σ'，外力 $\boldsymbol{F}_0$，外力トルク $\boldsymbol{T}_0$ を**図 7.6**(*b*)の

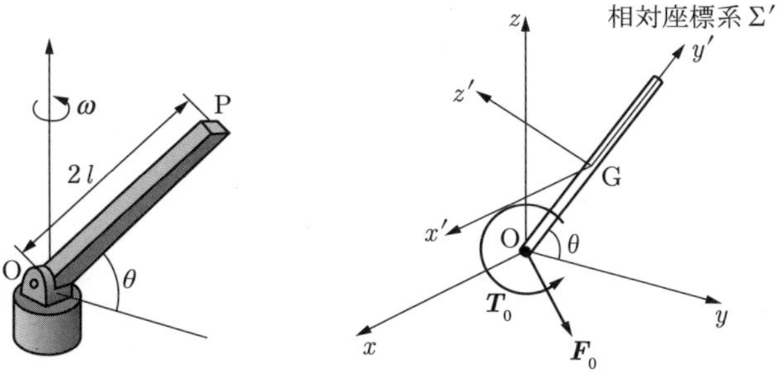

（a） 傾斜して回転するアーム　　（b） 座標系とベクトル

図 7.6　傾斜したままで回転するアームの運動解析

ようにとる。

② 角速度，角加速度をそれぞれ $\boldsymbol{\omega}=(0,0,\omega)^T$, $\dot{\boldsymbol{\omega}}=0$ とする。

③ 重心 G の速度 $\boldsymbol{v}$ は，$\boldsymbol{r}=\overrightarrow{\mathrm{OG}}$ とすると，式(7.1)より

$$\boldsymbol{v}=\dot{\boldsymbol{r}}=\boldsymbol{\omega}\times\boldsymbol{r}=\begin{vmatrix}\boldsymbol{i} & \boldsymbol{j} & \boldsymbol{k}\\ 0 & 0 & \omega\\ 0 & l\cos\theta & l\sin\theta\end{vmatrix}=-l\omega\cos\theta\boldsymbol{i} \tag{7.43}$$

である。また，物体の重心 G の加速度 $\boldsymbol{\alpha}$ は

$$\boldsymbol{\alpha}=\ddot{\boldsymbol{r}}^{s}+\dot{\boldsymbol{\omega}}\times\boldsymbol{r}+2\boldsymbol{\omega}\times\dot{\boldsymbol{r}}^{s}+\boldsymbol{\omega}\times(\boldsymbol{\omega}\times\boldsymbol{r}) \tag{7.44}$$

において，$\ddot{\boldsymbol{r}}^{s}=\dot{\boldsymbol{r}}^{s}=\dot{\boldsymbol{\omega}}=\boldsymbol{0}$ であるから

$$\boldsymbol{\alpha}=\boldsymbol{\omega}\times(\boldsymbol{\omega}\times\boldsymbol{r})=\begin{vmatrix}\boldsymbol{i} & \boldsymbol{j} & \boldsymbol{k}\\ 0 & 0 & \omega\\ -l\omega\cos\theta & 0 & 0\end{vmatrix} \tag{7.45}$$

$$\therefore\quad \boldsymbol{\alpha}=-l\omega^2\cos\theta\boldsymbol{j} \tag{7.46}$$

④ 相対座標系Σ'での慣性テンソル $\boldsymbol{I}'$ は，座標系が慣性主軸に一致し，長さが $2l$ の場合であるから，**図 6.22** の細い棒の場合に相当し

$$\boldsymbol{I}'=\frac{1}{3}ml^2\begin{bmatrix}1 & 0 & 0\\ 0 & 0 & 0\\ 0 & 0 & 1\end{bmatrix} \tag{7.47}$$

である。回転変換行列 $\boldsymbol{R}$ は，x 軸まわりに物体を θ 回転する操作で

$$\boldsymbol{R}=\boldsymbol{E}^{i\theta} \tag{7.48}$$

であるから，回転変換後の慣性モーメント $\boldsymbol{I}=\boldsymbol{R}\boldsymbol{I}'\boldsymbol{R}^T$ は，$S=\sin\theta$, $C=\cos\theta$ として

$$\boldsymbol{I}=\boldsymbol{E}^{i\theta}\boldsymbol{I}'\boldsymbol{E}^{-i\theta} \tag{7.49}$$

$$=\frac{1}{3}ml^2\begin{bmatrix}1 & 0 & 0\\ 0 & C & -S\\ 0 & S & C\end{bmatrix}\begin{bmatrix}1 & 0 & 0\\ 0 & 0 & 0\\ 0 & 0 & 1\end{bmatrix}\begin{bmatrix}1 & 0 & 0\\ 0 & C & S\\ 0 & -S & C\end{bmatrix}$$
$$=\frac{1}{3}ml^2\begin{bmatrix}1 & 0 & 0\\ 0 & S^2 & -SC\\ 0 & -SC & C^2\end{bmatrix} \tag{7.50}$$

となる。

⑤　角運動量 $\boldsymbol{L}$ および $\overset{\bullet s}{\boldsymbol{L}}$ は

$$\boldsymbol{L}=\boldsymbol{I}\boldsymbol{\omega}=\frac{1}{3}ml^2\omega\begin{bmatrix}0\\ -SC\\ C^2\end{bmatrix}, \qquad \overset{\bullet s}{\boldsymbol{L}}=\boldsymbol{I}\dot{\boldsymbol{\omega}}=\boldsymbol{0} \tag{7.51}$$

である。

⑥　物体重心 G で発生すべきモーメント $\boldsymbol{N}$ は

$$\boldsymbol{N}=\overset{\bullet s}{\boldsymbol{L}}+\boldsymbol{\omega}\times\boldsymbol{L} \tag{7.52}$$
$$=\frac{1}{3}ml^2\omega\begin{vmatrix}\boldsymbol{i} & \boldsymbol{j} & \boldsymbol{k}\\ 0 & 0 & \omega\\ 0 & -SC & C^2\end{vmatrix}=\frac{1}{3}ml^2\omega\begin{bmatrix}SC\omega\\ 0\\ 0\end{bmatrix}$$

$$\therefore\quad \boldsymbol{N}=\frac{1}{6}ml^2\omega^2\sin 2\theta\,\boldsymbol{i} \tag{7.53}$$

⑦　外部から物体に加わる力の総和は抗力 $\boldsymbol{F}_0$ と重力の加わったもので，これは物体重心に発生すべき力 $m\boldsymbol{\alpha}$ に等しい。また，外部から物体に加わるトルク $\boldsymbol{T}_0$ と抗力 $\boldsymbol{F}_0$ とで生ずるモーメントの和は，物体重心に発生すべきモーメントに一致するはずであるから

$$\boldsymbol{F}_0-mg\boldsymbol{k}=m\boldsymbol{\alpha} \tag{7.54}$$

$$\boldsymbol{T}_0+(-\boldsymbol{r})\times\boldsymbol{F}_0=\boldsymbol{N} \tag{7.55}$$

が成り立つ。まず，式(7.54)から

$$\boldsymbol{F}_0 = m\boldsymbol{\alpha} + mg\boldsymbol{k} \tag{7.56}$$

であり，式(7.46)を代入して

$$\boldsymbol{F}_0 = -ml\omega^2\cos\theta\boldsymbol{j} + mg\boldsymbol{k} \tag{7.57}$$

と求まる。また，抗力 $\boldsymbol{F}_0$ によって重心 G まわりに生ずるトルクは

$$(-\boldsymbol{r})\times\boldsymbol{F}_0 = \begin{vmatrix} \boldsymbol{i} & \boldsymbol{j} & \boldsymbol{k} \\ 0 & -l\cos\theta & -l\sin\theta \\ 0 & -ml\omega^2\cos\theta & mg \end{vmatrix} \tag{7.58}$$

$$= -m\left(\frac{1}{2}\,l^2\omega^2\sin 2\theta + gl\cos\theta\right)\boldsymbol{i} \tag{7.59}$$

である。式(7.53)，(7.59)を式(7.55)に代入することにより，トルク $\boldsymbol{T}_0$ は式(7.60)のように求まる。

$$\boldsymbol{T}_0 = m\left(gl\cos\theta + \frac{2}{3}l^2\omega^2\sin 2\theta\right)\boldsymbol{i} \tag{7.60}$$

つぎに，**図 7.7**(*a*)に示すような半径 a，質量 m で厚さを無視できる円板の中心が，長さ $2\,l$ で質量 0 の軸の中央部に傾斜角 θ で取り付けてある場合を考える。軸が一定角速度 ω で回転を続けるためには，図(*b*)に描いたような抗力 $\boldsymbol{F}_A$，$\boldsymbol{F}_B$ が軸受け A，B に必要となるが，それを求めてみよう。

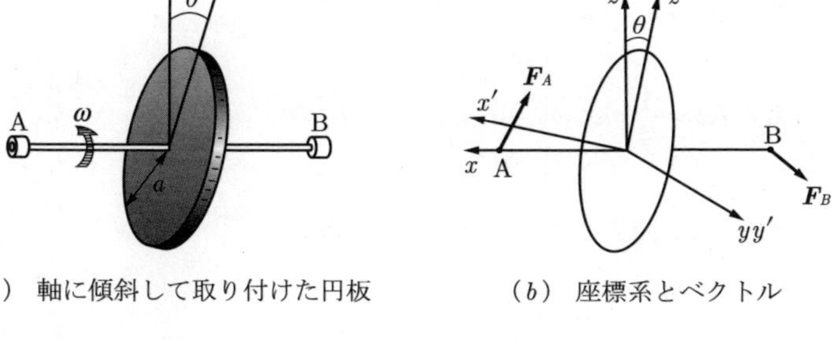

(*a*)　軸に傾斜して取り付けた円板　　(*b*)　座標系とベクトル

図 7.7　傾斜して回転する円板の運動解析

同じように，① ～ ⑦ までの手順に従って進むと

① 絶対座標系 Σ，相対座標系 Σ'，抗力 $\boldsymbol{F}_A$，$\boldsymbol{F}_B$ を図(b)のように定めた。

② 角速度 $\boldsymbol{\omega}$ は $(\omega,\ 0,\ 0)^T$，角加速度 $\dot{\boldsymbol{\omega}}$ は $\boldsymbol{0}$ である。

③ $\boldsymbol{r}=\overset{\bullet s}{\boldsymbol{r}}=\overset{\bullet\bullet s}{\boldsymbol{r}}=\boldsymbol{0}$ から，物体重心の速度，加速度はどちらも $\boldsymbol{0}$ である。

④ 相対座標系の慣性テンソル $\boldsymbol{I}'$ は，座標系が慣性主軸と一致しているので

$$\boldsymbol{I}'=\frac{1}{4}ma^2\begin{bmatrix}2 & 0 & 0\\ 0 & 1 & 0\\ 0 & 0 & 1\end{bmatrix} \tag{7.61}$$

である。相対座標系から絶対座標系への回転変換行列 $\boldsymbol{R}$ は，y 軸まわりの $-\theta$ の回転変換であるため

$$\boldsymbol{R}=\boldsymbol{E}^{-j\theta} \tag{7.62}$$

である。したがって絶対座標系での慣性テンソル $\boldsymbol{I}$ は，$\boldsymbol{R}^T=\boldsymbol{R}^{-1}$ を使い，$\sin\theta=S$，$\cos\theta=C$ として

$$\boldsymbol{I}=\boldsymbol{R}\boldsymbol{I}'\boldsymbol{R}^T=\boldsymbol{E}^{-j\theta}\boldsymbol{I}'\boldsymbol{E}^{j\theta} \tag{7.63}$$

$$\begin{aligned}&=\frac{1}{4}ma^2\begin{bmatrix}C & 0 & -S\\ 0 & 1 & 0\\ S & 0 & C\end{bmatrix}\begin{bmatrix}2 & 0 & 0\\ 0 & 1 & 0\\ 0 & 0 & 1\end{bmatrix}\begin{bmatrix}C & 0 & S\\ 0 & 1 & 0\\ -S & 0 & C\end{bmatrix}\\ &=\frac{1}{4}ma^2\begin{bmatrix}C^2+1 & 0 & SC\\ 0 & 1 & 0\\ SC & 0 & S^2+1\end{bmatrix}\end{aligned} \tag{7.64}$$

⑤ 角運動量 $\boldsymbol{L}$ および $\overset{\bullet s}{\boldsymbol{L}}$ は

$$\boldsymbol{L}=\boldsymbol{I}\boldsymbol{\omega}=\frac{1}{4}ma^2\omega\begin{bmatrix}C^2+1\\ 0\\ SC\end{bmatrix},\qquad \overset{\bullet s}{\boldsymbol{L}}=\boldsymbol{0} \tag{7.65}$$

⑥ 物体重心 G で発生すべきモーメント $\boldsymbol{N}$ は

$$\boldsymbol{N}=\overset{\bullet s}{\boldsymbol{L}}+\boldsymbol{\omega}\times\boldsymbol{L} \tag{7.66}$$

$$=\frac{1}{4}ma^2\omega\begin{vmatrix} \boldsymbol{i} & \boldsymbol{j} & \boldsymbol{k} \\ \omega & 0 & 0 \\ C^2+1 & 0 & SC \end{vmatrix}$$

$$\therefore\quad \boldsymbol{N}=-\frac{1}{8}ma^2\omega^2\sin 2\theta\boldsymbol{j} \tag{7.67}$$

⑦　外部から加わる力は，$\boldsymbol{F}_A(A_x, A_y, A_z)^T$，$\boldsymbol{F}_B(B_x, B_y, B_z)^T$ と重力との和で，それが重心で発生すべき力 $\boldsymbol{m\alpha}=\boldsymbol{0}$ になり，外部から加わるモーメントが物体重心 G で発生すべきモーメント $\boldsymbol{N}$ になるから

$$\boldsymbol{F}_A+\boldsymbol{F}_B-mg\boldsymbol{k}=\boldsymbol{0} \tag{7.68}$$

$$l\boldsymbol{i}\times\boldsymbol{F}_A-l\boldsymbol{i}\times\boldsymbol{F}_B=\boldsymbol{N} \tag{7.69}$$

である。式(7.68)から

$$A_x+B_x=0 \tag{7.70}$$

$$A_y+B_y=0 \tag{7.71}$$

$$A_z+B_z=mg \tag{7.72}$$

となる。式(7.69)では，まず

$$l\boldsymbol{i}\times\boldsymbol{F}_A=l\boldsymbol{i}\times(A_x\boldsymbol{i}+A_y\boldsymbol{j}+A_z\boldsymbol{k})=lA_y\boldsymbol{k}-lA_z\boldsymbol{j} \tag{7.73}$$

となるので式(7.69)を成分表示すると，式(7.67)より

$$-lA_z+lB_z=-\frac{1}{8}ma^2\omega^2\sin 2\theta \tag{7.74}$$

$$lA_y-lB_y=0 \tag{7.75}$$

となる。したがって，式(7.71)，(7.75)より

$$A_y=B_y=0 \tag{7.76}$$

であり，式(7.72)，(7.74)から

$$B_z=\frac{1}{2}mg-\frac{1}{16l}ma^2\omega^2\sin 2\theta \tag{7.77}$$

$$A_z=mg-B_z=\frac{1}{2}mg+\frac{1}{16l}ma^2\omega^2\sin 2\theta \tag{7.78}$$

となる。これは，回転する円板が**図 7.7** の状態のとき，絶対座標系の z 軸方向に点 A では $\boldsymbol{F}_A=A_z\boldsymbol{k}$，点 B では $\boldsymbol{F}_B=B_z\boldsymbol{k}$ の抗力を発生させてやれ

ばよいことを意味している。当然，$\theta=0$ の場合は動的バランスがとれているため，軸受けには重力と釣り合う力のみが働くだけである。

つぎに，**図 7.8**(a)のように，質量 m の円柱が質量 0 の棒の先端に取り付けられている場合を考えてみる。系は図(b)のように，点 O を支持点として絶対座標系 O-xyz の xy 平面からの角度 θ を保ちながら，z 軸まわりを一定角速度 $\boldsymbol{\omega}$ で回転しているとする。円柱の重心が yz 平面に入った状態で軸受け O に発生するトルク $\boldsymbol{T}$ と抗力 $\boldsymbol{F}$ を，前述の ①～⑦ までの手順で求めてみる。ここで，二つのケースに分けて解析してみる。一つは円柱自身は回転しないケースで，二つ目は図(b)に示す y' 軸まわりに円柱が一定角速度 ω_0 で回転しているケースである。

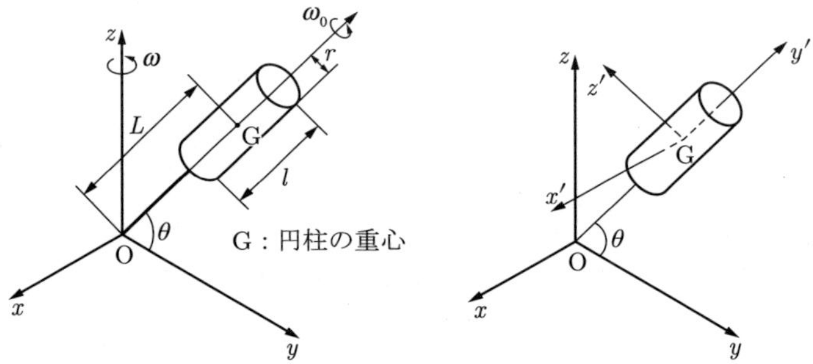

(a) 傾斜して回転する円柱　　(b) 座標系

図 7.8　傾斜して回転する円柱の運動解析

1) 最初は円柱自身は回転していないケースを考えると，以下のような手順になる。

① 図(b)のように相対座標系 G-$x'y'z'$ を定める。

② 角速度は $\boldsymbol{\omega}=(0,0,\omega)^T$，角加速度は $\dot{\boldsymbol{\omega}}=\boldsymbol{0}$ とする。　(7.79)

③ 物体重心の速度 $\boldsymbol{v}$，加速度 $\boldsymbol{\alpha}$ は，$\dot{\boldsymbol{r}}^s=\ddot{\boldsymbol{r}}^s=\dot{\boldsymbol{\omega}}=\boldsymbol{0}$ から，$\sin\theta=S$，$\cos\theta=C$ として

$$\boldsymbol{v}=\boldsymbol{\omega}\times\boldsymbol{r}=\begin{vmatrix}\boldsymbol{i} & \boldsymbol{j} & \boldsymbol{k}\\ 0 & 0 & \omega\\ 0 & LC & LS\end{vmatrix}=-L\omega C\boldsymbol{j} \tag{7.80}$$

$$\boldsymbol{\alpha}=\boldsymbol{\omega}\times(\boldsymbol{\omega}\times\boldsymbol{r})=\begin{vmatrix}\boldsymbol{i} & \boldsymbol{j} & \boldsymbol{k}\\ 0 & 0 & \omega\\ -L\omega C & 0 & 0\end{vmatrix}=-L\omega^2C\boldsymbol{j} \tag{7.81}$$

として得られる。

④ 相対座標系の円柱の慣性テンソル $\boldsymbol{I}'$ は，**図 6.22** から

$$\boldsymbol{I}'=\frac{1}{12}ml^2\begin{bmatrix}1+3{r_0}^2 & 0 & 0\\ 0 & 6{r_0}^2 & 0\\ 0 & 0 & 1+3{r_0}^2\end{bmatrix},\qquad r_0\equiv\frac{r}{l} \tag{7.82}$$

である。重心絶対座標系 O-xyz についての円柱の慣性テンソル $\boldsymbol{I}$ は

$$\boldsymbol{I}=\boldsymbol{E}^{i\theta}\boldsymbol{I}'\boldsymbol{E}^{-i\theta} \tag{7.83}$$

であるから，x 軸まわりに θ 回転する回転行列 $\boldsymbol{E}^{i\theta}$ を使って

$$\boldsymbol{I}=\frac{1}{12}ml^2\begin{bmatrix}1+3{r_0}^2 & 0 & 0\\ 0 & 6{r_0}^2C^2+\left(1+3{r_0}^2\right)S^2 & \left(3{r_0}^2-1\right)SC\\ 0 & \left(3{r_0}^2-1\right)SC & 6{r_0}^2S^2+\left(1+3{r_0}^2\right)C^2\end{bmatrix} \tag{7.84}$$

となる。

⑤ 角運動量ベクトル $\boldsymbol{L}$ と $\overset{\bullet s}{\boldsymbol{L}}$ は

$$\boldsymbol{L}=\boldsymbol{I}\boldsymbol{\omega}=\frac{1}{12}ml^2\omega\begin{bmatrix}0\\ \left(3{r_0}^2-1\right)SC\\ 6{r_0}^2S^2+\left(1+3{r_0}^2\right)C^2\end{bmatrix},\quad \overset{\bullet s}{\boldsymbol{L}}=\boldsymbol{I}\dot{\boldsymbol{\omega}}=\boldsymbol{0} \tag{7.85}$$

である。

⑥ 発生すべきモーメント $\boldsymbol{N}$ は，オイラーの方程式から

$$\begin{aligned}\boldsymbol{N}=\boldsymbol{\omega}\times\boldsymbol{L}&=\begin{vmatrix}\boldsymbol{i} & \boldsymbol{j} & \boldsymbol{k}\\ 0 & 0 & \omega\\ 0 & L_y & L_z\end{vmatrix}=-L_y\omega\boldsymbol{i}\\ &=\frac{1}{12}ml^2\omega^2\left(1-3{r_0}^2\right)\sin\theta\cos\theta\boldsymbol{i}\end{aligned} \tag{7.86}$$

⑦ 抗力 $\boldsymbol{F}_0$ および外力トルク $\boldsymbol{T}_0$ は

$$\boldsymbol{F}_0 - mg\boldsymbol{k} = m\boldsymbol{\alpha}$$

$$\therefore \quad \boldsymbol{F}_0 = m\begin{bmatrix} 0 \\ -L\omega^2\cos\theta \\ g \end{bmatrix} \tag{7.87}$$

となる。一方，$\boldsymbol{T}_0 + (-\boldsymbol{r})\times\boldsymbol{F}_0 = \boldsymbol{N}$ であり

$$\boldsymbol{r}\times\boldsymbol{F}_0 = m\begin{vmatrix} \boldsymbol{i} & \boldsymbol{j} & \boldsymbol{k} \\ 0 & LC & LS \\ 0 & -L\omega^2 C & g \end{vmatrix} = \left(mLgC + mL^2\omega^2 SC\right)\boldsymbol{i}$$

であるから

$$\therefore \quad \boldsymbol{T}_0 = m\left\{Lg\cos\theta + \left(\frac{1-3r_0^2}{12}l^2 + L^2\right)\omega^2\sin\theta\cos\theta\right\}\boldsymbol{i} \tag{7.88}$$

となる。

2）　つぎに，円柱自身が回転している場合を考える。

①　1）と同じで，相対座標系 G-$x'y'z'$ を定める。

②　円柱が受ける合成角速度を $\boldsymbol{\Omega}$ とすると

$$\boldsymbol{\Omega} = (0, \omega_0 C, \omega + \omega_0 S)^T \tag{7.89}$$

となる。角加速度 $\dot{\boldsymbol{\Omega}}$ は $\dot{\omega} = \dot{\omega_0} = 0$ であるが，角速度ベクトル $\boldsymbol{\omega} + \boldsymbol{\omega}_0$ が $\boldsymbol{\omega}$ によって振られるため

$$\dot{\boldsymbol{\Omega}} = \boldsymbol{\omega}\times(\boldsymbol{\omega} + \boldsymbol{\omega}_0) = \boldsymbol{\omega}\times\boldsymbol{\omega}_0 = -\omega\omega_0 C\boldsymbol{i} \tag{7.90}$$

となる。

③　物体重心の速度 $\boldsymbol{v}$，加速度 $\boldsymbol{\alpha}$ は，$\dot{\boldsymbol{r}}^s = \ddot{\boldsymbol{r}}^s = \boldsymbol{0}$ から，$\sin\theta = S$，$\cos\theta = C$ として

$$\boldsymbol{v} = \boldsymbol{\Omega}\times\boldsymbol{r} = \begin{vmatrix} \boldsymbol{i} & \boldsymbol{j} & \boldsymbol{k} \\ 0 & \omega_0 C & \omega + \omega_0 S \\ 0 & LC & LS \end{vmatrix} = -\omega LC\boldsymbol{i} \tag{7.91}$$

$$\boldsymbol{\Omega}\times(\boldsymbol{\Omega}\times\boldsymbol{r}) = \begin{vmatrix} \boldsymbol{i} & \boldsymbol{j} & \boldsymbol{k} \\ 0 & \omega_0 C & \omega + \omega_0 S \\ -\omega LC & 0 & 0 \end{vmatrix} = \begin{bmatrix} 0 \\ -(\omega + \omega_0 S)\omega LC \\ \omega\omega_0 LC^2 \end{bmatrix} \tag{7.92}$$

$$\dot{\boldsymbol{\Omega}}\times\boldsymbol{r}=\begin{vmatrix}\boldsymbol{i} & \boldsymbol{j} & \boldsymbol{k}\\ -\omega\omega_0 C & 0 & 0\\ 0 & LC & LS\end{vmatrix}=\begin{bmatrix}0\\ \omega\omega_0 LSC\\ -\omega\omega_0 LC^2\end{bmatrix} \tag{7.93}$$

であり，ω_0の回転があっても，加速度$\boldsymbol{\alpha}$は式(7.81)と同じく

$$\boldsymbol{\alpha}=-L\omega^2 C\boldsymbol{j} \tag{7.94}$$

となる。

④　絶対座標系の慣性テンソル$\boldsymbol{I}$を求める方法として，相対座標系の慣性テンソル$\boldsymbol{I}'$から変換行列で求める手順は1)の④と同じである。

⑤　角運動量ベクトル$\boldsymbol{L}$および$\overset{\bullet s}{\boldsymbol{L}}$は，整理すると

$$\boldsymbol{L}=\boldsymbol{I}\boldsymbol{\Omega}=\frac{1}{12}ml^2\begin{bmatrix}0\\ 6r_0^{\ 2}\omega_0 C+\left(3r_0^{\ 2}-1\right)\omega SC\\ 6r_0^{\ 2}(\omega+\omega_0 S)-\left(3r_0^{\ 2}-1\right)\omega C^2\end{bmatrix} \tag{7.95}$$

$$\overset{\bullet s}{\boldsymbol{L}}=\boldsymbol{I}\dot{\boldsymbol{\Omega}}=\frac{1}{12}ml^2\begin{bmatrix}-\left(1+3r_0^{\ 2}\right)\omega\omega_0 C\\ 0\\ 0\end{bmatrix} \tag{7.96}$$

となる。

⑥　発生すべきモーメント$\boldsymbol{N}$は

$$\begin{aligned}\boldsymbol{N}&=\overset{\bullet s}{\boldsymbol{L}}+\boldsymbol{\Omega}\times\boldsymbol{L}\\ &=\frac{1}{12}ml^2\left\{-\omega\omega_0 C\left(1+3r_0^{\ 2}\right)+6\omega_0(\omega+\omega_0 S)Cr_0^{\ 2}-\left(3r_0^{\ 2}-1\right)\omega\omega_0 C^3\right.\\ &\quad\left.-6\omega_0(\omega+\omega_0 S)Cr_0^{\ 2}-\left(3r_0^{\ 2}-1\right)\left(\omega^2 SC+\omega\omega_0 S^2 C\right)\right\}\boldsymbol{i}\end{aligned} \tag{7.97}$$

$$\therefore\quad \boldsymbol{N}=\frac{1}{12}ml^2\left\{\left(1-3r_0^{\ 2}\right)\omega^2 SC-6r_0^{\ 2}\omega\omega_0 C\right\}\boldsymbol{i} \tag{7.98}$$

である。

⑦　抗力$\boldsymbol{F}_0$および外力トルク$\boldsymbol{T}_0$は

$$\boldsymbol{F}_0-mg\boldsymbol{k}=m\boldsymbol{\alpha} \tag{7.99}$$

$$\therefore \quad \boldsymbol{F}_0 = m\begin{bmatrix} 0 \\ -L\omega^2\cos\theta \\ g \end{bmatrix} \tag{7.100}$$

$$\boldsymbol{T}_0 + (-\boldsymbol{r})\times\boldsymbol{F}_0 = \boldsymbol{N} \tag{7.101}$$

$$\therefore \quad \boldsymbol{T}_0 = m\left\{Lg\cos\theta + \left(\frac{1-3r_0^2}{12}l^2 + L^2\right)\omega^2\sin\theta\cos\theta - \frac{1}{2}r^2\omega\omega_0\cos\theta\right\}\boldsymbol{i} \tag{7.102}$$

となる。ただし，$r_0 \equiv r/l$ である。この結果は，1）の ⑦ ではトルク成分だけであったのが，2）では $\boldsymbol{\omega}_0$ のジャイロモーメントが付加した形として示されている。

図 7.8 の円柱の回転運動で想起されるのが，コマの運動である。**図 7.9** に示したように，円柱の半径が長さよりも大きい場合がコマに相当する。今，図の支柱先端の点 P で支えられてコマが水平の状態で回転しているとする。この場合は，前に解析した式（7.102）で外力トルク $\boldsymbol{T}_0 = \boldsymbol{0}$，角度 $\theta = 0$ であるから，この条件を上式に代入して

$$gL - \frac{1}{2}r^2\omega\omega_0 = 0 \tag{7.103}$$

よって

$$\omega = \frac{2gL}{r^2\omega_0} \tag{7.104}$$

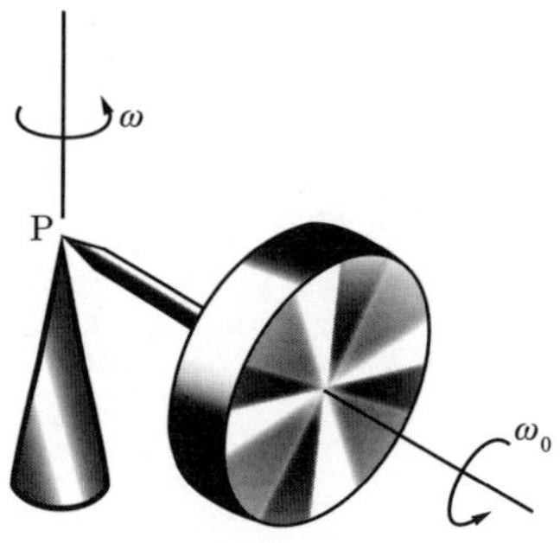

図 7.9　コマの歳差運動

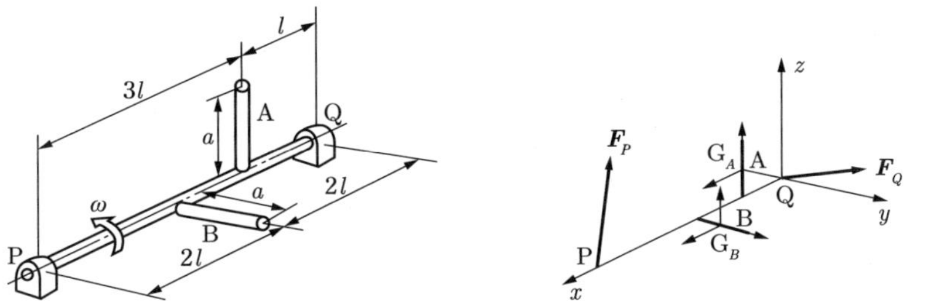

(a) 回転する支柱付きシャフト　　(b) 座標系とベクトル

図 7.10 支柱の付いたシャフトの回転運動

となる。ここで，ωは z 軸まわりの回転運動であるから，コマの場合は歳差運動にあたる。コマの回転角速度ω_0 が速いほどωは小さくなり，歳差運動が小さくなることがわかる。

図 7.10(a)は太さ 0，長さ 4lのシャフトに，均一で質量 m，太さ 0，長さ aの 2 本の支柱 A，B が直立した構造体である。シャフトにはトルク Mが加えられ，角速度 $\boldsymbol{\omega}$，角加速度 $\dot{\boldsymbol{\omega}}$で回転している。このとき，軸受け P，Q で発生すべき動的抗力 $\boldsymbol{F}_P$，$\boldsymbol{F}_Q$を求めてみる。

①〜⑦までの手順に従って解いていく。

① 絶対座標系および支柱 A，B の相対座標系を図(b)のように定める。相対座標系は支柱 A，B の重心 G_A，G_Bを原点にとる。方向も絶対座標系と一致させて重心絶対座標系とする。$\boldsymbol{F}_P$，$\boldsymbol{F}_Q$は図(b)のように設定する。

② 角速度ベクトル $\boldsymbol{\omega}$は$(\omega,0,0)^T$，角速度ベクトル $\dot{\boldsymbol{\omega}}$は $(\dot{\omega},0,0)^T$である。

③ 支柱 A の重心 $\boldsymbol{r}_A\,(l,0,a/2)^T$ の速度 $\boldsymbol{v}_A$ は

$$\boldsymbol{v}_A=\boldsymbol{\omega}\times\boldsymbol{r}_A=-\frac{1}{2}a\omega\boldsymbol{j} \tag{7.105}$$

となる。また，加速度$\boldsymbol{\alpha}_A$は，式(7.44)で $\ddot{\boldsymbol{r}}_A^{\,s}=\dot{\boldsymbol{r}}_A^{\,s}=\boldsymbol{0}$ とおいて

$$\boldsymbol{\alpha}_A = \begin{vmatrix} \boldsymbol{i} & \boldsymbol{j} & \boldsymbol{k} \\ \dot{\omega} & 0 & 0 \\ l & 0 & \frac{a}{2} \end{vmatrix} + \begin{vmatrix} \boldsymbol{i} & \boldsymbol{j} & \boldsymbol{k} \\ \omega & 0 & 0 \\ 0 & -\frac{1}{2}a\omega & 0 \end{vmatrix} \tag{7.106}$$

$$= -\frac{1}{2}a\dot{\omega}\boldsymbol{j} - \frac{1}{2}a\omega^2\boldsymbol{k} \tag{7.107}$$

となる。同様にして，支柱 B の重心 $\boldsymbol{r}_B\,(2l, a/2, 0)^T$ の加速度 $\boldsymbol{\alpha}_B$ も求まり

$$\boldsymbol{\alpha}_B = -\frac{1}{2}a\omega^2\boldsymbol{j} + \frac{1}{2}a\dot{\omega}\boldsymbol{k} \tag{7.108}$$

となる。

④　重心絶対座標系に対する支柱それぞれの慣性テンソルを求める。

まず，支柱 A の重心 G_A を原点とする重心絶対座標系に対する慣性テンソル $\boldsymbol{I}_A$ は，回転変換行列 $\boldsymbol{R}$ が単位ベクトル $\boldsymbol{E}$ となるため

$$\boldsymbol{I}_A = \frac{1}{12}ma^2 \begin{bmatrix} 1 & 0 & 0 \\ 0 & 1 & 0 \\ 0 & 0 & 0 \end{bmatrix} \tag{7.109}$$

となる。

同様にして，支柱 B の重心 G_B を原点とする重心絶対座標系に対する慣性テンソル $\boldsymbol{I}_B$ は

$$\boldsymbol{I}_B = \frac{1}{12}ma^2 \begin{bmatrix} 1 & 0 & 0 \\ 0 & 0 & 0 \\ 0 & 0 & 1 \end{bmatrix} \tag{7.110}$$

である。

⑤　角運動量ベクトル $\boldsymbol{L}$ および $\dot{\boldsymbol{L}}$ は

$$\boldsymbol{L} = \boldsymbol{I}\boldsymbol{\omega}, \qquad \overset{\bullet s}{\boldsymbol{L}} = \boldsymbol{I}\dot{\boldsymbol{\omega}}$$

であり，支柱 A については

$$\boldsymbol{L}_A = \boldsymbol{I}_A\boldsymbol{\omega} = \frac{1}{12}ma^2\omega\boldsymbol{i} \tag{7.111}$$

$$\overset{\bullet s}{\boldsymbol{L}}_A = \boldsymbol{I}_A\,\dot{\boldsymbol{\omega}} = \frac{1}{12}ma^2\dot{\omega}\boldsymbol{i} \tag{7.112}$$

で，支柱 B についても同様に計算できて

$$\boldsymbol{L}_B = \boldsymbol{L}_A \tag{7.113}$$

$$\overset{\bullet s}{\boldsymbol{L}}_B = \overset{\bullet s}{\boldsymbol{L}}_A \tag{7.114}$$

となる。

⑥ 各支柱の重心において発生すべきモーメント $\boldsymbol{N}$ は

$$\boldsymbol{N} = \overset{\bullet s}{\boldsymbol{L}} + \boldsymbol{\omega}\times\boldsymbol{L} \tag{7.115}$$

であり，支柱 A, B とも $\boldsymbol{\omega}\times\boldsymbol{L}_A = \boldsymbol{\omega}\times\boldsymbol{L}_B = 0$ であることから

$$\boldsymbol{N}_A = \boldsymbol{N}_B = \frac{1}{12}ma^2\dot{\omega}\boldsymbol{i} \tag{7.116}$$

である。よって

$$\boldsymbol{N} = \boldsymbol{N}_A + \boldsymbol{N}_B = \frac{1}{6}ma^2\dot{\omega}\boldsymbol{i} \tag{7.117}$$

となる。

⑦ 抗力には動的抗力と静的抗力とがあり，前者は $\boldsymbol{F}_P$ と $\boldsymbol{F}_Q$ で，後者は重力による mg である。ここでは，重力による静的抗力は問題を簡単にするため省略する。

力のバランスは，抗力 $\boldsymbol{F}_P + \boldsymbol{F}_Q$ と支柱の重心で発生すべき力 $m(\boldsymbol{\alpha}_A + \boldsymbol{\alpha}_B)$ が一致する条件で決まる。またモーメントのバランスは，絶対座標系の原点を中心として，抗力 $\boldsymbol{F}_P$ によるモーメントおよび外部から加わるモーメント $\boldsymbol{M}$ が支柱の重心を回転させるためのモーメントに一致する条件から出る。ここで，抗力を $\boldsymbol{F}_P(P_x, P_y, P_z)^T$，$\boldsymbol{F}_Q(Q_x, Q_y, Q_z)^T$ とすると，式 (7.118)，(7.119) の運動方程式が成り立つ。

$$\boldsymbol{F}_P + \boldsymbol{F}_Q = m\boldsymbol{\alpha}_A + m\boldsymbol{\alpha}_B \tag{7.118}$$

$$4l\boldsymbol{i}\times\boldsymbol{F}_P + \boldsymbol{M} = \boldsymbol{r}_A\times m\boldsymbol{\alpha}_A + \boldsymbol{r}_B\times m\boldsymbol{\alpha}_B + \boldsymbol{N} \tag{7.119}$$

物体の重心を中心としてバランスを考えるのがつねであるが，ここでは物体全体の中心が求まらない。そのため，解析しやすい点である点 Q を中

心にして解析を行うしかない。まず，式(7.118)から

$$P_x+Q_x=0 \tag{7.120}$$

$$P_y+Q_y=-\frac{1}{2}ma(\dot{\omega}+\omega^2) \tag{7.121}$$

$$P_z+Q_z=\frac{1}{2}ma(\dot{\omega}-\omega^2) \tag{7.122}$$

が得られ，式(7.119)から

$$\begin{vmatrix} \boldsymbol{i} & \boldsymbol{j} & \boldsymbol{k} \\ 4l & 0 & 0 \\ P_x & P_y & P_z \end{vmatrix}+\begin{bmatrix} M \\ 0 \\ 0 \end{bmatrix}$$

$$=m\begin{vmatrix} \boldsymbol{i} & \boldsymbol{j} & \boldsymbol{k} \\ l & 0 & \dfrac{a}{2} \\ 0 & -\dfrac{1}{2}a\dot{\omega} & -\dfrac{1}{2}a\omega^2 \end{vmatrix}+m\begin{vmatrix} \boldsymbol{i} & \boldsymbol{j} & \boldsymbol{k} \\ 2l & \dfrac{a}{2} & 0 \\ 0 & -\dfrac{1}{2}a\omega^2 & \dfrac{1}{2}a\dot{\omega} \end{vmatrix}+\begin{bmatrix} \dfrac{1}{6}ma^2\dot{\omega} \\ 0 \\ 0 \end{bmatrix} \tag{7.123}$$

となる。式(7.123)の $\boldsymbol{i}$ 成分から

$$\dot{\omega}=\frac{3M}{2ma^2} \tag{7.124}$$

$\boldsymbol{j}$ 成分から

$$-4lP_z=-mal\dot{\omega}+\frac{1}{2}mal\omega^2 \tag{7.125}$$

$$P_z=-\frac{1}{4l}\left(-mal\frac{3M}{2ma^2}+\frac{1}{2}mal\omega^2\right)$$

$$\therefore\quad P_z=\frac{3}{8}\frac{M}{a}-\frac{1}{8}ma\omega^2 \tag{7.126}$$

$\boldsymbol{k}$ 成分から

$$4lP_y=-\frac{1}{2}mal\dot{\omega}-mal\omega^2 \tag{7.127}$$

$$P_y = \frac{1}{4l}\left(-\frac{1}{2}mal\frac{3M}{2ma^2} - mal\omega^2\right)$$

$$\therefore \quad P_y = -\frac{3}{16}\frac{M}{a} - \frac{1}{4}ma\omega^2 \tag{7.128}$$

式(7.122)，(7.126)から

$$Q_z = -P_z + \frac{1}{2}ma\frac{3M}{2ma^2} - \frac{1}{2}ma\omega^2 \tag{7.129}$$

$$\therefore \quad Q_z = \frac{3}{8}\frac{M}{a} - \frac{3}{8}ma\omega^2 \tag{7.130}$$

また，式(7.121)，(7.128)から

$$Q_y = -P_y - \frac{1}{2}ma\frac{3M}{2ma^2} - \frac{1}{2}ma\omega^2 \tag{7.131}$$

$$\therefore \quad Q_y = -\frac{9}{16}\frac{M}{a} - \frac{1}{4}ma\omega^2 \tag{7.132}$$

となる。よって F を任意の値とすると，点 P，点 Q ではそれぞれ

$$\boldsymbol{F}_P = \begin{bmatrix} F \\ -\frac{3}{16}\frac{M}{a} - \frac{1}{4}ma\omega^2 \\ \frac{3}{8}\frac{M}{a} - \frac{1}{8}ma\omega^2 \end{bmatrix}, \quad \boldsymbol{F}_Q = \begin{bmatrix} -F \\ -\frac{9}{16}\frac{M}{a} - \frac{1}{4}ma\omega^2 \\ \frac{3}{8}\frac{M}{a} - \frac{3}{8}ma\omega^2 \end{bmatrix} \tag{7.133}$$

の抗力が生ずる。

7.8 平面ベクトルによる機構の解析

今まで 3 次元ベクトルによる立体機構について論じてきたが，2 次元平面のみで運動する機構も少なくない。3 次元ベクトルで解析するより，2 次元に限定した方が取扱いが簡素になる。ニュートン・オイラー法を用いた 2 次元機構の解析について述べる。

7.8.1　平面ベクトル

対象が xy 平面になるので，すべてのベクトル $\boldsymbol{R}$ は

$$\boldsymbol{R}=\begin{bmatrix}R_x\\R_y\end{bmatrix} \tag{7.134}$$

の2次元で表される。このベクトル $\boldsymbol{R}$ は，最初，x 軸方向を向いている基準ベクトル $\boldsymbol{r}\,(r,0)^T$ があり，これを z 軸まわりに正方向に θ 回転した後に得られるベクトルとする。z 軸まわりに角度 θ の回転を行う回転行列を $\boldsymbol{E}^{\theta}$ とし

$$\boldsymbol{E}^{\theta}=\begin{bmatrix}\cos\theta & -\sin\theta\\ \sin\theta & \cos\theta\end{bmatrix} \tag{7.135}$$

として取り扱う。これから，一般の平面ベクトルは

$$\boldsymbol{R}=\boldsymbol{E}^{\theta}\,(\boldsymbol{r}) \tag{7.136}$$

$$\begin{bmatrix}R_x\\R_y\end{bmatrix}=\begin{bmatrix}\cos\theta & -\sin\theta\\ \sin\theta & \cos\theta\end{bmatrix}\begin{bmatrix}r\\0\end{bmatrix}=\begin{bmatrix}r\cos\theta\\ r\sin\theta\end{bmatrix} \tag{7.137}$$

で示される。平面ベクトルでは回転軸は必ず $\boldsymbol{k}$ 軸まわりになるので省略する。

7.8.2　平面ベクトルの微分

平面ベクトルの微分は

$$\dot{\boldsymbol{R}}=\dot{\boldsymbol{E}}^{\theta}(\boldsymbol{r})+\boldsymbol{E}^{\theta}(\dot{\boldsymbol{r}}) \tag{7.138}$$

で示される。ここで

$$\begin{aligned}\dot{\boldsymbol{E}}^{\theta}&=\frac{d}{dt}\begin{bmatrix}\cos\theta & -\sin\theta\\ \sin\theta & \cos\theta\end{bmatrix}=\dot{\theta}\begin{bmatrix}-\sin\theta & -\cos\theta\\ \cos\theta & -\sin\theta\end{bmatrix}\\ &=\dot{\theta}\begin{bmatrix}\cos\left(\theta+\frac{\pi}{2}\right) & -\sin\left(\theta+\frac{\pi}{2}\right)\\ \sin\left(\theta+\frac{\pi}{2}\right) & \cos\left(\theta+\frac{\pi}{2}\right)\end{bmatrix}\end{aligned} \tag{7.139}$$

であるから

$$\dot{\boldsymbol{E}}^{\theta}=\dot{\theta}\boldsymbol{E}^{\theta+\frac{\pi}{2}} \tag{7.140}$$

とも表記できる。また

$$\boldsymbol{E}^{\theta+\frac{\pi}{2}}=\boldsymbol{E}^{\theta}\boldsymbol{E}^{\frac{\pi}{2}} \tag{7.141}$$

である。ここで

$$\boldsymbol{E}^{\frac{\pi}{2}}=\begin{bmatrix}0 & -1\\ 1 & 0\end{bmatrix}\equiv\boldsymbol{D} \tag{7.142}$$

となる。$\boldsymbol{D}$ は，xy 平面上でベクトルの方向を 90° だけ左回転する行列であり，**微分演算行列**といわれている。この行列 $\boldsymbol{D}$ を使って $\dot{\boldsymbol{E}}^{\theta}$ は

$$\dot{\boldsymbol{E}}^{\theta}=\dot{\theta}\boldsymbol{E}^{\theta}\boldsymbol{D}=\dot{\theta}\boldsymbol{D}\boldsymbol{E}^{\theta} \tag{7.143}$$

と表すこともできる。これを用いれば $\boldsymbol{R}$ の 1 階微分 $\dot{\boldsymbol{R}}$ は

$$\dot{\boldsymbol{R}}=\dot{\theta}\boldsymbol{D}\boldsymbol{E}^{\theta}(\boldsymbol{r})+\boldsymbol{E}^{\theta}(\dot{\boldsymbol{r}}) \tag{7.144}$$

$$=\dot{\theta}\boldsymbol{D}\boldsymbol{R}+\boldsymbol{E}^{\theta}(\dot{\boldsymbol{r}}) \tag{7.145}$$

である。同様に，2 階微分 $\ddot{\boldsymbol{R}}$ は式（7.144）をさらに微分して

$$\ddot{\boldsymbol{R}}=\ddot{\theta}\boldsymbol{D}\boldsymbol{E}^{\theta}(\boldsymbol{r})+\dot{\theta}\boldsymbol{D}\dot{\boldsymbol{R}}+\dot{\boldsymbol{E}}^{\theta}(\dot{\boldsymbol{r}})+\boldsymbol{E}^{\theta}(\ddot{\boldsymbol{r}}) \tag{7.146}$$

$$=\ddot{\theta}\boldsymbol{D}\boldsymbol{E}^{\theta}(\boldsymbol{r})+\dot{\theta}\boldsymbol{D}\left\{\dot{\theta}\boldsymbol{D}\boldsymbol{E}^{\theta}(\boldsymbol{r})+\boldsymbol{E}^{\theta}(\dot{\boldsymbol{r}})\right\}+\dot{\theta}\boldsymbol{D}\boldsymbol{E}^{\theta}(\dot{\boldsymbol{r}})+\boldsymbol{E}^{\theta}(\ddot{\boldsymbol{r}})$$

$$=\ddot{\theta}\boldsymbol{D}\boldsymbol{E}^{\theta}(\boldsymbol{r})+\dot{\theta}^{2}\boldsymbol{D}^{2}\boldsymbol{E}^{\theta}(\boldsymbol{r})+2\dot{\theta}\boldsymbol{D}\boldsymbol{E}^{\theta}(\dot{\boldsymbol{r}})+\boldsymbol{E}^{\theta}(\ddot{\boldsymbol{r}})$$

$$=\boldsymbol{E}^{\theta}\left(\ddot{\boldsymbol{r}}+\ddot{\theta}\boldsymbol{D}\boldsymbol{r}+2\dot{\theta}\boldsymbol{D}\dot{\boldsymbol{r}}+\dot{\theta}^{2}\boldsymbol{D}^{2}\boldsymbol{r}\right) \tag{7.147}$$

と示される。

ここで $\boldsymbol{D}^2$ は

$$\boldsymbol{D}^{2}=\boldsymbol{E}^{\pi}=\begin{bmatrix}\cos\pi & -\sin\pi\\ \sin\pi & \cos\pi\end{bmatrix}=\begin{bmatrix}-1 & 0\\ 0 & -1\end{bmatrix} \tag{7.148}$$

である。$\boldsymbol{D}^2$ は，ベクトルを xy 平面内で 180° 左回転する操作で，向きを反対にすることがわかる。

ここで式（7.145）から，ベクトル $\boldsymbol{R}$ の 1 階微分 $\dot{\boldsymbol{R}}$ の意味を考えてみる。**図 7.11**（a）に示すように，ベクトル $\boldsymbol{R}$ を変位ベクトルとすると，$\dot{\boldsymbol{R}}$ は速度ベク

トルとなる。それは，$\boldsymbol{R}\,(=\boldsymbol{E}^{\theta}(\boldsymbol{r}))$ 方向を向いた $\dot{\boldsymbol{r}}$ 成分 $(\boldsymbol{E}^{\theta}(\dot{\boldsymbol{r}}))$ と，$\boldsymbol{R}$ から 90° 回転した接線方向を向いた $\dot{\theta}\boldsymbol{r}$ 成分 $(\dot{\theta}\boldsymbol{E}^{\theta+\frac{\pi}{2}}(\boldsymbol{r})$ または $\dot{\theta}\boldsymbol{D}\boldsymbol{E}^{\theta}(\boldsymbol{r}))$ の和として示される。

つぎに，$\ddot{\boldsymbol{R}}$ は加速度ベクトルである。**図 7.11**(*b*) からわかるように，$\boldsymbol{R}$ 方向の $\ddot{\boldsymbol{r}}$ 成分 $(\boldsymbol{E}^{\theta}(\ddot{\boldsymbol{r}}))$，$\boldsymbol{R}$ 方向から 90° 回転した接線方向への角加速度による $\ddot{\theta}\boldsymbol{r}$ 成分　$(\ddot{\theta}\boldsymbol{E}^{\theta+\frac{\pi}{2}}(\boldsymbol{r}))$，コリオリ加速度の $2\dot{\theta}\dot{\boldsymbol{r}}$ 成分 $(2\dot{\theta}\boldsymbol{E}^{\theta+\frac{\pi}{2}}(\dot{\boldsymbol{r}}))$，さらに $\boldsymbol{R}$ 方向から 180° 回転した，つまり $\boldsymbol{R}$ とは逆方向を向いた求心加速度の $\dot{\theta}^2\boldsymbol{r}$ 成分 $(\dot{\theta}^2\,\boldsymbol{E}^{\theta+\pi}(\boldsymbol{r})$ あるいは $\dot{\theta}^2\,\boldsymbol{D}^2\boldsymbol{E}^{\theta}(\boldsymbol{r}))$ のすべての和となっている。

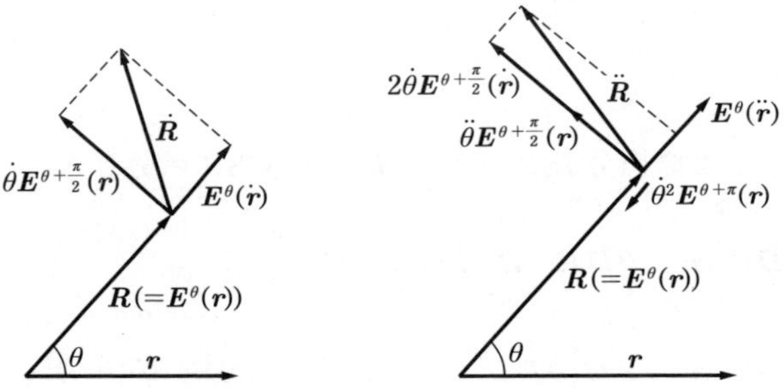

(*a*)　1 階微分成分　　　　(*b*)　2 階微分成分

図 7.11　ベクトル $\boldsymbol{R}$ の微分成分

7.8.3　平面三角法の解法

平面機構は，三つの平面ベクトルから成る三角形要素の組合せで，未知数の存在の仕方によって四つのケースに分類される。三角形の入力端から順に解いて未知数を求めていくことにより，すべての平面出力端の出力運動を求めることができる。牧野によって提案された平面三角の解法について，2 次元ベクトルを用いて説明する。

平面三角のベクトル方程式は三つのベクトルから成り，方向と長さの計 6 個の変数がある。このうち，一般には二つの変数が未知数となる。そのため，三つのベクトルのうち一つは必ず，方向と長さが既知のベクトルである。この既知ベクトルを $\boldsymbol{A}$ $(=\boldsymbol{E}^{\alpha}(\boldsymbol{a})$ あるいは $(A_x,\ A_y)^T)$ とする。それ以外のベクトルを $\boldsymbol{B}\,(=\boldsymbol{E}^{\beta}(\boldsymbol{b})$ あ

表 7.1 平面三角形ベクトルの未知数問題

分 類	方程式と未知数 (未知数を▽で示す)	幾何学的意味	解の数
ケース 1	$\boldsymbol{A}=E^{\overset{\triangledown}{\beta}}(\overset{\triangledown}{\boldsymbol{b}})-\boldsymbol{C}$	ベクトルの和	1
ケース 2	$\boldsymbol{A}=E^{\beta}(\overset{\triangledown}{\boldsymbol{b}})-E^{\gamma}(\overset{\triangledown}{\boldsymbol{c}})$	直線と直線の交点	1
ケース 3	$\boldsymbol{A}=E^{\overset{\triangledown}{\beta}}(\boldsymbol{b})-E^{\gamma}(\overset{\triangledown}{\boldsymbol{c}})$	直線と円の交点	2
ケース 4	$\boldsymbol{A}=E^{\overset{\triangledown}{\beta}}(\boldsymbol{b})-E^{\overset{\triangledown}{\gamma}}(\boldsymbol{c})$	円と円の交点	2

ただし，$\boldsymbol{a}=(a,\ 0)^T$，$\boldsymbol{b}=(b,\ 0)^T$，$\boldsymbol{c}=(c,\ 0)^T$

るいは $(B_x,\ B_y)^T$)，$\boldsymbol{C}$ $(=\boldsymbol{E}^{\gamma}(\boldsymbol{c})$ あるいは $(C_x,\ C_y)^T$) とすると，未知数の存在は表 7.1 のように4種類になる。表に記されている▽が未知数である。以下，順を追って解法と例について説明する。

〔1〕 **ケース1の解法と例**　図 7.12 のように，既知ベクトル $\boldsymbol{A}$ の始点から伸びる長さも方向も未知のベクトル $\boldsymbol{B}$ と，ベクトル $\boldsymbol{A}$ の終点から伸びるベクトル $\boldsymbol{C}$ とによって，三角形がつくられている。$\boldsymbol{b}=(b,\ 0)^T$ とすれば，未知数は β, b である。ここで，$\sin\alpha=S_\alpha$，$\cos\alpha=C_\alpha$ とおくと

$$\boldsymbol{A}=\boldsymbol{E}^{\beta}(\boldsymbol{b})-\boldsymbol{C} \tag{7.149}$$

$$\boldsymbol{E}^{\beta}(\boldsymbol{b})=\boldsymbol{A}+\boldsymbol{C}=\boldsymbol{E}^{\alpha}(\boldsymbol{a})+\boldsymbol{E}^{\gamma}(\boldsymbol{c}) \tag{7.150}$$

$$\begin{bmatrix} C_\beta & -S_\beta \\ S_\beta & C_\beta \end{bmatrix}\begin{bmatrix} b \\ 0 \end{bmatrix}=\begin{bmatrix} C_\alpha & -S_\alpha \\ S_\alpha & C_\alpha \end{bmatrix}\begin{bmatrix} a \\ 0 \end{bmatrix}+\begin{bmatrix} C_\gamma & -S_\gamma \\ S_\gamma & C_\gamma \end{bmatrix}\begin{bmatrix} c \\ 0 \end{bmatrix} \tag{7.151}$$

よって

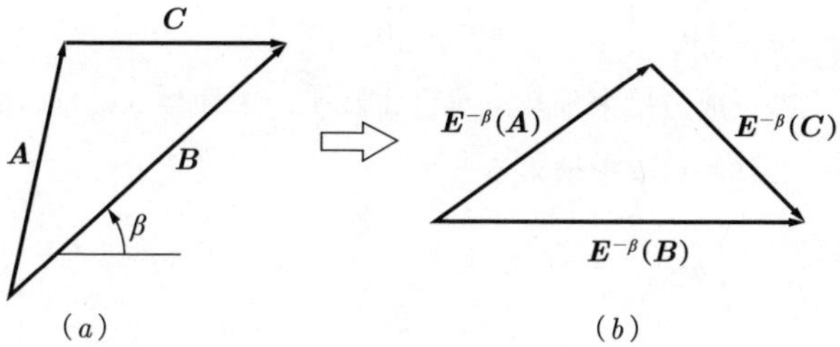

図 7.12 ケース1のベクトル三角形

$$\left.\begin{aligned} bC_\beta &= aC_\alpha + cC_\gamma \\ bS_\beta &= aS_\alpha + cS_\gamma \end{aligned}\right\} \tag{7.152}$$

式（7.152）の2式から，まず β が求まる。

$$\beta = \arctan 2\,(a\sin\alpha + c\sin\gamma,\ \ a\cos\alpha + c\cos\gamma) \tag{7.153}$$

ここで arctan2(A, B)は，PC で $\tan^{-1}(A/B)$を計算するときに用いる関数である。A, B の正負の判定で $-180° < \theta < 180°$ の範囲の値をとる。

式（7.150）の両辺に $\boldsymbol{E}^{-\beta}$を乗ずると

$$\boldsymbol{b} = \boldsymbol{E}^{\alpha-\beta}(\boldsymbol{a}) + \boldsymbol{E}^{\gamma-\beta}(\boldsymbol{c}) \tag{7.154}$$

$$\begin{bmatrix} b \\ 0 \end{bmatrix} = \begin{bmatrix} C_{\alpha-\beta} & -S_{\alpha-\beta} \\ S_{\alpha-\beta} & C_{\alpha-\beta} \end{bmatrix}\begin{bmatrix} a \\ 0 \end{bmatrix} + \begin{bmatrix} C_{\gamma-\beta} & -S_{\gamma-\beta} \\ S_{\gamma-\beta} & C_{\gamma-\beta} \end{bmatrix}\begin{bmatrix} c \\ 0 \end{bmatrix} \tag{7.155}$$

$$\therefore\quad b = a\cos(\alpha-\beta) + c\cos(\gamma-\beta) \tag{7.156}$$

以上の式（7.153），（7.154）から，未知数 β, b が求まる。

〔2〕 ケース2の解法と例　　**図7.13** のように，既知ベクトル $\boldsymbol{A}$ の両端から，方向は既知であるが長さが未知の二つのベクトル $\boldsymbol{B}$，$\boldsymbol{C}$ が伸びて1点で交わり，三角形をつくっている。平面三角形の微分操作で生ずるもので，ベクトル方程式

$$\boldsymbol{A} = \boldsymbol{E}^{\beta}(\boldsymbol{b}) - \boldsymbol{E}^{\gamma}(\boldsymbol{c}) \tag{7.157}$$

において未知数は $\boldsymbol{b} = (b, 0)^T$，$\boldsymbol{c} = (c, 0)^T$ である。式（7.157）の両辺に $\boldsymbol{E}^{-\gamma}$を乗ずると

$$\begin{bmatrix} C_{\alpha-\gamma} & -S_{\alpha-\gamma} \\ S_{\alpha-\gamma} & C_{\alpha-\gamma} \end{bmatrix}\begin{bmatrix} a \\ 0 \end{bmatrix} = \begin{bmatrix} C_{\beta-\gamma} & -S_{\beta-\gamma} \\ S_{\beta-\gamma} & C_{\beta-\gamma} \end{bmatrix}\begin{bmatrix} b \\ 0 \end{bmatrix} - \begin{bmatrix} c \\ 0 \end{bmatrix} \tag{7.158}$$

となる。この式の y 成分は未知数 c が含まれず，未知数 b のみの関数となっている。よって，これから b を求めると

$$b = \frac{\sin(\alpha-\gamma)}{\sin(\beta-\gamma)}a \tag{7.159}$$

となる。同様に，式（7.157）の両辺に $\boldsymbol{E}^{-\beta}$を乗ずると

$$\begin{bmatrix} C_{\alpha-\beta} & -S_{\alpha-\beta} \\ S_{\alpha-\beta} & C_{\alpha-\beta} \end{bmatrix}\begin{bmatrix} a \\ 0 \end{bmatrix} = \begin{bmatrix} b \\ 0 \end{bmatrix} - \begin{bmatrix} C_{\gamma-\beta} & -S_{\gamma-\beta} \\ S_{\gamma-\beta} & C_{\lambda-\beta} \end{bmatrix}\begin{bmatrix} c \\ 0 \end{bmatrix} \tag{7.160}$$

となるので，y 成分から

$$c=-\frac{\sin(\alpha-\beta)}{\sin(\gamma-\beta)}a \qquad (7.161)$$

となる。

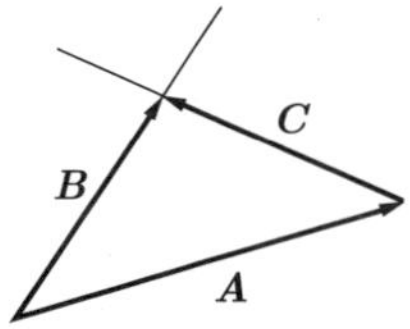

図 7.13 ケース 2 のベクトル図

ベクトル $\boldsymbol{A}$ が $(A_x, A_y)^T$ と表記された場合は，式 (7.157) の両辺に $\boldsymbol{E}^{-\gamma}$ を乗ずると

$$\begin{bmatrix} C_\gamma & S_\gamma \\ -S_\gamma & C_\gamma \end{bmatrix}\begin{bmatrix} A_x \\ A_y \end{bmatrix}=\begin{bmatrix} C_{\beta-\gamma} & -S_{\beta-\gamma} \\ S_{\beta-\gamma} & C_{\beta-\gamma} \end{bmatrix}\begin{bmatrix} b \\ 0 \end{bmatrix}-\begin{bmatrix} c \\ 0 \end{bmatrix} \qquad (7.162)$$

となるので，y 成分から

$$b=\frac{-A_x\sin\gamma+A_y\cos\gamma}{\sin(\beta-\gamma)} \qquad (7.163)$$

となる。同様に式 (7.157) の両辺に $\boldsymbol{E}^{-\beta}$ を乗じて，y 成分から

$$c=\frac{A_x\sin\beta-A_y\cos\beta}{\sin(\gamma-\beta)} \qquad (7.164)$$

と求まる。

〔3〕 **ケース 3 の解法**　　図 7.14 のように，既知ベクトル $\boldsymbol{A}$ の始点を中心として，長さが既知で方向が未知のベクトル $\boldsymbol{B}$ がつくる円弧がある。つぎに，ベクトル $\boldsymbol{A}$ の終点から伸びる長さが未知で方向が既知のベクトル $\boldsymbol{C}$ がつくる直線と，ベクトル $\boldsymbol{B}$ のつくる円弧との交点を頂点に持つ三角形に該当する場合である。未知数は β, c，解は通常二つ存在する。

$$\boldsymbol{E}^{\alpha}(\boldsymbol{a})=\boldsymbol{E}^{\beta}(\boldsymbol{b})-\boldsymbol{E}^{\gamma}(\boldsymbol{c}) \qquad (7.165)$$

において，両辺に $\boldsymbol{E}^{-\gamma}$ を乗ずると

$$\begin{bmatrix} C_{\alpha-\gamma} & -S_{\alpha-\gamma} \\ S_{\alpha-\gamma} & C_{\alpha-\gamma} \end{bmatrix}\begin{bmatrix} a \\ 0 \end{bmatrix}=\begin{bmatrix} C_{\beta-\gamma} & -S_{\beta-\gamma} \\ S_{\beta-\gamma} & C_{\beta-\gamma} \end{bmatrix}\begin{bmatrix} b \\ 0 \end{bmatrix}-\begin{bmatrix} c \\ 0 \end{bmatrix} \tag{7.166}$$

未知数 c を消すため，y 成分を考えると

$$aS_{\alpha-\gamma}=bS_{\beta-\gamma} \tag{7.167}$$

$$\sin(\beta-\gamma)=\frac{a}{b}\sin(\alpha-\gamma)\equiv S^* \tag{7.168}$$

となる。これから

$$\cos(\beta-\gamma)=\pm\sqrt{1-{S^*}^2} \tag{7.169}$$

よって，未知数 β は

$$\beta=\arctan 2\left(S^*,\pm\sqrt{1-{S^*}^2}\right)+\gamma \tag{7.170}$$

と求まる。c は式(7.166)の x 成分から

$$c=-a\cos(\alpha-\gamma)+b\cos(\beta-\gamma) \tag{7.171}$$

として得られる。

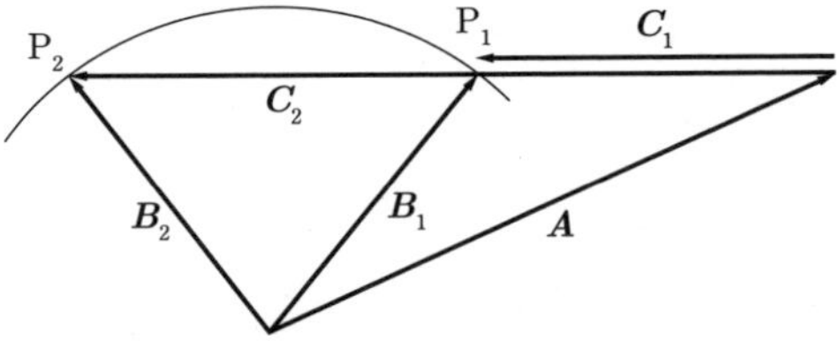

図 7.14　ケース3のベクトル三角形

〔4〕 **ケース4の解法**　　**図 7.15** のように既知ベクトル $\boldsymbol{A}$ の両端を始点とし，長さが既知で方向の定まらないベクトル $\boldsymbol{B}$ と $\boldsymbol{C}$ とが描く円弧状の交点を頂点に持つ三角形である。ベクトル方程式

$$\boldsymbol{E}^{\alpha}(\boldsymbol{a})=\boldsymbol{E}^{\beta}(\boldsymbol{b})-\boldsymbol{E}^{\gamma}(\boldsymbol{c}) \tag{7.172}$$

において，未知数は二つの角度 β, γ である。解は，**図 7.15** を見てわかるように二つ存在する。

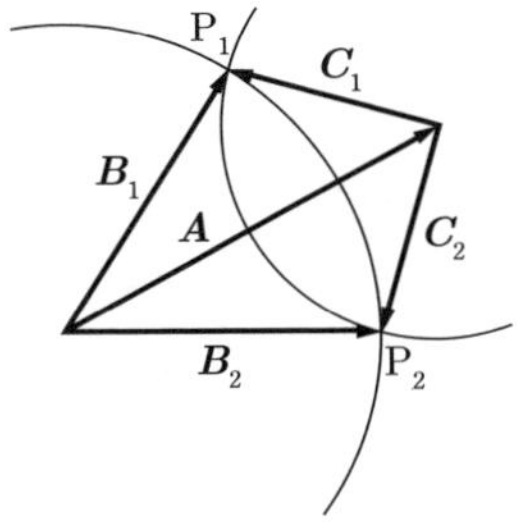

図 7.15　ケース4のベクトル三角形

式(7.172)の両辺に $\boldsymbol{E}^{-\alpha}$ を乗じ，x，y 成分をとって整理すると

$$\left.\begin{aligned} b\cos(\beta-\alpha)-a&=c\cos(\gamma-\alpha) \\ b\sin(\beta-\alpha)&=c\sin(\gamma-\alpha) \end{aligned}\right\} \tag{7.173}$$

両辺を2乗して加えると

$$a^2-2ab\cos(\beta-\alpha)+b^2=c^2 \tag{7.174}$$

$$\therefore \quad \cos(\beta-\alpha)=\frac{a^2+b^2-c^2}{2ab}\equiv C^* \tag{7.175}$$

となる。領域を±180° の範囲で定めるため

$$\sin(\beta-\alpha)=\pm\sqrt{1-C^{*2}} \tag{7.176}$$

とすると

$$\beta=\alpha+\arctan 2(\pm\sqrt{1-C^{*2}},C^*) \tag{7.177}$$

と角度 β が求まる。符号は，ベクトル $\boldsymbol{A}$ の進行方向に対して左側の場合は＋，右側の場合は－とする。

一方，角度 γ は式(7.173)の x，y 成分の割り算から求まり

$$\gamma=\alpha+\arctan 2(b\sin(\beta-\alpha),\ b\cos(\beta-\alpha)-a) \tag{7.178}$$

となる。

演　習　問　題

【1】 図 ***7.16*** は R_1 がジョイント P_a を軸として回転すると，スライダ P_c がジョイント P_b を軸として回転する棒上を左右にスライドしながら上下に振り子運動をするスライダリンクである。R_1 が角速度 $\dot{\theta}_1=1°/\mathrm{s}$ で回転するとき，棒が水平軸となす角度 θ_2，角速度 $\dot{\theta}_2$，角加速度 $\ddot{\theta}_2$ を求めよ。ただし，$R_1=0.5\,\mathrm{m}$，$R_2=1.5\,\mathrm{m}$ とする。

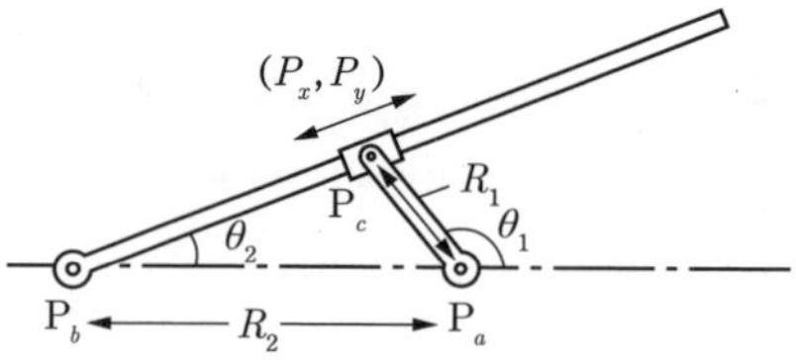

図 ***7.16***　スライダリンク機構

【2】 図 ***7.17*** は，偏心回転中心 P_a を持つ円板が回転して，ローラ P_c 付き軸の先端が上下運動する直動カム機構である。円板中心 P_b と回転中心 P_a の距離を $0.5\,\mathrm{m}$，円板の半径を $1.0\,\mathrm{m}$，直動カム先端ローラの半径を $0.3\,\mathrm{m}$ とし，P_a は反時計方向に $1°/\mathrm{s}$ で回転するとする。このとき，回転中心 P_a と直動カム先端ローラ中心 P_c の距離 r，$\dot{r}$ および $\ddot{r}$ の時間変化を求めよ。

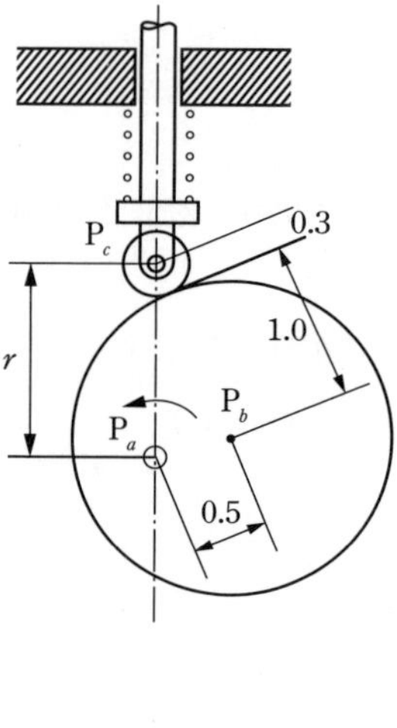

図 ***7.17***　偏心円板による直動カム機構

8

マニピュレータの運動学解析

7 章まで論じた空間および平面機構のベクトル解析法に基づき，ロボットマニピュレータの解析に入る。マニピュレータの運動を求める方法には二つのアプローチがある。一つはマニピュレータを構成する各関節の角度が与えられたときに先端の位置と姿勢を導く**順運動学**（direct kinematics，略して DK）**解析法**であり，二つ目はその逆で，マニピュレータアーム先端の位置と姿勢が与えられたときに各関節角を求める**逆運動学**（inverse kinematics，略して IK）**解析法**である。本章では，空間姿勢の表し方から順を追って解説することにする。

8.1 マニピュレータ空間姿勢の表示法

マニピュレータの関節角度を制御するためには，空間姿勢を設定せねばならない。ここではその表示方法について述べる。

3 次元空間では方向は三つのパラメータによって与えられるが，単一のベクトルだけでは方向は記述できない。ある単位ベクトル $\boldsymbol{a}(a_x, a_y, a_z)^T$ を考えてみた場合，その成分 a_x，a_y，a_z の間には

$$a_x{}^2 + a_y{}^2 + a_z{}^2 = 1 \tag{8.1}$$

の関係があるため，独立変数は二つしかない。ベクトルを表記する矢印は方向を示すことはできるが，矢印自身の軸まわりの回転は表現できない。そのため，単位ベクトルで示す主軸ベクトル $\boldsymbol{a}(a_x, a_y, a_z)^T$ のほかに，$\boldsymbol{a}$ に垂直に立てられ，姿勢を示すための単位ベクトル $\boldsymbol{b}(b_x, b_y, b_z)^T$ が必要である。これを副軸ベクトルとすれば

$$(\boldsymbol{a},\boldsymbol{b})=\begin{bmatrix} a_x & b_x \\ a_y & b_y \\ a_z & b_z \end{bmatrix} \tag{8.2}$$

と記述される。これらの変数は6個であるが，それらは単位ベクトルであることから

$$a_x^2+a_y^2+a_z^2=1 \tag{8.3}$$

$$b_x^2+b_y^2+b_z^2=1 \tag{8.4}$$

であり，$\boldsymbol{a}, \boldsymbol{b}$ が直交し $\boldsymbol{a}\cdot\boldsymbol{b}=\boldsymbol{0}$ であるから

$$a_xb_x+a_yb_y+a_zb_z=0 \tag{8.5}$$

の三つの関係が成り立つ。独立変数は三つとなり，**図 8.1** のようにベクトルの方向と回転が自動的に決まる。これらのベクトルを回転する場合には

$$\boldsymbol{E}^{\omega\theta}(\boldsymbol{a},\ \boldsymbol{b}) \tag{8.6}$$

のように $\boldsymbol{a}, \boldsymbol{b}$ ともに同時に回転変換を行えばよいことになる。

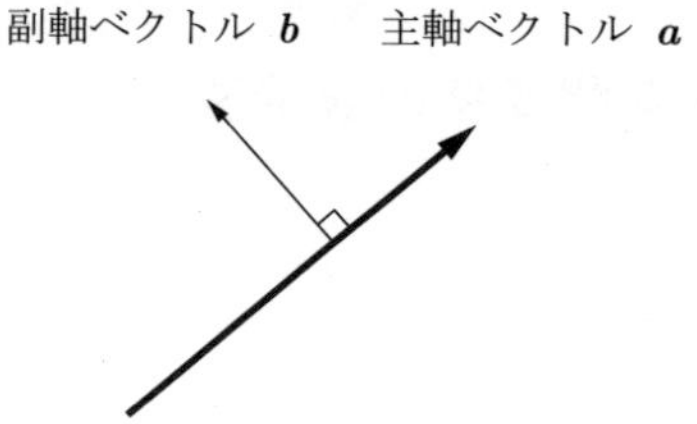

図 8.1　主軸ベクトルと副軸ベクトル

8.2　オイラー角

主軸ベクトルと副軸ベクトルで姿勢を表示する方法では変数が6個あり，ロボットハンドの姿勢を決める場合，主副全部で6個のベクトルパラメータを与えなければならない。これに対し，絶対座標系についての回転で表す方法あるいは相対座標系についての回転で表す方法があり，いずれも三つの回転角で姿勢を表示できる。ここで，後者の相対座標系についての回転で表す角を**オイラー角**（Euler angle）という。

オイラー角については軸のとり方が種々あるが，一般にはα，β，γの三つの回転角を用いる方法がとられている。**図 8.2** に示すように，マニピュレータの基台点O（点P_0）の水平手前にx軸，垂直にz軸，これらに直交して右手系を構成するようにy軸を有する座標系を設ける。マニピュレータの先端アームは任意に姿勢をとれるものとする。アームのオイラー角は，アームの主軸ベクトルをxy平面に投影したベクトルとする。x軸がxy平面でなす角度をα，アームの主軸ベクトルがz軸となす角度をβ，さらにアームの主軸ベクトルが自分自身の軸まわりに回転する角度をγとする。**図 8.2** からわかるように，下側のz軸まわりの角度αの回転と，回転後のy軸まわりの角度βの回転，さらに回転後の上側軸z軸まわりの角度γの回転で姿勢が定まる。

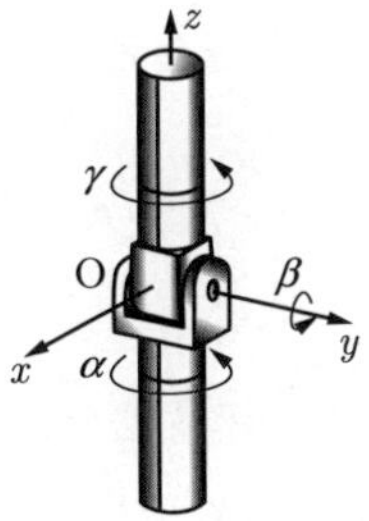

図 8.2 3自由度マニピュレータによるオイラー角

回転の順序が重要で，α，β，γの順に回転していくと，β，γの回転を行うための回転軸は回転後の軸となってしまう。しかし，逆にγ，β，αの順に回転していくと回転軸は絶対座標系の軸で，つまり順にz軸，y軸，さらにz軸に一致し，回転変換行列によってオイラー変換後のベクトルが定義できることになる。

回転変換前に主軸ベクトル$\hat{\boldsymbol{a}}$がz軸$(0,0,1)^T$に一致し，副軸ベクトル$\hat{\boldsymbol{b}}$がx軸$(1,0,0)^T$に一致して与えられたとすると，オイラー変換後の主軸・副軸ベクトルの（$\boldsymbol{a}$, $\boldsymbol{b}$）は

$$(\boldsymbol{a},\boldsymbol{b})=\boldsymbol{E}^{k\alpha}\,\boldsymbol{E}^{j\beta}\,\boldsymbol{E}^{k\gamma}\begin{bmatrix}0 & 1\\ 0 & 0\\ 1 & 0\end{bmatrix} \tag{8.7}$$

となる。これを解いて

$$\begin{bmatrix} a_x & b_x \\ a_y & b_y \\ a_z & b_z \end{bmatrix} = \begin{bmatrix} C_\alpha S_\beta & C_\alpha C_\beta C_\gamma - S_\alpha S_\gamma \\ S_\alpha S_\beta & S_\alpha C_\beta C_\gamma + C_\alpha S_\gamma \\ C_\beta & -S_\beta C_\gamma \end{bmatrix} \tag{8.8}$$

となる。これから，オイラー角α, β, γが与えられたとき，主軸・副軸ベクトル（$\boldsymbol{a}$, $\boldsymbol{b}$）の成分がわかる。逆に，オイラー角α, β, γを$\boldsymbol{a}$, $\boldsymbol{b}$の成分で記述する式は，式(8.8)の演算によって求められ

$$\left.\begin{aligned} &\alpha = \arctan 2\,(a_y,\, a_x) \quad \text{または} \quad \alpha = \arctan 2\,(a_y,\, a_x) + \pi \\ &\beta = \arctan 2\,(C_\alpha a_x + S_\alpha a_y,\, a_z) \\ &\gamma = \arctan 2\,(-S_\beta (C_\alpha b_y - S_\alpha b_x),\, b_z) \end{aligned}\right\} \tag{8.9}$$

となる。ここで$\arctan 2\,(a_y, a_x) = \arctan 2\,(S_\alpha S_\beta,\ C_\alpha S_\beta)$で，$S_\beta$が消去されてしまう。このため，$S_\beta$に含まれる$-\pi < \beta < 0$の場合を考慮する必要がある。このように，オイラー角には二つの解が存在する。

■　ロール角，ピッチ角およびヨー角

一般にロボットハンドの姿勢を絶対座標系で示す場合，ロール（roll, R）角，ピッチ（pitch, P）角およびヨー（yaw, Y）角のRPY角が使われる。例えば**図 8.3** のように，3次元の動きをする飛行機や船などの姿勢を示す表記に使われる。

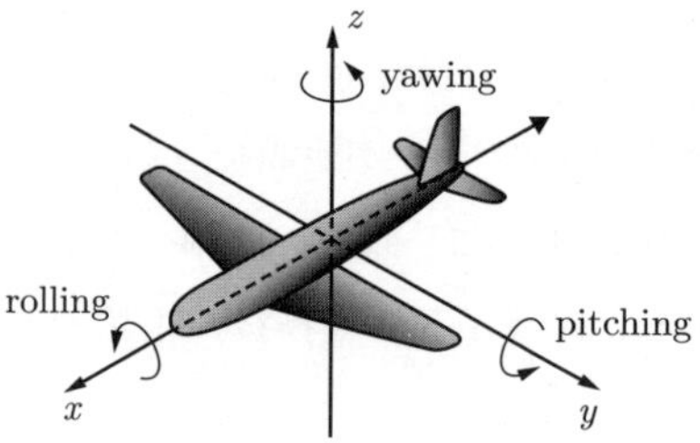

図 8.3　乗り物のロール角，ピッチ角およびヨー角

RPY角と主軸・副軸ベクトルの関係は，回転が絶対座標系で表記されていればそのままの順番で導ける。基本姿勢で，主軸ベクトル$\hat{\boldsymbol{a}}$がx軸，副軸ベクト

ル $\hat{\boldsymbol{b}}$ が z 軸に一致している場合，RPY 角の変換後の主軸・副軸ベクトル（$\boldsymbol{a}$，$\boldsymbol{b}$）は

$$(\boldsymbol{a},\boldsymbol{b})=\boldsymbol{E}^{kY}\boldsymbol{E}^{jP}\boldsymbol{E}^{iR}\begin{bmatrix}1&0\\0&0\\0&1\end{bmatrix} \tag{8.10}$$

と示されるので，これを解いて

$$\begin{bmatrix}a_x&b_x\\a_y&b_y\\a_z&b_z\end{bmatrix}=\begin{bmatrix}C_YC_P&C_YS_PC_R+S_YS_R\\S_YC_P&S_YS_PC_R-C_YS_R\\-S_P&C_PC_R\end{bmatrix} \tag{8.11}$$

である。式（8.11）は，ロール，ピッチ，ヨーの RPY 角が与えられたときの主軸・副軸ベクトル（$\boldsymbol{a}$, $\boldsymbol{b}$）の成分である。逆に主軸・副軸ベクトル（$\boldsymbol{a}$, $\boldsymbol{b}$）がわかっている場合，ロール，ピッチ，ヨーの3角は，式（8.11）から

$$Y=\arctan 2\,(a_y,\,a_x),\quad \text{または}\ Y=\arctan 2\,(a_y,\,a_x)+\pi$$
$$P=\arctan 2\,(-a_zS_Y,\,a_y)$$
$$R=\arctan 2\,(C_P(S_Yb_x-C_Yb_Y),\,b_z) \tag{8.12}$$

となり，この式にも二つの解が存在する。

8.3 マニピュレータの表示方法

マニピュレータは複数の関節を持つリンク機構で構成され，その節と節の結合部を関節と呼ぶ。関節には1自由度の回転関節と直動関節とがある。自由度とは機構の可動性を示すもので，1自由度は動作が可能な軸方向が一つであることを意味する。1自由度の関節は**図8.4**に示す記号で表され，直動（図（a）），回転（図（b）），旋回（図（c））に分けられる。リンク機構の構成は，**図8.5**に示すように先端が空間で開放された開リンク機構（図（a））と，拘束された閉リンク機構（図（b））とがある。多くの場合，作業空間を広げるため開リンク機構の形をしている。この場合，**図8.6**（a）のように一端が基台として固定され，他端が作業器となることが多い。

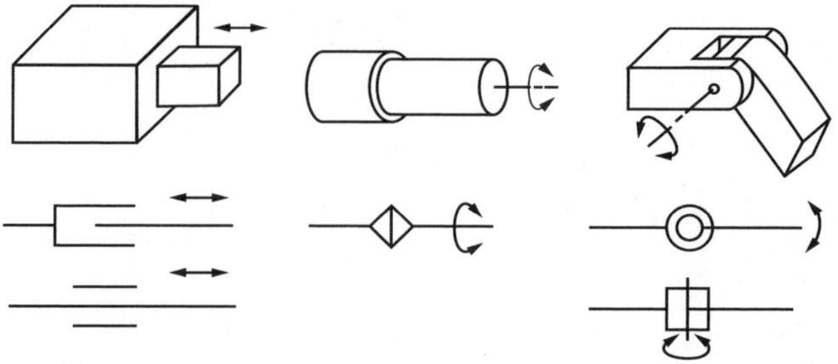

（*a*）直　動　　（*b*）回　転　　（*c*）回転（旋回）

図 8.4　マニピュレータ関節自由度の種類

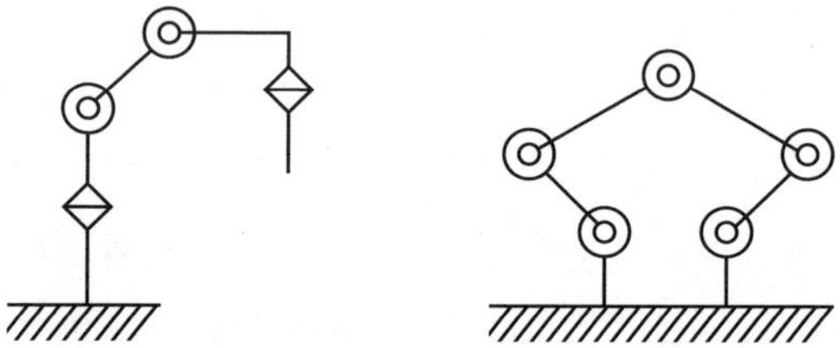

（*a*）開リンク機構　　（*b*）閉リンク機構

図 8.5　開リンク機構と閉リンク機構

マニピュレータを構成する関節は図(*a*)のように P_i ($i = 1 \sim n$) と表す。回転関節だけで n 自由度のマニピュレータではジョイント数は $n+2$ 個，つまり，$P_0 \sim P_{n+1}$ である。このうち P_0 はマニピュレータの基台で，点 O とする。また P_{n+1} は先端の作業器を示すもので，点 P_r とする。

P_i 1 個は 1 自由度を持つ関節を表しており，この点一つにアクチュエータが必要である。P_i 各点の位置は関節の回転軸上に定める。

図 8.6(*b*)のようにジョイント P_j から P_{j+1} に至る列ベクトルとしてリンクベクトル $\boldsymbol{l}_j$ ($j = 0 \sim n$)を定義する。直動関節ではリンクベクトル自体が変数である。動力学の解析で必要となるリンクの重心点は，ジョイント P_i からリンク $\boldsymbol{l}_i$ の重心点 G_i へのリンク重心ベクトル $\boldsymbol{l}_{Gi}$ で示す。

回転軸ベクトル $\boldsymbol{s}_i$ ($i = 1 \sim n$)は，図(*b*)のようにジョイント P_i を始点とし，回転軸方向の単位ベクトルとして決める。

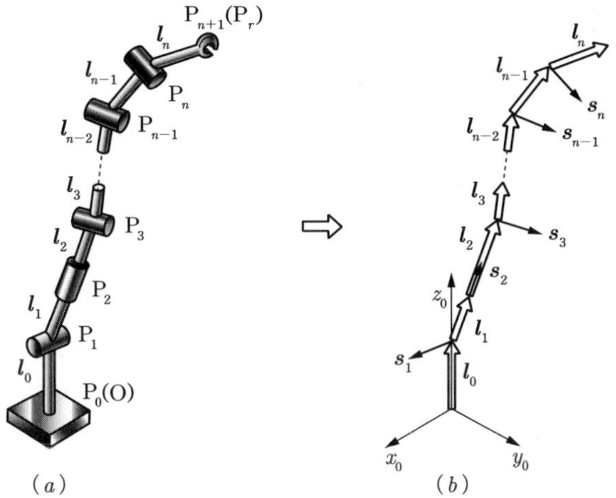

図 8.6 マニピュレータの表記方法

8.4 マニピュレータの順運動学

マニピュレータのジョイント（関節）$P_i (i = 1 \sim n)$の回転角θ_iが与えられたとき，アーム先端の点P_rの位置と姿勢を求めるのが順運動学（DK）であることはすでに述べた。この問題を解くには以下の手順で進めればよい。

1） DK-1

マニピュレータの基準姿勢を決め，基準姿勢でのリンクベクトル$\hat{\boldsymbol{l}}_i$，リンク重心ベクトル$\hat{\boldsymbol{l}}_{Gi}$，アーム先端の姿勢を示す主軸・副軸ベクトル$(\hat{\boldsymbol{a}}, \hat{\boldsymbol{b}})$，ジョイントの回転軸ベクトル$\hat{\boldsymbol{s}}_i$，さらにリンクの慣性テンソル$\hat{\boldsymbol{I}}_i$を設定する。

2） DK-2

各ジョイントP_iが任意の角度をなし，アームが任意の姿勢をとったときのアームの先端の位置ベクトル$\boldsymbol{P}_r$を示す式を**ベクトル方程式**と呼び，つぎのように求める。

$$\boldsymbol{P}_r = \hat{\boldsymbol{l}}_0 + \boldsymbol{R}_1(\hat{\boldsymbol{l}}_1 + \boldsymbol{R}_2(\hat{\boldsymbol{l}}_2 + \boldsymbol{R}_3(\hat{\boldsymbol{l}}_3 + \cdots + \boldsymbol{R}_{n-1}(\hat{\boldsymbol{l}}_{n-1} + \boldsymbol{R}_n(\hat{\boldsymbol{l}}_n))\cdots))) \quad (8.13)$$

$$\begin{aligned} &= \boldsymbol{l}_0 + \boldsymbol{R}_1(\hat{\boldsymbol{l}}_1) + \boldsymbol{R}_1\boldsymbol{R}_2(\hat{\boldsymbol{l}}_2) + \cdots + \prod_{k=1}^{i}\boldsymbol{R}_k(\hat{\boldsymbol{l}}_i) + \cdots + \prod_{k=1}^{n}\boldsymbol{R}_k(\hat{\boldsymbol{l}}_n) \\ &= \boldsymbol{l}_0 + {}^0\boldsymbol{R}_1(\hat{\boldsymbol{l}}_1) + {}^0\boldsymbol{R}_2(\hat{\boldsymbol{l}}_2) + \cdots + {}^0\boldsymbol{R}_i(\hat{\boldsymbol{l}}_i) + \cdots + {}^0\boldsymbol{R}_n(\hat{\boldsymbol{l}}_n) \\ &= {}^0\boldsymbol{l}_0 + {}^0\boldsymbol{l}_1 + {}^0\boldsymbol{l}_2 + \cdots + {}^0\boldsymbol{l}_i + \cdots + {}^0\boldsymbol{l}_n \end{aligned} \quad (8.14)$$

ここで，$\boldsymbol{R}_i$はジョイントP_iの回転軸ベクトル $\boldsymbol{s}_i$まわりの角度θ_iの回転を示す回転変換行列であり

$$\boldsymbol{R}_i = \boldsymbol{E}^{s_i\theta_i} \quad (8.15)$$

と定義する。また${}^0\boldsymbol{R}_i$は，P_1からジョイントP_iまでのすべての回転操作を示す回転変換行列であり

$${}^0\boldsymbol{R}_i = \prod_{k=1}^{i}\boldsymbol{R}_k \quad (8.16)$$

と定義する。回転行列${}^0\boldsymbol{R}_i$は，基準姿勢をなすジョイントP_iに絶対座標系Σ_0と3 軸が平行となる相対座標系Σ_iを設定したとき，相対座標系Σ_iを絶対座標系Σ_0に重ねる座標変換操作を示す行列としての意味も有する。式(8.16)のように，座標系を設定する場合，その座標系の添え字は左上に記入することにする。同様に，リンクベクトルも式(8.14)のように${}^0\boldsymbol{l}_i$となる

3）DK-3

アーム先端の姿勢を示す主軸・副軸ベクトル（$\boldsymbol{a},\boldsymbol{b}$）は

$$(\boldsymbol{a},\boldsymbol{b}) = {}^0\boldsymbol{R}_n(\hat{\boldsymbol{a}},\hat{\boldsymbol{b}}) \quad (8.17)$$

から求める。第n節のリンクベクトル$\hat{\boldsymbol{l}}_n$の方向に主軸ベクトル$\hat{\boldsymbol{a}}$が設定された場合には，式(8.14)の右辺最終項で${}^0\boldsymbol{R}_n(\hat{\boldsymbol{a}})$は計算されているので，${}^0\boldsymbol{R}_n(\hat{\boldsymbol{b}})$のみ演算を行えばよい。またオイラー角は式(8.17)を式(8.9)に代入すれば求まる。以下2，3の例について解いてみる。ただ，${}^0\boldsymbol{l}_1$，${}^0\boldsymbol{l}_2$など絶対座標系で表示する場合，左肩に付ける0の添え字は煩わしいので省略する。

8.4.1 3自由度マニピュレータ

図 8.7(*a*)のような3自由度の垂直多関節型マニピュレータアームの先端の点 P_r の位置，姿勢を関節角 θ_1, θ_2, θ_3 の関数で表してみる。上に述べた3段階の手順に沿って進める。

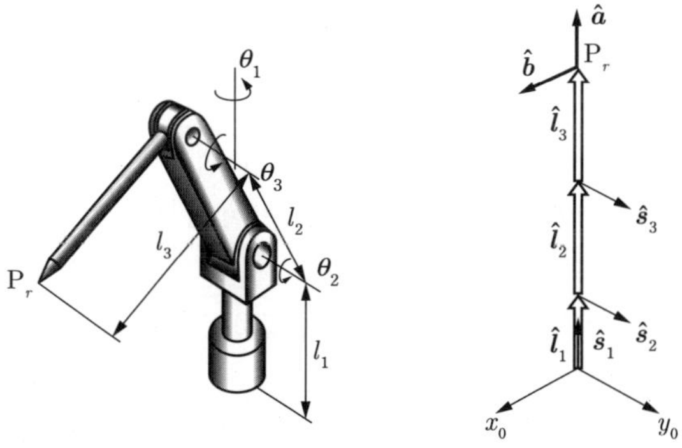

(*a*)　構造　　　(*b*)　基本姿勢

図 8.7　3自由度垂直多関節型マニピュレータ

1)　DK-1

まず，マニピュレータの基本姿勢を**図 8.7**(*b*)のように決め，リンクの長さは l_1, l_2, l_3 とし

$$\hat{l}_1 = \begin{bmatrix} 0 \\ 0 \\ 1 \end{bmatrix} l_1, \qquad \hat{l}_2 = \begin{bmatrix} 0 \\ 0 \\ 1 \end{bmatrix} l_2, \qquad \hat{l}_3 = \begin{bmatrix} 0 \\ 0 \\ 1 \end{bmatrix} l_3 \tag{8.18}$$

とする。

2)　DK-2

アーム先端のベクトル方程式は，式(8.19)のように求められ

$$\begin{aligned} \boldsymbol{P}_r &= \boldsymbol{E}^{k\theta_1}(\hat{\boldsymbol{l}}_1 + \boldsymbol{E}^{j\theta_2}(\hat{\boldsymbol{l}}_2 + \boldsymbol{E}^{j\theta_3}(\hat{\boldsymbol{l}}_3))) \\ &= \boldsymbol{E}^{k\theta_1}(\hat{\boldsymbol{l}}_1) + \boldsymbol{E}^{k\theta_1}\boldsymbol{E}^{j\theta_2}(\hat{\boldsymbol{l}}_2) + \boldsymbol{E}^{k\theta_1}\boldsymbol{E}^{j(\theta_2+\theta_3)}(\hat{\boldsymbol{l}}_3) \\ &= \boldsymbol{l}_1 + \boldsymbol{l}_2 + \boldsymbol{l}_3 \end{aligned} \tag{8.19}$$

となる。ここで

$$\cos\theta_i = C_i, \qquad \cos(\theta_i + \theta_j) = C_{ij}$$
$$\sin\theta_i = S_i, \qquad \sin(\theta_i + \theta_j) = S_{ij}$$

と略記すると

$$\boldsymbol{l}_1 = \begin{bmatrix} C_1 & -S_1 & 0 \\ S_1 & C_1 & 0 \\ 0 & 0 & 1 \end{bmatrix} \begin{bmatrix} 0 \\ 0 \\ 1 \end{bmatrix} l_1 = \begin{bmatrix} 0 \\ 0 \\ 1 \end{bmatrix} l_1 \qquad (8.20)$$

$$\boldsymbol{l}_2 = \begin{bmatrix} C_1 & -S_1 & 0 \\ S_1 & C_1 & 0 \\ 0 & 0 & 1 \end{bmatrix} \begin{bmatrix} C_2 & 0 & S_2 \\ 0 & 1 & 0 \\ -S_2 & 0 & C_2 \end{bmatrix} \begin{bmatrix} 0 \\ 0 \\ 1 \end{bmatrix} l_2 = \begin{bmatrix} C_1 S_2 \\ S_1 S_2 \\ C_2 \end{bmatrix} l_2 \qquad (8.21)$$

$\boldsymbol{l}_3$は，$\boldsymbol{l}_2$のθ_2を$\theta_2+\theta_3$に変えるだけで求まるから

$$\boldsymbol{l}_3 = \begin{bmatrix} C_1 S_{23} \\ S_1 S_{23} \\ C_{23} \end{bmatrix} l_3 \qquad (8.22)$$

となるので

$$\boldsymbol{P}_r = \begin{bmatrix} 0 \\ 0 \\ 1 \end{bmatrix} l_1 + \begin{bmatrix} C_1 S_2 \\ S_1 S_2 \\ C_2 \end{bmatrix} l_2 + \begin{bmatrix} C_1 S_{23} \\ S_1 S_{23} \\ C_{23} \end{bmatrix} l_3 \qquad (8.23)$$

となる。

3）DK-3

$\boldsymbol{a}$は$\boldsymbol{l}_3$と同じ方向である。$\boldsymbol{b}$は

$$\begin{aligned} \boldsymbol{b} &= \boldsymbol{E}^{k\theta_1} \boldsymbol{E}^{j(\theta_1+\theta_2)} (\hat{\boldsymbol{b}}) \\ &= \begin{bmatrix} C_1 & -S_1 & 0 \\ S_1 & C_1 & 0 \\ 0 & 0 & 1 \end{bmatrix} \begin{bmatrix} C_{23} & 0 & S_{23} \\ 0 & 1 & 0 \\ -S_{23} & 0 & C_{23} \end{bmatrix} \begin{bmatrix} 1 \\ 0 \\ 0 \end{bmatrix} = \begin{bmatrix} C_1 C_{23} \\ S_1 C_{23} \\ -S_{23} \end{bmatrix} \end{aligned} \qquad (8.24)$$

となるので，主軸・副軸ベクトルは

$$(\boldsymbol{a},\boldsymbol{b})=\begin{bmatrix} C_1S_{23} & C_1C_{23} \\ S_1S_{23} & S_1C_{23} \\ C_{23} & -S_{23} \end{bmatrix} \tag{8.25}$$

である。式(8.25)を式(8.9)に代入して，先端のオイラー角が得られ

$$\left.\begin{aligned} \alpha &= \theta_1 \\ \beta &= \theta_2+\theta_3 \\ \gamma &= 0 \end{aligned}\right\} \tag{8.26}$$

または

$$\left.\begin{aligned} \alpha &= \theta_1+\pi \\ \beta &= -\theta_2-\theta_3 \\ \gamma &= \pi \end{aligned}\right\} \tag{8.27}$$

となる。

8.4.2 7自由度マニピュレータ

人間の手と腕は七つの自由度を持っている。**図 8.8**(a)は，人に似せた7自由度の腕型アームと手先である。この手先の点 P_r の位置，姿勢を，七つの自由度である関節角 θ_1～θ_7 の関数で求めてみる。

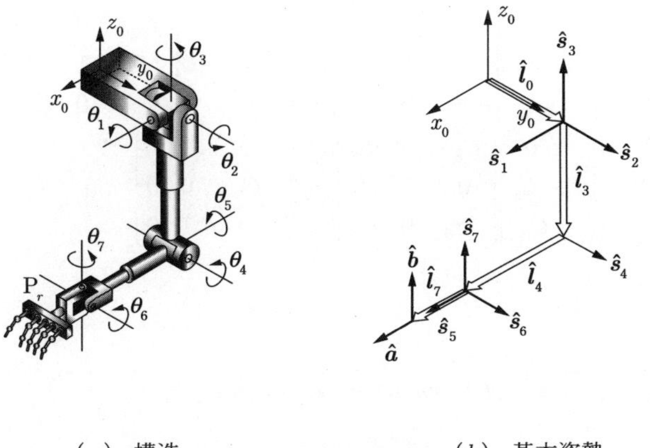

(a) 構造　　(b) 基本姿勢

図 8.8 7自由度腕型マニピュレータ

1）　DK-1

図 8.8(*b*)のように基準姿勢とリンクベクトル，回転軸ベクトル，手先の主軸・副軸ベクトルを決めると

$$\hat{\boldsymbol{l}}_0=\begin{bmatrix}0\\l_0\\0\end{bmatrix},\quad \hat{\boldsymbol{l}}_3=\begin{bmatrix}0\\0\\-l_3\end{bmatrix},\quad \hat{\boldsymbol{l}}_4=\begin{bmatrix}l_4\\0\\0\end{bmatrix},\quad \hat{\boldsymbol{l}}_7=\begin{bmatrix}l_7\\0\\0\end{bmatrix},\quad (\hat{\boldsymbol{a}},\hat{\boldsymbol{b}})=\begin{bmatrix}1&0\\0&0\\0&1\end{bmatrix} \qquad (8.28)$$

である。

2）　DK-2

手先の先端 P_r の位置と姿勢を示すベクトル方程式は，以下のように展開でき

$$\begin{aligned}
\boldsymbol{P}_r &= \hat{\boldsymbol{l}}_0+\boldsymbol{E}^{i\theta_1}\boldsymbol{E}^{j\theta_2}\boldsymbol{E}^{k\theta_3}(\hat{\boldsymbol{l}}_3+\boldsymbol{E}^{j\theta_4}(\hat{\boldsymbol{l}}_4+\boldsymbol{E}^{i\theta_5}\boldsymbol{E}^{j\theta_6}\boldsymbol{E}^{k\theta_7}(\hat{\boldsymbol{l}}_7)))\\
&= \hat{\boldsymbol{l}}_0+\boldsymbol{E}^{i\theta_1}\boldsymbol{E}^{j\theta_2}\boldsymbol{E}^{k\theta_3}(\hat{\boldsymbol{l}}_3)+\boldsymbol{E}^{i\theta_1}\boldsymbol{E}^{j\theta_2}\boldsymbol{E}^{k\theta_3}\boldsymbol{E}^{j\theta_4}(\hat{\boldsymbol{l}}_4)\\
&\quad +\boldsymbol{E}^{i\theta_1}\boldsymbol{E}^{j\theta_2}\boldsymbol{E}^{k\theta_3}\boldsymbol{E}^{j\theta_4}\boldsymbol{E}^{i\theta_5}\boldsymbol{E}^{j\theta_6}\boldsymbol{E}^{k\theta_7}(\hat{\boldsymbol{l}}_7)\\
&= \hat{\boldsymbol{l}}_0+{}^0\boldsymbol{R}_3(\hat{\boldsymbol{l}}_3)+{}^0\boldsymbol{R}_4(\hat{\boldsymbol{l}}_4)+{}^0\boldsymbol{R}_7(\hat{\boldsymbol{l}}_7)\\
&= \begin{bmatrix}0\\l_0\\0\end{bmatrix}+\begin{bmatrix}1&0&0\\0&C_1&-S_1\\0&S_1&C_1\end{bmatrix}\begin{bmatrix}C_2&0&S_2\\0&1&0\\-S_2&0&C_2\end{bmatrix}\begin{bmatrix}C_3&-S_3&0\\S_3&C_3&0\\0&0&1\end{bmatrix}\begin{bmatrix}0\\0\\-l_3\end{bmatrix}\\
&\quad +\begin{bmatrix}1&0&0\\0&C_1&-S_1\\0&S_1&C_1\end{bmatrix}\begin{bmatrix}C_2&0&S_2\\0&1&0\\-S_2&0&C_2\end{bmatrix}\begin{bmatrix}C_3&-S_3&0\\S_3&C_3&0\\0&0&1\end{bmatrix}\begin{bmatrix}C_4&0&S_4\\0&1&0\\-S_4&0&C_4\end{bmatrix}\begin{bmatrix}l_4\\0\\0\end{bmatrix}\\
&\quad +\begin{bmatrix}1&0&0\\0&C_1&-S_1\\0&S_1&C_1\end{bmatrix}\begin{bmatrix}C_2&0&S_2\\0&1&0\\-S_2&0&C_2\end{bmatrix}\begin{bmatrix}C_3&-S_3&0\\S_3&C_3&0\\0&0&1\end{bmatrix}\begin{bmatrix}C_4&0&S_4\\0&1&0\\-S_4&0&C_4\end{bmatrix}\\
&\quad \times\begin{bmatrix}1&0&0\\0&C_5&-S_5\\0&S_5&C_5\end{bmatrix}\begin{bmatrix}C_6&0&S_6\\0&1&0\\-S_6&0&C_6\end{bmatrix}\begin{bmatrix}C_7&-S_7&0\\S_7&C_7&0\\0&0&1\end{bmatrix}\begin{bmatrix}l_7\\0\\0\end{bmatrix} \qquad (8.29)
\end{aligned}$$

となる。

3）　DK-3

主軸・副軸ベクトル $\boldsymbol{a},\boldsymbol{b}$ は $(\boldsymbol{a},\boldsymbol{b})={}^0\boldsymbol{R}_7(\hat{\boldsymbol{a}},\hat{\boldsymbol{b}})$ であり

$$
(\boldsymbol{a},\boldsymbol{b})=\begin{bmatrix} a_x & b_x \\ a_y & b_y \\ a_z & b_z \end{bmatrix} = {}^0\boldsymbol{R}_7\,(\hat{\boldsymbol{a}},\hat{\boldsymbol{b}})
$$

$$
=\begin{bmatrix} 1 & 0 & 0 \\ 0 & C_1 & -S_1 \\ 0 & S_1 & C_1 \end{bmatrix}\begin{bmatrix} C_2 & 0 & S_2 \\ 0 & 1 & 0 \\ -S_2 & 0 & C_2 \end{bmatrix}\begin{bmatrix} C_3 & -S_3 & 0 \\ S_3 & C_3 & 0 \\ 0 & 0 & 1 \end{bmatrix}\begin{bmatrix} C_4 & 0 & S_4 \\ 0 & 1 & 0 \\ -S_4 & 0 & C_4 \end{bmatrix}
$$

$$
\times\begin{bmatrix} 1 & 0 & 0 \\ 0 & C_5 & -S_5 \\ 0 & S_5 & C_5 \end{bmatrix}\begin{bmatrix} C_6 & 0 & S_6 \\ 0 & 1 & 0 \\ -S_6 & 0 & C_6 \end{bmatrix}\begin{bmatrix} C_7 & -S_7 & 0 \\ S_7 & C_7 & 0 \\ 0 & 0 & 1 \end{bmatrix}\begin{bmatrix} 1 & 0 \\ 0 & 0 \\ 0 & 1 \end{bmatrix} \qquad (8.30)
$$

と求められる。

8.5 マニピュレータの逆運動学

マニピュレータのアーム先端の位置と姿勢が与えられたとき，ジョイント（関節）の回転角$\theta_i\,(i=1\sim n)$を求めるのが逆運動学（IK）である。本節では逆運動学について述べる。

8.5.1 逆運動学の基本的解析法

一般的に使われているマニピュレータでは，逆運動学問題が解ける機構を使い，その逆変換を前提とした制御を行っている。例えば，アーム先端の位置と姿勢についての指令$\boldsymbol{r}_d$を逆変換して関節角θ_dを生成し，それとロボットの関節角モニタ値θのフィードバック信号との偏差を0にするようアクチュエータで駆動する。ここでは，最も基本的な 3 自由度マニピュレータの場合について，例を挙げて説明する。

8.5.2 3自由度マニピュレータの逆運動学

順運動学で述べた**図 8.7** の3自由度垂直多関節型マニピュレータについて，アーム先端の位置$\boldsymbol{P}_r(P_x,\ P_y,\ P_z\ )^T$に関する逆運動学問題を考えてみる。

式(8.23)より

$$\boldsymbol{P}_r = \begin{bmatrix} P_x \\ P_y \\ P_z \end{bmatrix} = \begin{bmatrix} 0 \\ 0 \\ 1 \end{bmatrix} l_1 + \begin{bmatrix} C_1 S_2 \\ S_1 S_2 \\ C_2 \end{bmatrix} l_2 + \begin{bmatrix} C_1 S_{23} \\ S_1 S_{23} \\ C_{23} \end{bmatrix} l_3$$

$$P_x = C_1 (S_2 l_2 + S_{23} l_3) \tag{8.31}$$

$$P_y = S_1 (S_2 l_2 + S_{23} l_3) \tag{8.32}$$

$$P_z = l_1 + C_2 l_2 + C_{23} l_3 \tag{8.33}$$

である。

まず，式(8.31)，(8.32)からθ_1が求まって

$$\theta_1 = \arctan 2 (P_y, P_x), \text{ および } \arctan 2 (P_y, P_x) + \pi \tag{8.34}$$

となる。ここで $\arctan 2 (P_y, P_x) + \pi$ の解も含めたのは，消去した$(S_2 l_2 + S_{23} l_3)$の符号が負の場合，目標に対して後ろ向きになるので，のけぞった姿勢となるのを示すためである。

つぎに式(8.31)，(8.32)，(8.33)の2乗の和をつくって

$$\begin{aligned} P_x^2 + P_y^2 + (P_z - l_1)^2 &= (S_2 l_2 + S_{23} l_3)^2 + (C_2 l_2 + C_{23} l_3)^2 \\ &= l_2^2 + l_3^2 + 2 l_2 l_3 \{S_2 S_{23} + C_2 C_{23}\} \end{aligned} \tag{8.35}$$

となる。ここで

$$\begin{aligned} &\sin\theta_2 \sin(\theta_2 + \theta_3) + \cos\theta_2 \cos(\theta_2 + \theta_3) \\ &\quad = \cos\{\theta_2 - (\theta_2 + \theta_3)\} = \cos\theta_3 \end{aligned} \tag{8.36}$$

となるので

$$C_3 = \frac{1}{2 l_2 l_3} \left\{ P_x^2 + P_y^2 + (P_z - l_1)^2 - l_2^2 - l_3^2 \right\} \tag{8.37}$$

であり

$$S_3 = \pm\sqrt{1 - C_3^2} \tag{8.38}$$

となる。そこで，θ_3は

$$\theta_3 = \arctan 2 (\pm\sqrt{1 - C_3^2}, C_3) \tag{8.39}$$

と求まる。式(8.39)の±の符号は関節 P_3 の姿勢を示すもので，＋は関節 P_3 を上に曲げた状態，－は下に曲げた状態である。θ_1，θ_3がわかったので，つぎ

にθ_2を求める。まず，式(8.31)，(8.32)の 2 乗和の平方根，式(8.33)をθ_3について整理する。

$$S_{23}=S_2C_3+C_2S_3 \tag{8.40}$$

$$C_{23}=C_2C_3-S_2S_3 \tag{8.41}$$

$$\pm\sqrt{P_x^{\ 2}+P_y^{\ 2}}=(l_2+l_3C_3)S_2+(l_3S_3)C_2 \tag{8.42}$$

$$P_z-l_1=(-l_3S_3)S_2+(l_2+l_3C_3)C_2 \tag{8.43}$$

が成り立つ。ここで式(8.42)の左辺の－符号は，$\theta_1=\arctan 2(P_y, P_x)+\pi$ で後ろ向きになった場合の解である。

$$\left.\begin{aligned} &\pm\sqrt{P_x^{\ 2}+P_y^{\ 2}}=A, \qquad && l_2+l_3C_3=M \\ &P_x-l_1=B, && l_3S_3=N \end{aligned}\right\} \tag{8.44}$$

とすると，式(8.42)，(8.43)は以下のように表記できる。

$$\begin{bmatrix} A \\ B \end{bmatrix}=\begin{bmatrix} M & N \\ -N & M \end{bmatrix}\begin{bmatrix} S_2 \\ C_2 \end{bmatrix} \tag{8.45}$$

式(8.45)に，左側から逆行列

$$\begin{bmatrix} M & N \\ -N & M \end{bmatrix}^{-1}=\frac{1}{M^2+N^2}\begin{bmatrix} M & -N \\ N & M \end{bmatrix} \tag{8.46}$$

を掛けると

$$\begin{bmatrix} S_2 \\ C_2 \end{bmatrix}=\frac{1}{M^2+N^2}\begin{bmatrix} M & -N \\ N & M \end{bmatrix}\begin{bmatrix} A \\ B \end{bmatrix} \tag{8.47}$$

つまり

$$\left.\begin{aligned} S_2&=\frac{1}{M^2+N^2}(MA-NB) \\ C_2&=\frac{1}{M^2+N^2}(NA+MB) \end{aligned}\right\} \tag{8.48}$$

となって S_2, C_2が求まるので，θ_2は

$$\theta_2=\arctan 2\,(MA-NB,\ NA+MB) \tag{8.49}$$

と求まる。これらの演算から，θ_1は式(8.34)，θ_2は式(8.49)，θ_3は式(8.39)でそれぞれ与えられる。ただ，θ_1とθ_3のとり方に 2 通りあるため，解が合計 4 組み存在する。四つの解のマニピュレータ姿勢を**図 8.9** に示す。図で横向き

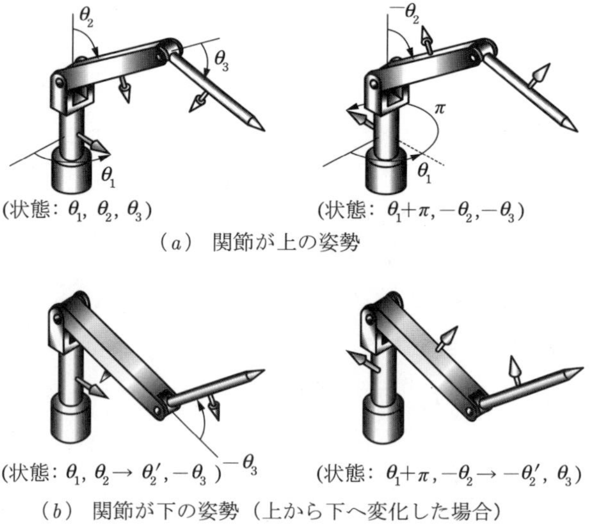

（θ_1を固定した姿勢で関節を上下させた場合の解）

図 8.9　3自由度マニピュレータの逆運動学解

に出ている矢型は，主軸ベクトルに対応した副軸ベクトルの概念である。

8.6　マニピュレータの微小変位の解析

マニピュレータ先端姿勢の微小変位，ジョイント部の微小角回転などを論ずるためには，それらの微分を考察せねばならない。その基本となるのがヤコビ行列である。

■　ヤコビ行列

マニピュレータ先端の微小変位を $\dot{\boldsymbol{P}}_r\,(\dot{x},\dot{y},\dot{z})^T$，姿勢の微小回転角を $\dot{\boldsymbol{\Phi}}_r\,(\dot{\phi}_x,\dot{\phi}_y,\dot{\phi}_z)^T$，各関節（ジョイント）の微小回転角を $\dot{\boldsymbol{\theta}}_r\,(\dot{\theta}_1,\dot{\theta}_2,\cdots,\dot{\theta}_n)^T$（$n$ は関節の数）とする。$\dot{\boldsymbol{P}}_r$，$\dot{\boldsymbol{\Phi}}_r$ と $\dot{\boldsymbol{\theta}}_r$ の微分関係は，行列 $\boldsymbol{J}$ を使って

$$\begin{bmatrix} \dot{\boldsymbol{P}}_r \\ \dot{\boldsymbol{\Phi}}_r \end{bmatrix} = \boldsymbol{J}\dot{\boldsymbol{\theta}}_r \tag{8.50}$$

と示される。ここで，先端の位置と姿勢の微小変位を示す変数として，例えば

$$(\dot{\boldsymbol{P}}_r{}^T, \dot{\boldsymbol{\Phi}}_r{}^T)^T = (\dot{x}, \dot{y}, \dot{z}, \dot{\phi}_x, \dot{\phi}_y, \dot{\phi}_z)^T \equiv \dot{\boldsymbol{r}}(\dot{r}_1, \dot{r}_2, \dot{r}_3, \dot{r}_4, \dot{r}_5, \dot{r}_6)^T$$

のように再定義すると

$$\dot{\boldsymbol{r}} = \boldsymbol{J}(\boldsymbol{\theta})\dot{\boldsymbol{\theta}} \tag{8.51}$$

と表記できる。ここで，$\boldsymbol{J}(\theta)$はヤコビ行列と称されるマニピュレータの微分を表す行列である。ここで，$\dot{\boldsymbol{\Phi}}_r$の各要素$\dot{\phi}_x$，$\dot{\phi}_y$，$\dot{\phi}_z$はアーム先端の$x$, y, z軸まわりの微小回転角を示す。これらは回転角が小さいため有限の角回転の場合と異なり，回転順序が関係しない特徴を持っている。

図 8.10 は，xy平面を動く2自由度マニピュレータである。この関節の微小回転$\dot{\boldsymbol{\theta}}(\dot{\theta}_1, \dot{\theta}_2)^T$とアーム先端の微小変位$\dot{\boldsymbol{P}}_r(\dot{x}, \dot{y})^T$の関係を示すヤコビ行列を求めてみる。

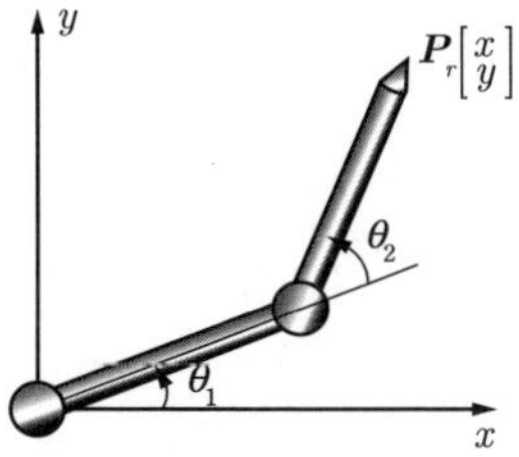

図 8.10　2自由度マニピュレータ

マニピュレータがx軸上に伸展してθ_1，θ_2が0になった状態を基本姿勢と考え，順運動学解を求める。

$$\begin{aligned}\boldsymbol{P}_r &= \boldsymbol{E}^{\theta_1}\left\{\hat{\boldsymbol{l}}_1 + \boldsymbol{E}^{\theta_2}(\hat{\boldsymbol{l}}_2)\right\} \\ &= \begin{bmatrix} C_1 & -S_1 \\ S_1 & C_1 \end{bmatrix}\begin{bmatrix} l_1 \\ 0 \end{bmatrix} + \begin{bmatrix} C_1 & -S_1 \\ S_1 & C_1 \end{bmatrix}\begin{bmatrix} C_2 & -S_2 \\ S_2 & C_2 \end{bmatrix}\begin{bmatrix} l_2 \\ 0 \end{bmatrix}\end{aligned} \tag{8.52}$$

$$\therefore \quad \left.\begin{aligned} x &= C_1 l_1 + C_{12} l_2 \\ y &= S_1 l_1 + S_{12} l_2 \end{aligned}\right\} \tag{8.53}$$

である。この偏微分をとって

$$\frac{\partial x}{\partial \theta_1}=-S_1 l_1-S_{12} l_2, \qquad \frac{\partial x}{\partial \theta_2}=-S_{12} l_2 \tag{8.54}$$

$$\frac{\partial y}{\partial \theta_1}=C_1 l_1+C_{12} l_2, \qquad \frac{\partial y}{\partial \theta_2}=C_{12} l_2 \tag{8.55}$$

である。したがって，変数 $\dot{\boldsymbol{\theta}}(\dot{\theta}_1, \dot{\theta}_2)^T$ と $\dot{\boldsymbol{P}}(\dot{x}, \dot{y})^T$ の間には

$$\begin{bmatrix}\dot{x}\\ \dot{y}\end{bmatrix}=\begin{bmatrix}-S_1 l_1-S_{12} l_2 & -S_{12} l_2\\ C_1 l_1+C_{12} l_2 & C_{12} l_2\end{bmatrix}\begin{bmatrix}\dot{\theta}_1\\ \dot{\theta}_2\end{bmatrix} \tag{8.56}$$

が成り立ち，右辺の 2 行 2 列の行列がヤコビ行列である。

ここで再び**図 8.7** の 3 自由度垂直多関節型マニピュレータを取り上げ，関節の微小回転 $\dot{\boldsymbol{\theta}}(\dot{\theta}_1, \dot{\theta}_2, \dot{\theta}_3)^T$ とアーム先端の微小変位 $\dot{\boldsymbol{P}}_r(\dot{x}, \dot{y}, \dot{z})^T$ の間のヤコビ行列 $\boldsymbol{J}$ を求めてみる。まず，順運動学解は式(8.23)より

$$\left.\begin{aligned}x&=C_1 S_2 l_2+C_1 S_{23} l_3\\ y&=S_1 S_2 l_2+S_1 S_{23} l_3\\ z&=l_1+C_2 l_2+C_{23} l_3\end{aligned}\right\} \tag{8.57}$$

である。それぞれの偏微分は

$$\left.\begin{aligned}&\frac{\partial x}{\partial \theta_1}=-S_1 S_2 l_2-S_1 S_{23} l_3, \qquad \frac{\partial x}{\partial \theta_2}=C_1 C_2 l_2+C_1 C_{23} l_3\\ &\frac{\partial x}{\partial \theta_3}=C_1 C_{23} l_3\\ &\frac{\partial y}{\partial \theta_1}=C_1 S_2 l_2+C_1 S_{23} l_3, \qquad \frac{\partial y}{\partial \theta_2}=S_1 C_2 l_2+S_1 C_{23} l_3\\ &\frac{\partial y}{\partial \theta_3}=S_1 C_{23} l_3\\ &\frac{\partial z}{\partial \theta_1}=0, \quad \frac{\partial z}{\partial \theta_2}=-S_2 l_2-S_{23} l_3, \quad \frac{\partial z}{\partial \theta_3}=-S_{23} l_3\end{aligned}\right\} \tag{8.58}$$

であるから，ヤコビ行列は

$$\begin{bmatrix} \dot{x} \\ \dot{y} \\ \dot{z} \end{bmatrix} = \begin{bmatrix} -S_1 S_2 l_2 - S_1 S_{23} l_3 & C_1 C_2 l_2 + C_1 C_{23} l_3 & C_1 C_{23} l_3 \\ C_1 S_2 l_2 + C_1 S_{23} l_3 & S_1 C_2 l_2 + S_1 C_{23} l_3 & S_1 C_{23} l_3 \\ 0 & -S_2 l_2 - S_{23} l_3 & -S_{23} l_3 \end{bmatrix} \begin{bmatrix} \dot{\theta}_1 \\ \dot{\theta}_2 \\ \dot{\theta}_3 \end{bmatrix} \quad (8.59)$$

となる。このようにヤコビ行列は，順運動学の解の偏微分によって求めることができる。

マニピュレータのヤコビ行列は，関節の微小回転角とアーム先端の位置や方向の微小変化の関係を示すものであるが，偏微分以外の手段でも導くことが可能である。**図 8.11** のようにある瞬間にマニピュレータの関節 P_i のみが動き，それ以外の関節は止まったままであるとする。そのとき，関節 P_i の微小回転角とアーム先端の点 P_r の微小変位を，関節 1〜n についてまとめてみる。

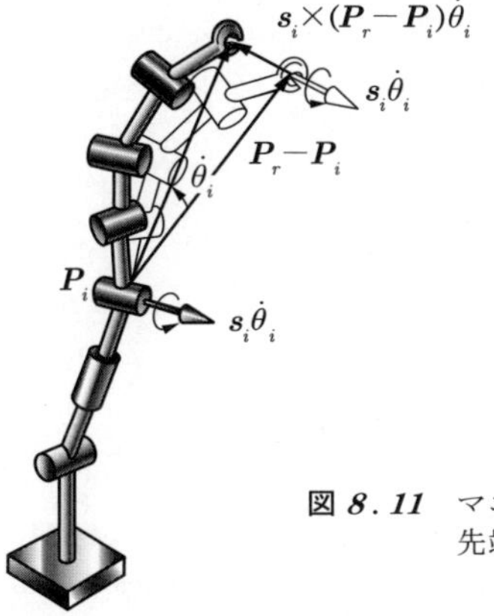

図 8.11　マニピュレータの微小関節運動と先端動きの関係

関節 P_i の回転軸ベクトル $\boldsymbol{s}_i$ まわりの微小回転 $\boldsymbol{s}_i\,\dot{\theta}_i$ によってアーム先端で生ずる微小回転 $\dot{\boldsymbol{\Phi}}_{ri}$ は，P_{i+1}〜P_n の関節が止まった一つの物体と考えれば，アーム先端でも同じで

$$\dot{\boldsymbol{\Phi}}_{ri} = \boldsymbol{s}_i\,\dot{\theta}_i \quad (8.60)$$

であり

$$\dot{\boldsymbol{\Phi}}_r = \boldsymbol{s}_1\,\dot{\theta}_1 + \boldsymbol{s}_2\,\dot{\theta}_2 + \cdots + \boldsymbol{s}_n\,\dot{\theta}_n \quad (8.61)$$

が成り立つ。さらに，関節 P_i での微小回転 $\boldsymbol{s}_i\dot{\theta}_i$ がアーム先端に生ずる微小変位 $\dot{\boldsymbol{P}}_{ri}$ は，関節 P_i から P_r までのベクトルが $\boldsymbol{l}_i+\boldsymbol{l}_{i+1}+\cdots+\boldsymbol{l}_n=\boldsymbol{P}_r-\boldsymbol{P}_i$ であることから

$$\dot{\boldsymbol{P}}_{ri}=\boldsymbol{s}_i\times(\boldsymbol{P}_r-\boldsymbol{P}_i)\dot{\theta}_i \tag{8.62}$$

であり

$$\dot{\boldsymbol{P}}_r=\boldsymbol{s}_1\times(\boldsymbol{P}_r-\boldsymbol{P}_1)\dot{\theta}_1+\boldsymbol{s}_2\times(\boldsymbol{P}_r-\boldsymbol{P}_2)\dot{\theta}_2+\cdots+\boldsymbol{s}_n\times(\boldsymbol{P}_r-\boldsymbol{P}_n)\dot{\theta}_n \tag{8.63}$$

が成り立つ。式(8.61)，(8.63)をまとめて

$$\begin{bmatrix}\dot{\boldsymbol{P}}_r\\ \dot{\boldsymbol{\Phi}}_r\end{bmatrix}=\begin{bmatrix}\boldsymbol{s}_1\times(\boldsymbol{P}_r-\boldsymbol{P}_1), & \boldsymbol{s}_2\times(\boldsymbol{P}_r-\boldsymbol{P}_2), & \cdots, & \boldsymbol{s}_n\times(\boldsymbol{P}_r-\boldsymbol{P}_n)\\ \boldsymbol{s}_1, & \boldsymbol{s}_2, & \cdots, & \boldsymbol{s}_n\end{bmatrix}\begin{bmatrix}\dot{\theta}_1\\ \dot{\theta}_2\\ \vdots\\ \dot{\theta}_n\end{bmatrix} \tag{8.64}$$

となる。この式は，関節の微小回転 $\dot{\boldsymbol{\theta}}_r\,(\dot{\theta}_1,\dot{\theta}_2,\cdots,\dot{\theta}_n)^T$ とアーム先端の位置と姿勢の微小変化量 $\dot{\boldsymbol{r}}(\dot{\boldsymbol{P}}_r{}^T,\dot{\boldsymbol{\Phi}}_r{}^T)^T$ の関係を与えるものであるから，ヤコビ行列 $\boldsymbol{J}$ は式(8.64)から

$$\boldsymbol{J}=\begin{bmatrix}\boldsymbol{s}_1\times(\boldsymbol{P}_r-\boldsymbol{P}_1), & \boldsymbol{s}_2\times(\boldsymbol{P}_r-\boldsymbol{P}_2), & \cdots, & \boldsymbol{s}_n\times(\boldsymbol{P}_r-\boldsymbol{P}_n)\\ \boldsymbol{s}_1, & \boldsymbol{s}_2, & \cdots, & \boldsymbol{s}_n\end{bmatrix} \tag{8.65}$$

である。

図 8.7 の 3 自由度垂直多関節型マニピュレータについて，再度上記の手法に習ってヤコビ行列を求めてみる。回転軸ベクトル $\boldsymbol{s}_1, \boldsymbol{s}_2, \boldsymbol{s}_3$ は，それぞれリンクベクトル $\boldsymbol{l}_1, \boldsymbol{l}_2, \boldsymbol{l}_3$ と一体になって同じ回転操作を受けるので

$$\boldsymbol{s}_1=\boldsymbol{E}^{k\theta_1}(\hat{\boldsymbol{s}}_1)=\begin{bmatrix}C_1 & -S_1 & 0\\ S_1 & C_1 & 0\\ 0 & 0 & 1\end{bmatrix}\begin{bmatrix}0\\0\\1\end{bmatrix}=\begin{bmatrix}0\\0\\1\end{bmatrix} \tag{8.66}$$

$$\boldsymbol{s}_2=\boldsymbol{E}^{k\theta_1}\boldsymbol{E}^{j\theta_2}(\hat{\boldsymbol{s}}_2)=\begin{bmatrix}C_1 & -S_1 & 0\\ S_1 & C_1 & 0\\ 0 & 0 & 1\end{bmatrix}\begin{bmatrix}C_2 & 0 & S_2\\ 0 & 1 & 0\\ -S_2 & 0 & C_2\end{bmatrix}\begin{bmatrix}0\\1\\0\end{bmatrix}$$

$$=\begin{bmatrix}-S_1\\C_1\\0\end{bmatrix} \tag{8.67}$$

$$\boldsymbol{s}_3=\boldsymbol{E}^{k\theta_1}\boldsymbol{E}^{j(\theta_2+\theta_3)}(\hat{\boldsymbol{s}}_3)=\begin{bmatrix}-S_1\\C_1\\0\end{bmatrix} \tag{8.68}$$

である。一方，$\boldsymbol{P}_r-\boldsymbol{P}_i(=\boldsymbol{l}_i+\boldsymbol{l}_{i+1}+\cdots+\boldsymbol{l}_n)$ は式(8.23)より求まるので

$$\boldsymbol{s}_1\times(\boldsymbol{P}_r-\boldsymbol{P}_1)=\boldsymbol{s}_1\times(\boldsymbol{l}_1+\boldsymbol{l}_2+\boldsymbol{l}_3)$$
$$=\begin{vmatrix}\boldsymbol{i}&\boldsymbol{j}&\boldsymbol{k}\\0&0&1\\C_1S_2l_2+C_1S_{23}l_3&S_1S_2l_2+S_1S_{23}l_3&l_1+C_2l_2+C_{23}l_3\end{vmatrix} \tag{8.69}$$

$$=\begin{bmatrix}-S_1S_2l_2-S_1S_{23}l_3\\C_1S_2l_2+C_1S_{23}l_3\\0\end{bmatrix} \tag{8.70}$$

$$\boldsymbol{s}_2\times(\boldsymbol{P}_r-\boldsymbol{P}_2)=\boldsymbol{s}_2\times(\boldsymbol{l}_2+\boldsymbol{l}_3)$$
$$=\begin{vmatrix}\boldsymbol{i}&\boldsymbol{j}&\boldsymbol{k}\\-S_1&C_1&0\\C_1S_2l_2+C_1S_{23}l_3&S_1S_2l_2+S_1S_{23}l_3&C_2l_2+C_{23}l_3\end{vmatrix}$$

$$=\begin{bmatrix}C_1C_2l_2+C_1C_{23}l_3\\S_1C_2l_2+S_1C_{23}l_3\\-S_2l_2-S_{23}l_3\end{bmatrix} \tag{8.71}$$

$$\boldsymbol{s}_3\times(\boldsymbol{P}_r-\boldsymbol{P}_3)=\boldsymbol{s}_3\times\boldsymbol{l}_3$$
$$=\begin{vmatrix}\boldsymbol{i}&\boldsymbol{j}&\boldsymbol{k}\\-S_1&C_1&0\\C_1S_{23}l_3&S_1S_{23}l_3&C_{23}l_3\end{vmatrix}=\begin{bmatrix}C_1C_{23}l_3\\S_1C_{23}l_3\\-S_{23}l_3\end{bmatrix} \tag{8.72}$$

が成り立つ。式(8.66)～(8.72)から，変位と回転についてのヤコビ行列は以下のようになる。

$$\begin{bmatrix} \dot{x} \\ \dot{y} \\ \dot{z} \\ \dot{\phi}_x \\ \dot{\phi}_y \\ \dot{\phi}_z \end{bmatrix} = \begin{bmatrix} -S_1S_2l_2 - S_1S_{23}l_3 & C_1C_2l_2 + C_1C_{23}l_3 & C_1C_{23}l_3 \\ C_1S_2l_2 + C_1S_{23}l_3 & S_1C_2l_2 + S_1C_{23}l_3 & S_1C_{23}l_3 \\ 0 & -S_2l_2 - S_{23}l_3 & -S_{23}l_3 \\ 0 & -S_1 & -S_1 \\ 0 & C_1 & C_1 \\ 1 & 0 & 0 \end{bmatrix} \begin{bmatrix} \dot{\theta}_1 \\ \dot{\theta}_2 \\ \dot{\theta}_3 \end{bmatrix} \tag{8.73}$$

8.7　マニピュレータの動力学

マニピュレータの動きを示す動力学モデルは，その運動方程式で表される。この運動方程式の誘導方法としては，ニュートン・オイラー法とラグランジュ法が代表的なものである。ここでは紙面の都合からニュートン・オイラー法を用いたものについてのみ述べることとし，ラグランジュ法を用いたものについては他誌を参考にされたい。

ニュートン・オイラー法は，リンク相互の拘束力や相対運動をベクトル量として取り扱い，力とモーメントのつり合いから運動方程式を導く方法である。この手法の特徴は，3 次元空間での力とモーメントのつり合いを考慮する必要があるが，冗長な計算が少ないことである。

8.7.1　ニュートン・オイラー法による運動方程式

マニピュレータの運動方程式をニュートン・オイラー法で求める手順は，つぎの ① ～ ③ のとおりである。

① マニピュレータの回転運動 $\boldsymbol{\theta}, \dot{\boldsymbol{\theta}}, \ddot{\boldsymbol{\theta}}$ を与え，このときリンク i の質量中心での回転角速度 $\boldsymbol{\omega}_i$，回転角加速度 $\dot{\boldsymbol{\omega}}_i$，並進速度 $\bar{\boldsymbol{v}}_i$ および並進加速度 $\dot{\bar{\boldsymbol{v}}}_i$ を，ベース側から手先に向かって順に計算する。

② 各リンクが ① で求めた運動をするために，質量中心に加えられる力 $\boldsymbol{F}_i$ とモーメント $\boldsymbol{N}_i$ を計算する。

③ 質量中心に作用する力とモーメントにつり合う関節 $(i+1)$ に作用する

力 $\boldsymbol{f}_i$ とモーメント $\boldsymbol{n}_i$ を手先側からベースに向かって順に計算し，これを基に各関節に加えられるべき関節駆動力 τ を計算する。

8.7.2 2自由度マニピュレータの運動方程式

図 8.12 は**図 8.10** の2自由度マニピュレータ各部について記述したものである。各アームの慣性モーメントは，それぞれの重心 L_{g1}, L_{g2} の位置で z 軸まわりのものとする。このマニピュレータの運動方程式を，**8.7.1** 項の手順に従って求めてみる。

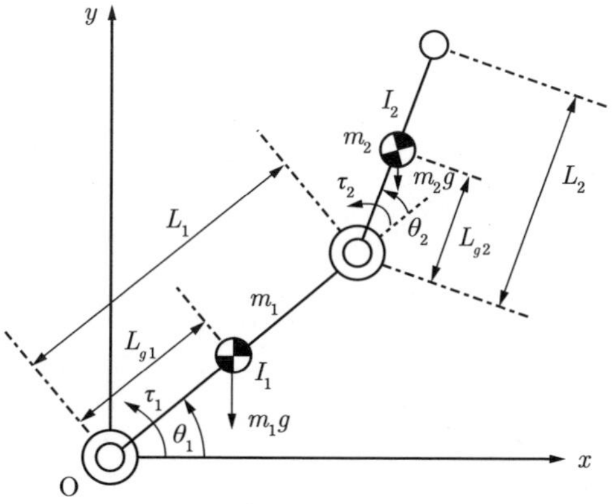

図 8.12 2自由度マニピュレータの諸定数

1） ステップ1

機構の条件により，L_1, L_2 の回転行列は

$$\boldsymbol{E}^{k\theta_1} = \begin{bmatrix} C_1 & -S_1 & 0 \\ S_1 & C_1 & 0 \\ 0 & 0 & 1 \end{bmatrix}, \qquad \boldsymbol{E}^{k\theta_2} = \begin{bmatrix} C_2 & -S_2 & 0 \\ S_2 & C_2 & 0 \\ 0 & 0 & 1 \end{bmatrix} \tag{8.74}$$

であり，その位置ベクトルは

$$\bar{\boldsymbol{p}}_1 = \begin{bmatrix} 0 \\ 0 \\ 0 \end{bmatrix}, \qquad \bar{\boldsymbol{p}}_2 = \begin{bmatrix} L_1 \\ 0 \\ 0 \end{bmatrix} \tag{8.75}$$

であり，それらの慣性ベクトルは

$$\bar{\boldsymbol{s}}_1 = \begin{bmatrix} L_{g\,1} \\ 0 \\ 0 \end{bmatrix}, \qquad \bar{\boldsymbol{s}}_2 = \begin{bmatrix} L_{g\,2} \\ 0 \\ 0 \end{bmatrix} \tag{8.76}$$

である。また L_1，L_2 の慣性モーメントを I_1，I_2 とする。

手先に作用する外力はなく，初期条件は

$$\boldsymbol{\omega}_0 = \dot{\boldsymbol{\omega}}_0 = \boldsymbol{0}, \qquad \dot{\boldsymbol{v}}_0 = \begin{bmatrix} 0 \\ -g \\ 0 \end{bmatrix} \tag{8.77}$$

として進める。

2)　ステップ 2

L_1 の回転角速度，回転角加速度，並進加速度は

$$\boldsymbol{\omega}_1 = \boldsymbol{E}^{k\theta_1}\,\boldsymbol{\omega}_0 + \boldsymbol{z}_0\,\dot{\theta}_1 = \begin{bmatrix} 0 \\ 0 \\ \dot{\theta}_1 \end{bmatrix} \tag{8.78}$$

$$\dot{\boldsymbol{\omega}}_1 = \boldsymbol{E}^{k\theta_1}\,\dot{\boldsymbol{\omega}}_0 + \boldsymbol{z}_0\,\ddot{\theta}_1 = \begin{bmatrix} 0 \\ 0 \\ \ddot{\theta}_1 \end{bmatrix} \tag{8.79}$$

$$\dot{\boldsymbol{v}}_1 = \boldsymbol{E}^{k\theta_1}\left[\dot{\boldsymbol{v}}_0 + \dot{\boldsymbol{\omega}}_0 \times \bar{\boldsymbol{p}}_1 + \boldsymbol{\omega}_0 \times (\boldsymbol{\omega}_0 \times \bar{\boldsymbol{p}}_1)\right] = \begin{bmatrix} gS_1 \\ -gC_1 \\ 0 \end{bmatrix} \tag{8.80}$$

となる。

L_2 の回転速度，回転角速度，並進加速度も，つぎのようになる。

$$\boldsymbol{\omega}_2 = \begin{bmatrix} 0 \\ 0 \\ \dot{\theta}_1 + \dot{\theta}_2 \end{bmatrix} \tag{8.81}$$

$$\dot{\boldsymbol{\omega}}_2 = \begin{bmatrix} 0 \\ 0 \\ \ddot{\theta}_1 + \ddot{\theta}_2 \end{bmatrix} \tag{8.82}$$

$$\dot{\boldsymbol{v}}_2 = \begin{bmatrix} gS_{12} + L_1\left(-\dot{\theta}_1{}^2 C_2 + \ddot{\theta}_1 S_2\right) \\ gC_{12} + L_1\left(\dot{\theta}_1{}^2 S_2 + \ddot{\theta}_1 C_2\right) \\ 0 \end{bmatrix} \tag{8.83}$$

3)　ステップ 3

リンク 2 の質量中心に加わる力，モーメントおよび回転軸に作用させる外力はそれぞれ

$$\boldsymbol{f}_2 = m_2 \dot{\boldsymbol{v}}_2 + \dot{\boldsymbol{\omega}}_2 \times (m_2 \boldsymbol{s}_2) + \boldsymbol{\omega}_2 \times (\boldsymbol{\omega}_2 \times m_2 \boldsymbol{s}_2) \tag{8.84}$$

$$= m_2 \begin{bmatrix} gS_{12} + L_1(-\dot{\theta}_1{}^2 C_2 + \ddot{\theta}_1 S_2) - L_{g2}(\dot{\theta}_1 + \dot{\theta}_2)^2 \\ gC_{12} + L_1(\dot{\theta}_1{}^2 S_2 + \ddot{\theta}_1 C_2) + L_{g2}(\ddot{\theta}_1 + \ddot{\theta}_2) \\ 0 \end{bmatrix} \tag{8.85}$$

$$\boldsymbol{n}_2 = I_2 \dot{\boldsymbol{\omega}}_2 + \boldsymbol{\omega}_2 \times (I_2 \boldsymbol{\omega}_2) + m_2 \bar{\boldsymbol{s}}_2 \times \dot{\boldsymbol{v}}_2 \tag{8.86}$$

$$= \begin{bmatrix} 0 \\ 0 \\ I_2(\ddot{\theta}_1 + \ddot{\theta}_2) + m_2 L_{g2}\left\{gC_{12} + L_1(\dot{\theta}_1{}^2 S_2 + \ddot{\theta}_1 C_2)\right\} \end{bmatrix} \tag{8.87}$$

$$\tau_2 = \begin{bmatrix} 0 & 0 & 1 \end{bmatrix} \boldsymbol{n}_2 \tag{8.88}$$

を得る。同様に，リンク 1 については

$$\bar{\boldsymbol{p}}_2 = \begin{bmatrix} L_1 C_2 \\ -L_1 S_2 \\ 0 \end{bmatrix} \tag{8.89}$$

$$\boldsymbol{n}_1 = \begin{bmatrix} 0 \\ 0 \\ (I_1 + m_2 L_1{}^2 + 2 m_2 L_1 L_{g2} C_2 + I_2)\ddot{\theta}_1 \\ +(m_2 L_1 L_{g2} C_2 + I_2)\ddot{\theta}_2 - m_2 L_1 L_{g2} S_2 (2\dot{\theta}_1 \dot{\theta}_2 + \dot{\theta}_2{}^2) \\ +g\{m_1 L_{g1} + m_2 L_1) C_1 + m_2 L_{g2} C_{12}\} \end{bmatrix} \tag{8.90}$$

$$\tau_1 = [0 \quad 0 \quad 1]\boldsymbol{n}_1 \tag{8.91}$$

が得られる。

このτ_1, τ_2について整理すると，式（8.92）のように角度θ_1と角度θ_2に関する2次の運動方程式が得られる。

$$\begin{bmatrix} I_1 + I_2 + 2 m_2 L_1 L_{g1} C_2 + m_2 L_1{}^2 & I_2 + m_2 L_1 L_{g2} C_2 \\ I_2 + m_2 L_1 L_{g2} C_2 & I_2 \end{bmatrix} \begin{bmatrix} \ddot{\theta}_1 \\ \ddot{\theta}_2 \end{bmatrix} + \begin{bmatrix} -m_2 L_1 L_{g2} S_2 (2\dot{\theta}_1 \dot{\theta}_2 + \dot{\theta}_2{}^2) \\ m_2 L_1 L_{g2} S_2 \dot{\theta}_1{}^2 \end{bmatrix} + \begin{bmatrix} (m_1 L_{g1} + m_2 L_1) + m_2 L_{g1} C_{12} \\ m_2 L_{g2} C_{12} \end{bmatrix} g = \begin{bmatrix} \tau_1 \\ \tau_2 \end{bmatrix} \tag{8.92}$$

ここで，慣性モーメントI_1, I_2は，式（6.138）を使って求めた$I_1 = (1/3) m_1 L_1{}^2$, $I_2 = (1/3) m_2 L_2{}^2$である。

8.7.3　順動力学問題

順動力学問題は，ロボットの初期状態，例えばマニピュレータの角度$\boldsymbol{\theta}(0)$，角速度$\dot{\boldsymbol{\theta}}(0)$と駆動トルク$\boldsymbol{\tau}(t)$が与えられたとき，どのような運動をするかを求めるものであり，計算機シミュレーションなどで行われる。この問題は，運動方程式を

$$\boldsymbol{M}(\boldsymbol{\theta})\ddot{\boldsymbol{\theta}} + \boldsymbol{h}(\boldsymbol{\theta}, \dot{\boldsymbol{\theta}}) + \boldsymbol{g}(\boldsymbol{\theta}) = \boldsymbol{\tau} \tag{8.93}$$

$$\frac{d\boldsymbol{\theta}(t)}{dt}=\dot{\boldsymbol{\theta}}(t) \tag{8.94}$$

$$\frac{d\ddot{\boldsymbol{\theta}}(t)}{dt}=\boldsymbol{M}(\boldsymbol{\theta})^{-1}\{\boldsymbol{\tau}-\boldsymbol{h}(\boldsymbol{\theta},\dot{\boldsymbol{\theta}})-\boldsymbol{g}(\boldsymbol{\theta})\} \tag{8.95}$$

と変形して初期条件と入力を与えて，ルンゲ・クッタ法などを用いて数値解析で求める。

ここで，**図 8.12** の 2 自由度マニピュレータを例に取り上げ，運動方程式を具体的に解いてみることにする。

θ_1，θ_2に関する 2 次の運動方程式は，式(8.92)，(8.93)で与えられ

$$\boldsymbol{M}(\boldsymbol{\theta})=\begin{bmatrix}M_{11} & M_{12}\\ M_{21} & M_{22}\end{bmatrix},\quad \boldsymbol{h}(\boldsymbol{\theta},\dot{\boldsymbol{\theta}})=\begin{bmatrix}c_1\\ c_2\end{bmatrix},\quad \boldsymbol{g}(\boldsymbol{\theta})=\begin{bmatrix}g_1\\ g_2\end{bmatrix},\quad \boldsymbol{\tau}=\begin{bmatrix}\tau_1\\ \tau_2\end{bmatrix} \tag{8.96}$$

であるから

$$\left.\begin{aligned}M_{11}&=I_1+I_2+2m_2L_1L_{g1}C_2+m_2L_1^2\\ M_{12}&=I_2+m_2L_1L_{g2}C_2\\ M_{21}&=I_2+m_2L_1L_{g2}C_2\\ M_{22}&=I_2\end{aligned}\right\} \tag{8.97}$$

$$\left.\begin{aligned}c_1&=-m_2L_1L_{g2}S_2(2\dot{\theta}_1\dot{\theta}_2+\dot{\theta}_2^2)\\ c_2&=m_2L_1L_{g2}S_2\dot{\theta}_1^2\end{aligned}\right\} \tag{8.98}$$

$$\begin{aligned}g_1&=(m_1L_{g1}+m_2L_1)+m_2L_{g1}C_{12}\\ g_2&=m_2L_{g2}C_{12}\end{aligned} \tag{8.99}$$

となる。θ_1, θ_2 に関する 2 次の運動方程式が二つ存在することになるが，これを解析的に解くことは容易ではない。また，つねに解が存在するとは限らない。ここでは 4 次のルンゲ・クッタ法を用いて，計算機によって運動のシミュレーションを行うことにする。

〔*1*〕 **ルンゲ・クッタ法**　　時間 t と，複数の関数 $x(t)$から成る関数 $f(t)$の時間微分を $f'(t)$とすると

$$\frac{dx_i(t)}{dt} = f'(t, x_1, \cdots, x_M) \qquad (i=1, \cdots, M) \tag{8.100}$$

となる。ここで，非常に小さな時間を h とすると $f(t+h)$ は

$$f(t+h) = f(t) + hf'(t) \tag{8.101}$$

で与えられる。この精度を向上させるために，ステップごとに 4 回計算を加える手法がルンゲ・クッタ法で，つぎのように与えられる。

$$\left.\begin{aligned} k_1 &= hf'(t_n, x_n) \\ k_2 &= hf'\left(t_n + \frac{h}{2},\ x_n + \frac{k_1}{2}\right) \\ k_3 &= hf'\left(t_n + \frac{h}{2},\ x_n + \frac{k_2}{2}\right) \\ k_4 &= hf'(t_n + h,\ x_n + k_3) \\ x(t+h) &= x(t) + \frac{1}{6}(k_1 + 2k_2 + 2k_3 + k_4) \end{aligned}\right\} \tag{8.102}$$

この手法を用いれば，x の t に関する解析的な関数がわからなくても，初期条件を与えれば，x の時間変化を数値的に類推していくことができる。ステップ幅を小さくすることで精度も向上する。

〔*2*〕 **2 自由度マニピュレータの順動力学**　2 自由度マニピュレータの運動を解くには 2 次の微分方程式である式(*8.95*)を解かねばならない。つぎに，これをルンゲ・クッタ法で解くには，式(*8.96*)～(*8.99*)に具体的数値を代入しなければならない。そのために，マニピュレータの長さ，質量などの値を以下のように設定する。

$$\left.\begin{aligned} & m_1 = m_2 = 1\,\mathrm{kg} \\ & L_1 = L_2 = 1\,\mathrm{m} \\ & L_{g1} = L_{g2} = 0.5\,\mathrm{m} \\ & I_1 = I_2 = \frac{1}{3}m_1 L_1{}^2 = \frac{1}{3}m_2 L_2{}^2 = 0.33\,\mathrm{kg\cdot m^2} \\ & \tau_1 = \tau_2 = 0 \end{aligned}\right\} \tag{8.103}$$

マニピュレータの初期条件としては

$$\left.\begin{aligned} & \theta_1 = -60^\circ = (-60/180)\pi = -1.047\,2\ \mathrm{rad} \\ & \theta_2 = 0^\circ \end{aligned}\right\} \tag{8.104}$$

とする。θ_1 が右下りの位置からスタートする理由は，この運動は外力 τ_1，τ_2 が働かない二重振り子の運動だからである。したがって，振り子のスタート位置があまり高すぎると，アーム 2 が大振れして回転運動を始めるのでこれを避けるためである。

以上の条件設定下で，θ_1，θ_2 の時間変化を数値的に求める Visual Basic プログラムの一例を**リスト *8.1*** に示した。θ_1，θ_2 は刻み幅 0.001 で 4 000 ステップ，つまり 4 rad までいった。この変化を示したのが**図 *8.13***（*a*），（*b*）である。

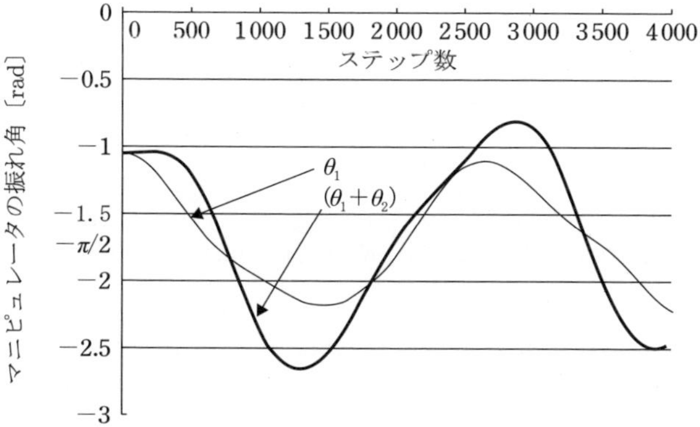

（*a*）アーム 1（θ_1）とアーム 2（$\theta_1+\theta_2$）の触れ角

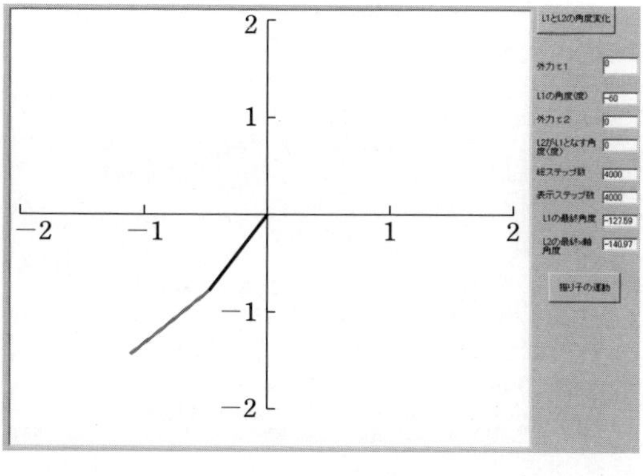

（*b*）最終 4 000 ステップ目でのアーム 1（—），2（—）の位置

図 *8.13* 2 自由度マニピュレータの運動（2 重振り子の運動）

図(b)はPC画面上に最終ステップのアーム1,2の状態を示したものであるが，前述したように二重振り子の運動を見ているにほかならない。初期条件として，外力$\tau_1 = \tau_2 = 0$で，しかもリンクの摩擦による減衰も入力していないので，現実と異なり，いつまでも振り子運動を続けることになる。この例ではアーム1，2のスタートが−60°で下向きであるが，さらに上向きの状態からスタートするとアーム2は途中で回転運動を始めることがわかる。プログラムの初期条件を変更して試してみられたい。

リスト 8.1　2自由度マニピュレータの運動プログラム

```
Private Sub Command1_Click()・・・・・・・・・・・スタートコマンド
Dim i, j, M, N As Integer・・・・・整数であることの宣言文
Dim  x(5000), y(5000), dt, kx1(5000), kx2(5000), kx3(5000), kx4(5000),
    kx11(5000), kx22(5000), kx33(5000), kx44(5000),xx,dxdx, ky1(50000),
    ky2(50000),  ky3(50000),  ky4(50000),  ky11(50000),  ky22(50000),
    ky33(50000),  ky44(50000),yy,dydy,  Fx(5000),  FFx(5000),  Fy(5000),
    FFy(5000), T1(50000), T2(50000), A, B As Double・・・・・・各項目の性格,
    容量に関する宣言文

Open "D:¥RungeKutta 法¥temp.csv" For Output As #1・・・csv 仮ファイルの名称と保
管場所

p = 3.141592・・・・・・・・・・・・・・πの数値化
A = Val(Text1.Text) * (p / 180)・・・・・アーム 1 の初期角度（−80°）
B = Val(Text2.Text) * (p / 180)・・・・・アーム 2 とアーム 1 の初期角度（0°）
T1=Val(Text3.Text)・・・・・・・・・・・アーム 1 の外力（0）
T2= Val(Text4.Text)・・・・・・・・・・・アーム 2 の外力（0）
N = Val(Text5.Text)・・・・・・総ステップ数でここでは 1000 する
・・・・・・・・・・・・・・・・・・・すべての Text 入力は Display の Form 上でのみ使う
For i = 0 To N(1000 : 1rad/sec とすると 1sec 間の動作になる))
dt = 0.001・・・・・・・・・・・・・・・・・時間の刻み幅
x(0) = A・・・・・・・・・・・・・・・・・・θ1 の初期値で−80°
dx(0) = 0・・・・・・・・・・・・・・・・・・θ1 の加速度＝0
y(0) = B・・・・・・・・・・・・・・・・・・θ2 の初期値で 0°
dy(0) = 0・・・・・・・・・・・・・・・・・・θ2 の加速度＝0
Fx(i) = (1 / (0.44 - 0.25 * (Cos(B)) ^ 2)) * ((0.33 * (T1(i) + 0.5 * Sin(B) * (dy(i) ^ 2 + 2 *
dx(i) * dy(i)) - 14.7 * Cos(A) - 4.9 * Cos(A + B)) + (0.5 * Cos(B) + 0.33) * (-T2(i) + 0.5 *
Sin(B) * dx(i) ^ 2 + 4.9 * Cos(A + B))))
・・・・・・・・・・・・・・・θ1(¨) についての微分方程式
Fx(0) = 0
FFx(i) = dx(i)・・・・・・・・・・θ1(˙)
FFx(0) = 0
```

リスト 8.1（続き）

```
Fy(i) = (1 / (0.44 - 0.25 * (Cos(B)) ^ 2)) * ((-(0.5 * Cos(B) + 0.33) * (T1(i) + 0.5 *
Sin(B) * (dy(i) ^ 2 + 2 * dx(i) * dy(i)) - 14.7 * Cos(A) - 4.9 * Cos(A + B)) - (Cos(B) + 1.67)
* (-T2(i) + 0.5 * Sin(B) * dx(i) ^ 2 + 4.9 * Cos(A + B))))
・・・・・・・・・・・・・・・・ θ̈2 についての微分方程式
Fy(0) = 0
FFy(i) = dy(i) ・・・・・・・・・・・・・・ θ̇2
FFy(0) = 0

kx1(i) = dt * F(i)
kx11(i) = dt * FF(i)
ky1(i) = dt * Fy(i)
ky11(i) = dt * FFy(i)

xx = x(i) +0.5 * k1(i)
dxdx = dx(i) + 0.5 * k11(i)
yy = y(i) + 0.5 * ky1(i)
dydy = dy(i) + 0.5 * ky11(i)

kx2(i) = dt * (1 / (0.44 - 0.25 * (Cos(yy)) ^ 2)) * ((0.33 * (T1(i) + 0.5 * Sin(yy) * (dydy
^ 2 + 2 * dxdx * dydy) - 14.7 * Cos(xx) - 4.9 * Cos(xx + yy)) + (-T2(i) + 0.5 * Cos(yy) +
0.33) * (0.5 * Sin(yy) * dxdx ^ 2 + 4.9 * Cos(xx + yy))))
kx22(i) = dt * (dxdx)
ky2(i) = dt * (1 / (0.44 - 0.25 * (Cos(yy)) ^ 2)) * ((-(0.5 * Cos(yy) + 0.33) * (T1(i) + 0.5
* Sin(yy) * (dydy ^ 2 + 2
* dxdx * dydy) - 14.7 * Cos(xx) - 4.9 * Cos(xx + yy)) - (Cos(yy) + 1.67) * (-T2(i) + 0.5 *
Sin(yy) * dxdx ^ 2 + 4.9 * Cos(xx + yy))))
ky22(i) = dt * (dydy)
xx = x(i) + 0.5 * k2(i)
dxdx = dx(i) + 0.5 * k22(i)
yy = y(i) + 0.5 * ky2(i)
dydy = dy(i) + 0.5 * ky22(i)

kx3(i) = dt * (1 / (0.44 - 0.25 * (Cos(yy)) ^ 2)) * ((0.33 * (T1(i) + 0.5 * Sin(yy) * (dydy
^ 2 + 2 * dxdx * dydy) - 14.7 * Cos(xx) - 4.9 * Cos(xx + yy)) + (0.5 * Cos(yy) + 0.33) *
(-T2(i) + 0.5 * Sin(yy) * dxdx ^ 2 + 4.9 * Cos(xx + yy))))
kx33(i) = dt * (dxdx)

ky3(i) = dt * (1 / (0.44 - 0.25 * (Cos(yy)) ^ 2)) * ((-(0.5 * Cos(yy) + 0.33) * (T1(i) + 0.5
* Sin(yy) * (dydy ^ 2 + 2 * dxdx * dydy) - 14.7 * Cos(xx) - 4.9 * Cos(xx + yy)) - (Cos(yy)
+ 1.67) * (-T2(i) + 0.5 * Sin(yy) * dxdx ^ 2 + 4.9 * Cos(xx + yy))))
ky33(i) = dt * (dydy)

xx = x(i) + k3(i)
dxdx = dx(i) + k33(i)
yy = y(i) + ky3(i)
dydy = dy(i) + ky33(i)
```

リスト 8.1（続き）

```
kx4(i) = dt * (1 / (0.44 - 0.25 * (Cos(yy)) ^ 2)) * ((0.33 * (T1(i) + 0.5 * Sin(yy) * (dydy
^ 2 + 2 * dxdx * dydy) - 14.7 * Cos(xx) - 4.9 * Cos(xx + yy)) + (0.5 * Cos(yy) + 0.33) *
(-T2(i) + 0.5 * Sin(yy) * dxdx ^ 2 + 4.9 * Cos(xx + yy))))
kx44(i) = dt * (dxdx)

ky4(i) = dt * (1 / (0.44 - 0.25 * (Cos(yy)) ^ 2)) * ((-(0.5 * Cos(yy) + 0.33) * (T1(i) + 0.5
* Sin(yy) * (dydy ^ 2 + 2 * dxdx * dydy) - 14.7 * Cos(xx) - 4.9 * Cos(xx + yy)) - (Cos(yy)
+ 1.67) * (-T2(i) + 0.5 * Sin(yy) * dxdx ^ 2 + 4.9 * Cos(xx + yy))))
ky44(i) = dt * (dydy)

dx(i + 1) = dx(i) + (k1(i) + 2 * k2(i) + 2 * k3(i) + k4(i)) / 6
x(i + 1) = x(i) + dt * dx(i)

dy(i + 1) = dy(i) + (ky1(i) + 2 * ky2(i) + 2 * ky3(i) + ky4(i)) / 6
y(i + 1) = y(i) + dt * dy(i)

Write #1, i, x(i), dx(i), y(i), dy(i), x(i) + y(i) ・・・・・ θ1, θ̇1, θ2, θ̇2, (θ1 + θ2) の書込み
Next i
Close #1

End Sub ・・・・・・・・・・・・・・・・・終了
```

〔*3*〕 **逆動力学運動**　　逆動力学では目的の軌道を生成するために，まずマニピュレータを動かす各アームの角度を与えねばならない。各アームの角度のつぎに角速度，角加速度が与えられたとき，つぎの段階として実際に動かすために必要な力を与えねばならない。この一連の作業を逆動力学演算という。オーソドックスな古典的手法が一般的であるが，最近では高速大容量のパソコンが普及しているので，高度な解析的関数式を使わなくても計算機による数値計算でシミュレーションが容易になった。

ここでは再び2自由度マニピュレータを例に取り上げ，パソコンを使って逆動力学演算を行ってみる。

図 *8.14*に示すように，この2自由度マニピュレータのアーム2の先端が，$y=1$ の線を $x=0$ からスタートしてアーム1，2が伸びきるまで描く動作をさせるための運動を考えてみる。例えば**図 *8.9***(*b*)の3自由度マニピュレータで，z 軸まわりの回転を止めてアーム1，2だけを動かした場合に相当する。アーム

1，2のつくる三角形を想定し，それぞれのつくる角度をα，β，γとすると，三角関数の公式から

$$\left.\begin{array}{l} \tan\alpha = x, \qquad \cos\beta = \dfrac{\sqrt{1+x^2}}{2}, \qquad \cos\gamma = \dfrac{1-x^2}{2} \\ \theta_1 = \dfrac{\pi}{2} - (\alpha+\beta) = \dfrac{\pi}{2} - (\arctan\alpha + \arccos\beta), \qquad \theta_2 = \pi - \gamma \end{array}\right\} \quad (8.105)$$

で与えられる。$y=1$で，$x=0$からアームを最大限伸張して到達できるxの値は$\sqrt{3}$である。例えばエクセルなどの表計算ソフトを使い，xの値を小さなステップごとに分割して計算していけば各ステップにおけるα，β，γ，θ_1，θ_2を求めることができる。つぎに，アームの動く速度かθ_1，θ_2の時間変化を決めてやれば，$\dot{\theta}_1$，$\ddot{\theta}_1$，$\dot{\theta}_2$，$\ddot{\theta}_2$をステップごとに求めることができる。

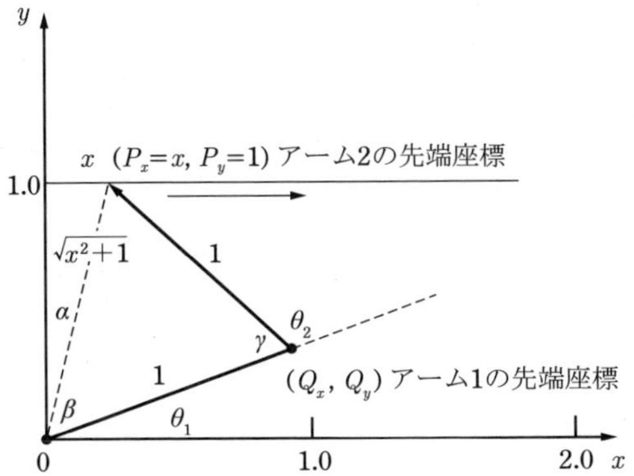

図 8.14　2自由度マニピュレータの平行動作

ここでは，xのステップ幅を0.1として$x=1.7$までとり，$x=0$から$x=1.7$まで1.7sで到達すると仮定して，各ステップごとにθ_1，$\dot{\theta}_1$，$\ddot{\theta}_1$，θ_2，$\dot{\theta}_2$，$\ddot{\theta}_3$，$(\theta_1+\theta_2)$をエクセルの表計算ソフトで求め，**表 8.1** に示した。$(\theta_1+\theta_2)$は，逆動力学演算時およびアーム1先端，アーム2先端の軌跡を描画する際に必要な値である。

マニピュレータアームを，$y=1$の位置で$x=0$から1.7までを1.7s間で平行動作させるに必要な残された条件は，アームの重さと重力に抗してジョイント

表 8.1　2自由度マニピュレータの平行動作に要するアームの角度

x	y	θ_1	$d\theta_1/dt$	$d^2\theta_1/dt^2$	θ_2	$d\theta_2/dt$	$d^2\theta_2/dt^2$	$\theta_1+\theta_2$
0	1	0.523 599	−1.02	0.25	2.094 395	0	−1	2.617 994
0.1	1	0.426 812	−0.967 87	0.521 332	2.088 631	−0.057 64	−1.141 62	2.515 443
0.2	1	0.337 675	−0.891 37	0.764 983	2.071 451	−0.171 8	−1.141 62	2.409 126
0.3	1	0.257 755	−0.799 2	0.921 686	2.043 169	−0.282 82	−1.110 24	2.300 924
0.4	1	0.188 169	−0.695 86	1.033 385	2.004 242	−0.389 27	−1.064 44	2.192 411
0.5	1	0.129 552	−0.586 17	1.096 918	1.955 193	−0.490 49	−1.012 17	2.084 745
0.6	1	0.082 114	−0.474 38	1.117 871	1.896 526	−0.586 67	−0.961 87	1.978 64
0.7	1	0.045 748	−0.363 66	1.107 268	1.828 644	−0.678 82	−0.921 45	1.874 392
0.8	1	0.020 164	−0.255 84	1.078 122	1.751 783	−0.768 61	−0.897 95	1.771 947
0.9	1	0.005 011	−0.151 53	1.043 168	1.665 94	−0.858 43	−0.898 17	1.670 951
1	1	0	−0.050 11	1.014 135	1.570 796	−0.951 43	−0.930 05	1.570 796
1.1	1	0.005 014	0.050 138	1.002 517	1.465 602	−1.051 94	−1.005 04	1.470 616
1.2	1	0.020 247	0.152 335	1.021 965	1.348 982	−1.166 21	−1.142 67	1.369 229
1.3	1	0.046 417	0.261 695	1.093 601	1.218 558	−1.304 24	−1.380 37	1.264 974
1.4	1	0.085 179	0.387 618	1.259 232	1.070 142	−1.484 16	−1.799 16	1.155 32
1.5	1	0.140 17	0.549 915	1.622 97	0.895 665	−1.744 77	−2.606 09	1.035 835
1.6	1	0.220 534	0.803 639	2.537 233	0.676 131	−2.195 34	−4.505 75	0.896 665
1.7	1	0.365 123	1.445 891	6.422 529	0.333 202	−3.429 29	−12.339 5	0.698 325

1，2へどのような外力を時間的に変化させて与えねばならないかである。これを与えてくれるのが，式(8.92)のτ_1とτ_2である。アームの重さなどはすでに決まっているので，以下のような式で与えてくれる。

$$\tau_1=(1.67+\cos\theta_2)\times\ddot{\theta}_1+(0.33+0.5\cos\theta_2)\times\ddot{\theta}_2$$
$$-0.5\times\sin\theta_2\times(2\dot{\theta}_1\times\dot{\theta}_2+\dot{\theta}_2{}^2)+14.7\times\cos\theta_1+4.9\times\cos(\theta_1+\theta_2) \qquad (8.106)$$

$$\tau_2=(0.33+0.5\times\cos\theta_2)\times\ddot{\theta}_1+0.4\times\ddot{\theta}_2\ 0.5\times\sin\theta_2\times\dot{\theta}_1{}^2$$
$$+4.9\times\cos(\theta_1+\theta_2) \qquad (8.107)$$

式(8.106)，(8.107)に，$x=0$から0.1ステップごとに$\theta_1, \dot{\theta}_1, \ddot{\theta}_1, \theta_2, \dot{\theta}_2, \ddot{\theta}_3$，$(\theta_1+\theta_2)$を代入して得られる$\tau_1$, τ_2の値が，アーム1のジョイントとアーム2のジョイントへステップごとに加えるべき回転トルク〔N・m〕である。表計算で求めたτ_1, τ_2を**表 8.2** に示す。さらに，そのxによる変化を示したのが**図 8.15**である。実際に，時間ごとに変化する外力（回転トルク）をアーム1，2に与えて動作させる場合，つねに誤差が発生するのでこれをセンサで検出し修正しながら行われる。**図 8.16**は，逆にθ_1,θ_2,$(\theta_1+\theta_2)$を与えて，マニピュレータの平行動作を再現する様子をパソコン画面で再確認したものである。この場合，マニピュレータの軌跡を描画するだけなので，速度や力に関するファクタの$\dot{\theta}_1$,$\ddot{\theta}_1$,$\dot{\theta}_2$,$\ddot{\theta}_2$は不要である。

表 8.2　平行動作に必要なアーム 1，2 の外力

x〔m〕	y〔m〕	τ_1〔N·m〕	τ_2〔N·m〕
0	1	9.260 532	−4.332 03
0.1	1	10.185 13	−4.056 17
0.2	1	10.906 4	−3.720 85
0.3	1	11.757 51	−3.174 99
0.4	1	12.496 26	−2.598 37
0.5	1	13.137 86	−2.023
0.6	1	13.703 86	−1.467 99
0.7	1	14.217 9	−0.938 97
0.8	1	14.702 21	−0.432 28
0.9	1	15.175 6	0.060 1
1	1	15.653 13	0.547 869
1.1	1	16.147 11	1.041 426
1.2	1	16.669 55	1.554 552
1.3	1	17.237 01	2.110 481
1.4	1	17.882 54	2.759 535
1.5	1	18.693 54	3.640 084
1.6	1	19.985 23	5.275 033
1.7	1	24.046 22	11.166 53

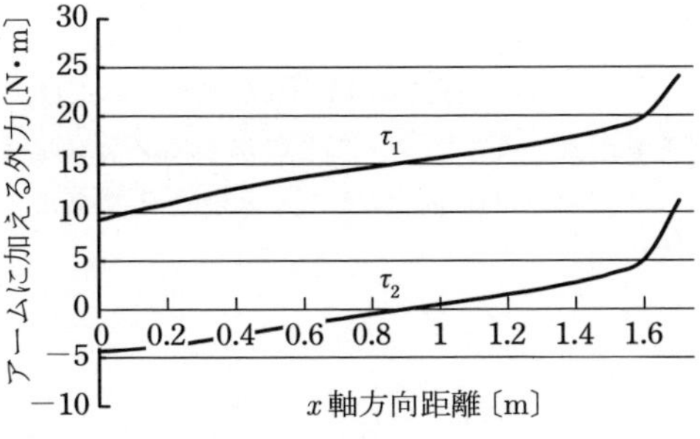

図 8.15　平行動作に必要なアーム 1，2 に加える外力τ_1，τ_2の変化

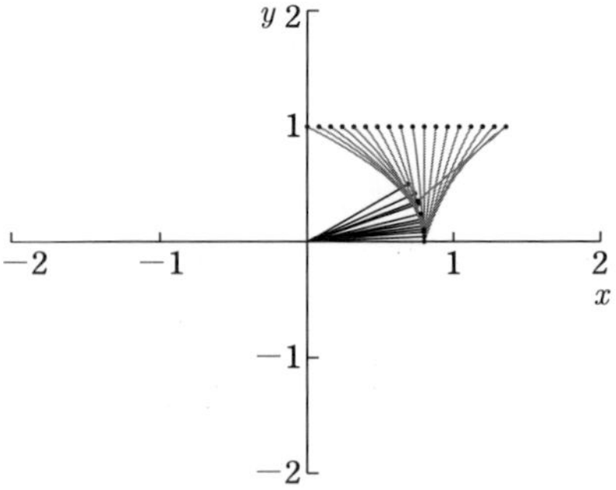

図 ***8.16***　パソコンによるアーム1(—)，2(—)による平行動作の再現

演　習　問　題

【1】 図 ***8.14*** において，2自由度マニピュレータアーム2の先端が $x=1.0$m の位置で，$y=0$ から $y=1.7$m で直線上を移動する場合について，$\Delta y=0.1$m ステップごとに変化するアーム1およびアーム2の個別角度と角度和を求めよ。

【2】 【1】において，$y=0$ から $y=1.7$m まで 1.7s かけて等速度で移動するとして，アーム1，2の角速度，角加速度を求めよ。

【3】 【1】において，アーム2の先端が $x=1.0$m で $y=0$ から $y=1.7$m までを 1.7s 等速度で移動するために，アーム1，2に加えるべき外力のステップごとの値を求めよ。

【4】 【1】において，アーム2の先端が描く直線動作，およびアーム1とアーム2のリンク部が描く軌跡を，各ステップごとに求めてグラフ化せよ（グラフ化の手法は省略するが，パソコンソフトによるビジュアル化でも，エクセルなど表計算結果のグラフ化でも可）。

引用・参考文献

1章

1) アイザックアシモフほか：ロボットの世界，東急エージェンシー（1986）
2) 日高俊明：とことんやさしいパーソナルロボットの本，日本ロボット工業会（2003）

2章

1) 中野栄二：ロボット工学入門，オーム社（1983）
2) 辻　三郎ほか：ロボット工学とその応用，電子通信学会誌（1984）
3) 日本産業用ロボット工業会広報委員会編：産業用ロボット・ハンドブック，日本産業用ロボット工業会（1990）
4) 日本ロボット学会編：ロボット工学ハンドブック，コロナ社（1990）

3章

1) 白水俊次ほか：センサとその応用，総合電子出版（1980）
2) 白水俊次ほか：センサ活用技術，工業調査会（1984）
3) 白水俊次：半導体圧力センサデバイスとその応用，技研情報センター（1984）
4) 一ノ瀬ほか編：図解センサ活用の実際，オーム社（1984）
5) 白水俊次ほか：半導体センサの知能化，ミマツデータシステム IMC（1985）
6) 白水俊次ほか：センサ応用技術ハンドブック，テクノサービス（1986）
7) 白水俊次：センサの仕組みと働き，山文社（1997）
8) 森村正直：機械量のセンシング技術，コロナ社（1986）
9) 高橋　清ほか編：センサエレクトロニクス，昭晃堂（1984）
10) 出澤正徳：ロボットのための距離検出法，計測と制御,Vol.26,N0.2（1987）

4章

1) 得丸英勝：自動制御，森北出版（1981）
2) 見城尚志ほか：メカトロニクスのための DC サーボモータ入門からコアレス，ブラシレスモータまで，総合電子出版社（1982）

3)　岡田養二ほか：サーボアクチュエータとその制御，コロナ社（1985）

4)　小林伸明：基礎制御工学，共立出版（1988）

5)　杉本英彦ほか：AC サーボシステムの理論と設計の概要，総合電子出版社（1990）

6)　見城尚志：小形モータの基礎とマイコン制御，総合電子出版社（1991）

5 章

1)　Abed El-Aziz,Y.A., et al. : Direct Linear Transformation from Comparator Coordinates into Object Space Coordinates in Close-Range Photogrammetry, Proceedings of the ASP/UI Symposium on Close-Range Photogrammetry, pp. 420-475(1978)

2)　Gugan, D.J., et al. : and Dowman, I.J. : Accuracy and Completeness of Topographic Mapping from SPOT Imagery, Photogrammetric Record, Vol.12,No.72, pp.787-796(1988)

3)　Konceny, G., et al. : Evaluation of SPOT Imagery on Analytical Photogrammetric Instruments, Photogrammetric Engineering and Remote Sensing, Vol.53,No.9,pp.1223-1230(1987)

4)　Westin, T : Precision Rectification of SPOT Imagery, Photogrammetric Engineering and Remote Sensing, Vol. 56, No.2, pp.247-253(1990)

5)　東京工科大学機械制御工学科：画像解析実験マニュアル（2001）

6)　テレビジョン学会編：テレビジョン・画像工学ハンドブック,オーム社（1980）

7)　木内雄二：イメージセンサの基礎と応用，日刊工業新聞社（1991）

8)　宮尾　亘ほか：光センセシング工学，日本理工出版会（1995）

9)　大石　巖，畑田豊彦，田村　徹：ディスプレイの基礎，共立出版（2003）

6 章

1)　武藤義夫：ベクトルとテンソル，廣川書店（1963）

2)　原　康夫：物理学通論　I，学術図書出版社（2003）

3)　広瀬茂男：ロボット工学，裳華房（2001）

4)　児玉慎三他：システム制御のためのマトリックス理論，計測自動制御学会（1978）

5)　中前ほか：３次元コンピュータグラフィックス，昭晃堂（1986）

7 章

1)　田辺行人ほか：解析力学，裳華房（1988）

2)　川崎晴久ほか：ロボットアームの動力学計算法，計測と制御, 25 巻 1 号, p.23(1986)

3)　J.Y.S.Luh, et al. : On-Line Computational Scheme for mechanical Manipulators,Trans. of the ASME, DSMC102-2, p.69(1980)

4)　M.W.Walker et al.:Efficient Dynamic Computer Simulation of Robotic Mechanism, Trans.

of the ASME, DSMC104-3, p.205(1982)

5) 牧野　洋：自動機械機構学，日刊工業新聞社（1976）

8章

1) Orin, D.F.,et al. : Kinematic and Kinetic Analysis of Open-Chain Linkages Utilizing Newton-Euler Method, Mathematical Biosciences 43, 1/2 107/130(1979)

2) Orin, D.F.,et al. : Control of Force Distribution in Robotic mechanisms Containing Closed Kinematics Chains, J. Dynamic Systems, measurement, Control 102 134/141(1981)

3) 石井　優：ロボット機構モデルとキャリブレーション，日本ロボット学会誌，7巻2号, p.107(1989)

4) 川崎春久：ロボットアームのパラメータ同定，計測と制御，28巻4号, p.344(1989)

5) 橋本洋志ほか：微分方程式＋モデルデザイン教本，オーム社（2005）

6) 川崎春久ほか：マニピュレータにおけるモータ駆動トルクの計算法と軌道制御法，精密機械，51巻5号, p. 977(1985)

5章以降で使う Visual Basic　関係の参考文献

10) 若山芳三郎：学生のための Visual Basic，東京電機大学出版局（2001）

11) 川口広美ほか：Visual Basic，実教出版（2002）

12) 川口輝久ほか：Visual Basic 6，技術評論社（2001）

演習問題解答

3章

【1】 図 *3.8* からわかるように，電磁式では歯車の歯数を増やすこと，光電式ではスリット数を増やすことである。

【2】 解表 *3.1* 参照。

解表 *3.1*

方式	機械式	半導体式
精度	○	○
温度特性	○	△
ヒステリシス	×	○
経時変化	×	○
小型軽量	×	◎

【3】 ① 発光素子（発光ダイオード）の光を回転体のスリットで遮り，受光素子（フォトダイオード）で受けて回転数を計測する。

② 回転体に金属の歯車を配置し，この歯数を電磁式回転センサで検出する。

③ 回転体の一部に小型の永久磁石片を固定し，この接近を半導体磁界センサで検出する。

4章

【1】 本文中，式（*4.24*）から，最適ギヤ比は

$$G_{\min} = \sqrt{\frac{J_L}{J_M}} = \sqrt{\frac{9}{1}} = 3 \qquad (1)$$

である。

【2】 モータの機械的時定数は式（*4.21*）から

$$T_M = \frac{R_M J_M}{K_E K_T} = \frac{2.66〔\Omega〕\times 1.51\times 10^{-5}〔\mathrm{kg\cdot m^2}〕}{7.07\times 10^{-2}〔\mathrm{N\cdot m/A}〕\times 7.07\times 10^{-2}〔\mathrm{V\cdot s/rad}〕} = 8.0\,\mathrm{ms} \qquad (2)$$

モータの電気的時定数は式(4.12)から

$$T_E = \frac{L_M}{R_M} = \frac{2.4\,[\mathrm{mH}]}{2.66\,[\Omega]} = 0.9\,\mathrm{ms} \tag{3}$$

モータのパワーレートは式(4.26)から

$$\frac{{\tau_P}^2}{J_M} = \frac{0.17^2\,[\mathrm{N}^2\cdot\mathrm{m}^2]}{1.51\times10^{-5}\,[\mathrm{kg}\cdot\mathrm{m}^2]} = 1.9\,\mathrm{kW/s} \tag{4}$$

となる。

5章

【1】 図 5.1(b)のレンズの中心位置に，点光源がある場合に相当する。最も具体的な例は，レンズの中心位置に X 線の発生源がある場合である。物体面は人体，センサ面はレントゲンフィルムの位置で，異なった場所で 2 枚のフィルムを撮れば人体のどの部位に患部があるかが立体的にわかる。

【2】 例えば，式(5.25)～(5.28)の U_L，V_L，U_R，V_R と X，Y，Z 間の変換式で考える。まず，3次元座標の原点（0，0，0）は上式に $X=Y=Z=0$ を代入して，つぎのようになる。

$$U_{L0} = \frac{204.767\,24}{1} = 204.8$$
$$V_{L0} = \frac{439.349\,85}{1} = 439.3$$
$$U_{R0} = \frac{125.104\,1}{1} = 125.1$$
$$V_{R0} = \frac{387.695\,85}{1} = 387.7$$

つぎに，無限遠点は $X=Z=0$，$Y\to\infty$ となるから

$$U_{L\infty} = \frac{-0.005\,242}{-0.001\,819} = 2.9$$
$$V_{L\infty} = \frac{-7.906\,004}{-0.001\,819} = 4\,346.3$$
$$U_{R\infty} = \frac{-0.647\,387}{-0.001\,001} = 646.7$$
$$V_{R\infty} = \frac{-6.977\,293}{-0.001\,001} = 6\,970.3$$

となる。しかし，左右カメラの UV 座標はともに（0，0）から（640，480）までの領域しか画面にないので，この場合はいずれのカメラにも Y 方向無限遠は写っていないことがわかる。無限遠の座標は左右カメラのセンサ面の外にくる。

6章

【1】 解図 ***6.1*** 参照。

球内の中心から出た半径ベクトルと，貫通円筒の中心へ向かって一巡するベクトルループが等しいことから，以下の式が成り立つ。

$$\boldsymbol{E}^{k\phi}\left(\boldsymbol{E}^{j\alpha}(\boldsymbol{R})\right)=\boldsymbol{H}+\boldsymbol{C}+\boldsymbol{E}^{j\theta}(\boldsymbol{r})+\boldsymbol{L}$$

$$=\begin{bmatrix}\cos\phi & -\sin\phi & 0\\ \sin\phi & \cos\phi & 0\\ 0 & 0 & 1\end{bmatrix}\begin{bmatrix}\cos\alpha & 0 & \sin\alpha\\ 0 & 1 & 0\\ -\sin\alpha & 0 & \cos\alpha\end{bmatrix}\begin{bmatrix}R\\0\\0\end{bmatrix}=\begin{bmatrix}0\\0\\h\end{bmatrix}+\begin{bmatrix}0\\c\\0\end{bmatrix}+\begin{bmatrix}\cos\theta & 0 & \sin\theta\\ 0 & 1 & 0\\ -\sin\theta & 0 & \cos\theta\end{bmatrix}\begin{bmatrix}r\\0\\0\end{bmatrix}+\begin{bmatrix}0\\-l\\0\end{bmatrix}$$

これから，左辺＝右辺は

$$\begin{bmatrix}R\cos\phi\cos\alpha\\ R\sin\phi\cos\alpha\\ -R\sin\alpha\end{bmatrix}=\begin{bmatrix}r\cos\theta\\ c-l\\ h-r\sin\theta\end{bmatrix}$$

となる。ここで，$R=1$，$r=0.5$とすると，つぎのようになる

$$x=0.5\cos\theta,\qquad y=\pm\sqrt{0.5(1+\sin\theta)},\qquad z=0.5-0.5\sin\theta$$

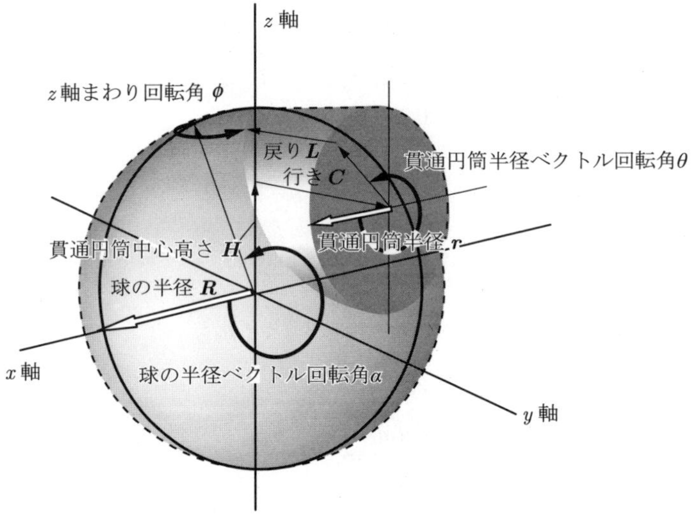

解図 ***6.1***

【2】 (1) 図 ***6.26*** において，入出力軸がz軸のまわりに角度 δ をなしているとき，連結部の十文字部材のベクトルを考える。直交するベクトル $\boldsymbol{A}'$，$\boldsymbol{B}'$とそれを結ぶベクトルを $\boldsymbol{P}'$ は以下のような関係になり，$|\boldsymbol{P}'|=\sqrt{2}$ である。$\sin\delta=S_\delta$，$\cos\delta=C_\delta$ などとおくと

$$\boldsymbol{A}'=\boldsymbol{E}^{k\delta}\begin{bmatrix}0\\0\\1\end{bmatrix}=\begin{bmatrix}0\\0\\1\end{bmatrix},\qquad \boldsymbol{B}'=\boldsymbol{E}^{k\delta}\begin{bmatrix}1\\0\\0\end{bmatrix}=\begin{bmatrix}C_\delta\\S_\delta\\0\end{bmatrix},\qquad \boldsymbol{P}'=\boldsymbol{A}'-\boldsymbol{B}' \tag{1}$$

入力軸（主軸）が角度 α だけ回転したとき，出力軸（副軸）が角度 β だけ回転して，$\boldsymbol{A}'$，$\boldsymbol{B}'$，$\boldsymbol{P}'$ が $\boldsymbol{A}''$，$\boldsymbol{B}''$，$\boldsymbol{P}''$ になったとすると

$$\left.\begin{aligned}&\boldsymbol{A}''=\boldsymbol{E}^{j\alpha}(\boldsymbol{A}')=\begin{bmatrix}S_\alpha\\0\\C_\alpha\end{bmatrix},\qquad \boldsymbol{B}''=\boldsymbol{E}^{k\delta}\boldsymbol{E}^{j\beta}\begin{bmatrix}1\\0\\0\end{bmatrix}=\begin{bmatrix}C_\delta C_\beta\\S_\delta C_\beta\\-S_\beta\end{bmatrix}\\&\boldsymbol{P}''=\boldsymbol{A}''-\boldsymbol{B}''=\begin{bmatrix}S_\alpha-C_\delta C_\beta\\-S_\delta C_\beta\\C_\alpha+S_\beta\end{bmatrix}\end{aligned}\right\} \tag{2}$$

となる。先に述べたように，$\boldsymbol{P}''$ の長さは変わらず $\sqrt{2}$ であるから

$$|\boldsymbol{P}''|^2=(S_\alpha-C_\delta C_\beta)^2+S_\delta{}^2C_\beta{}^2+(C_\alpha+S_\beta)^2=2 \tag{3}$$

の関係が成り立つ。したがって

$$\therefore\quad \tan\beta=\tan\alpha\,\cos\delta \tag{4}$$

が得られる。

（2）　例えば，エクセルの表計算を用いて得た回転のグラフは，**解図 6.2** のようになる。

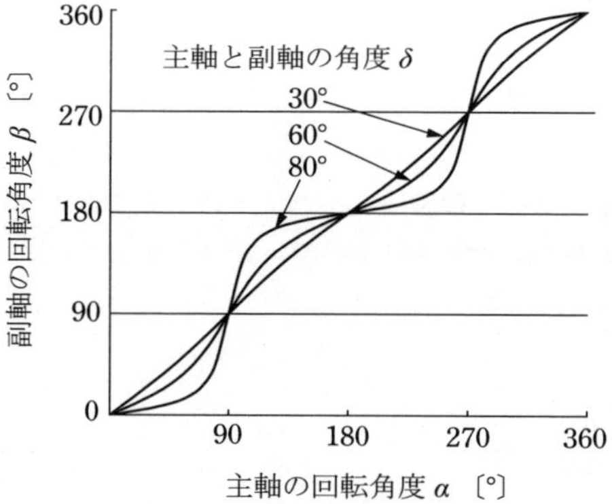

主軸と副軸の偏り角 δ が大きいほど副軸のクリックが大きくなる。

解図 6.2　十文字ユニバーサルジョイントが1回転する際の主軸と副軸の関係

7章

【1】 点 P_b を xy 平面の原点，点 P_c の座標を (P_x, P_y) とすると

$$P_x = 1.5 + 0.5\cos\theta_1 \tag{1}$$

$$P_y = 0.5\sin\theta_1 \tag{2}$$

$$\tan\theta_2 = \frac{0.5\sin\theta_1}{1.5 + 0.5\cos\theta_1} \tag{3}$$

となるので

$$\theta_2 = \arctan\left(\frac{0.5\sin\theta_1}{1.5 + 0.5\cos\theta_1}\right) \tag{4}$$

を得る。これを時間微分して $\dot{\theta}_2$，$\ddot{\theta}_2$ が得られる。**解図 7.1** に，そのグラフを示す。

〔注〕 θ_2 の変化は式(1)，(2)から式(4)を解析的に求めて得られるが，エクセルなどの表計算ソフトを使って数値的に求めることもできる。

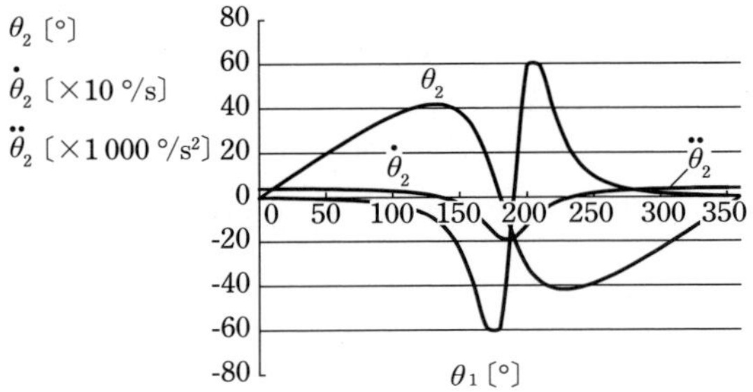

解図 7.1　スライダリンクの動作特性

【2】 偏心円板が回転する際，**解図 7.2** のように P_a，P_b，P_c がつくる三角形と回転角度 θ_1，θ_2，r との間には，以下の関係式が成り立つ。

$$1.3\sin\theta_2 = 0.5\cos\theta_1 \tag{1}$$

$$\sin\theta_2 = \frac{0.5}{1.3}\cos\theta_1 \tag{2}$$

だから

$$\theta_2 = \arcsin\left(\frac{0.5}{1.3}\cos\theta_1\right) \tag{3}$$

である。したがって

$$r = 0.5\sin\theta_1 + 1.3\cos\theta_2 \qquad (4)$$

となる。

式(4)から，時間に関する r の1階微分，2階微分を求め，θ_1 に対する変化をグラフ化したのが**解図 7.3** である。ただし，θ_1 は360秒で1回転する。

〔注〕　r の変化は式(3)，(4)のように解析的に求められるが，エクセルなど表計算ソフトを使って数値的に求めることもできる。

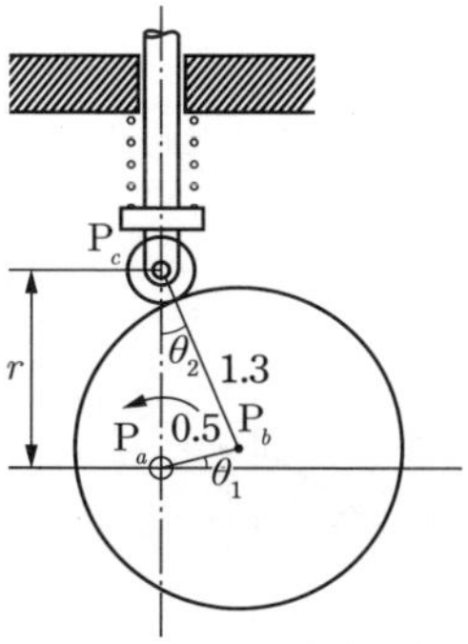

解図 7.2　角度関係

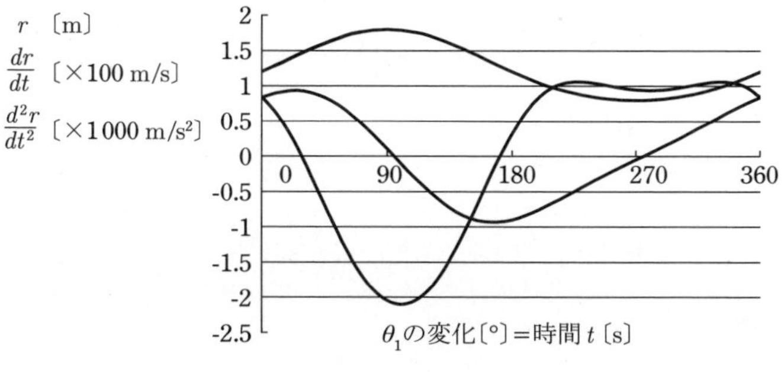

解図 7.3　直動カムの動作特性

8章

【1】 **解図 *8.1*** において，アーム1，2のつくる三角形の角度α，β，γは

$$\left.\begin{array}{l} \tan\alpha = y \\ \cos\beta = \dfrac{\sqrt{1+y^2}}{2} \\ \cos\gamma = \dfrac{\sqrt{1+y^2}}{2} \qquad (0 \leqq y \leqq \sqrt{3}) \\ \theta_1 = \alpha + \beta = \arctan(y) + \arccos\left(\dfrac{\sqrt{1+y^2}}{2}\right) \\ \theta_2 = -2\beta = -2\gamma = -2\arccos\left(\dfrac{\sqrt{1+y^2}}{2}\right) \end{array}\right\} \qquad (1)$$

となるので，これから$\Delta y = 0.1$おきのθ_1，θ_2，($\theta_1+\theta_2$) の変化が求まり，以下の**解表 *8.1*** のようになる。

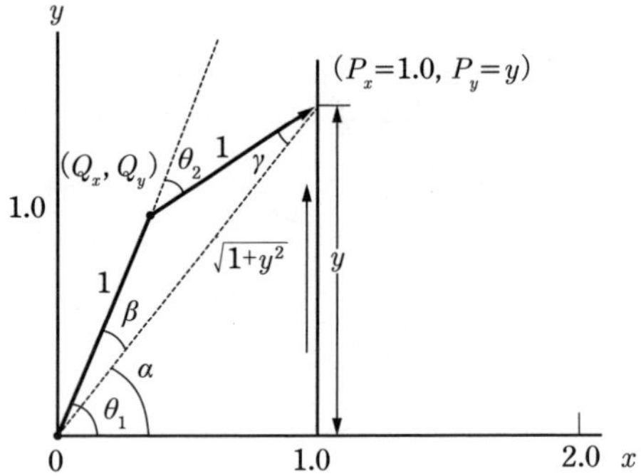

解図 *8.1*　2自由度マニピュレータの平行動作

解表 8.1 2自由度マニピュレータの上下動作アームの角度

x〔m〕	y〔m〕	θ_1〔rad〕	θ_2〔rad〕	$(\theta_1+\theta_2)$〔rad〕
1	0	1.047 197 551	−2.094 395 102	−1.047 197 551
1	0.1	1.143 984 232	−2.088 631 158	−0.944 646 927
1	0.2	1.233 121 079	−2.071 451 039	−0.838 329 96
1	0.3	1.313 041 065	−2.043 168 541	−0.730 127 476
1	0.4	1.382 627 201	−2.004 241 647	−0.621 614 446
1	0.5	1.441 244 16	−1.955 193 101	−0.513 948 942
1	0.6	1.488 682 407	−1.896 525 814	−0.407 843 407
1	0.7	1.525 047 979	−1.828 644 03	−0.303 596 051
1	0.8	1.550 632 331	−1.751 782 778	−0.201 150 447
1	0.9	1.565 785 005	−1.665 939 806	−0.100 154 801
1	1	1.570 796 327	−1.570 796 327	0
1	1.1	1.565 782 48	−1.465 602 426	0.100 180 054
1	1.2	1.550 548 979	−1.348 981 856	0.201 567 122
1	1.3	1.524 379 471	−1.218 557 542	0.305 821 93
1	1.4	1.485 617 648	−1.070 141 614	0.415 476 034
1	1.5	1.430 626 12	−0.895 664 794	0.534 961 326
1	1.6	1.350 262 266	−0.676 130 51	0.674 131 757
1	1.7	1.205 673 122	−0.333 201 724	0.872 471 398

【2】 **解表 8.1** の θ_1 および θ_2 の各ステップが 1 s 間の変化であることから，以下の**解表 8.2** のようになる。

解表 8.2 アーム 1，2 の角速度および角加速度（単位　角度〔rad〕，時間〔s〕）

x〔m〕	y〔m〕	$d\theta_1/dt$	$d^2\theta_1/dt^2$	$d\theta_2/dt$	$d^2\theta_2/dt^2$
1	0	−0.967 87	0.764 983 3	−0.057 64	−1.141 62
1	0.1	−0.967 866 805	0.764 983 3	−0.057 64	−1.141 62
1	0.2	−0.891 368 477	0.764 983 3	−0.171 8	−1.141 618
1	0.3	−0.799 199 855	0.921 686 2	−0.282 82	−1.110 238
1	0.4	−0.695 861 356	1.033 385	−0.389 27	−1.064 44
1	0.5	−0.586 169 591	1.096 917 7	−0.490 49	−1.012 165
1	0.6	−0.474 382 477	1.117 871 1	−0.586 67	−0.961 874
1	0.7	−0.363 655 721	1.107 267 6	−0.678 82	−0.921 45
1	0.8	−0.255 843 519	1.078 122	−0.768 61	−0.897 947
1	0.9	−0.151 526 736	1.043 167 8	−0.858 43	−0.898 172
1	1	−0.050 113 22	1.014 135 2	−0.951 43	−0.930 051
1	1.1	0.050 138 472	1.002 516 9	−1.051 94	−1.005 042
1	1.2	0.152 335 008	1.021 965 4	−1.166 21	−1.142 667
1	1.3	0.261 695 073	1.093 600 7	−1.304 24	−1.380 375
1	1.4	0.387 618 234	1.259 231 6	−1.484 16	−1.799 161
1	1.5	0.549 915 278	1.622 970 4	−1.744 77	−2.606 089
1	1.6	0.803 638 539	2.537 232 6	−2.195 34	−4.505 746
1	1.7	1.445 891 447	6.422 529 1	−3.429 29	−12.339 45

【3】 *8*章本文に記述されている以下の式(*1*)，(*2*)

$$\tau_1 = (1.67+\cos\theta_2)\times\ddot{\theta}_1 + (0.33+0.5\cos\theta_2)\times\ddot{\theta}_2 - 0.5\times\sin\theta_2\times(2\dot{\theta}_1\times\dot{\theta}_2+\dot{\theta}_2{}^2) + 14.7\times\cos\theta_1 + 4.9\times\cos(\theta_1+\theta_2) \quad (1)$$

$$\tau_2 = (0.33+0.5\times\cos\theta_2)\times\ddot{\theta}_1 + 0.4\times\ddot{\theta}_2\ 0.5\times\sin\theta_2\times\dot{\theta}_1{}^2 + 4.9\times\cos(\theta_1+\theta_2) \quad (2)$$

に**解表 *8.1***，**解表 *8.2*** の値をステップごとに代入すれば，τ_1，τ_2の値が**解表 *8.3*** のように得られる。

解表 *8.3* 上下移動に要するアームの外力

x	y	τ_1〔N·m〕	τ_2〔N·m〕
1	0	9.229 686	2.375 902
1	0.1	8.266 435	2.786 441
1	0.2	7.310 399	3.236 031
1	0.3	6.317 834	3.638 456
1	0.4	5.437 641	3.990 94
1	0.5	4.697 694	4.285 412
1	0.6	4.108 867	4.518 871
1	0.7	3.668 333	4.691 831
1	0.8	3.364 672	4.806 583
1	0.9	3.182 562	4.865 718
1	1	3.105 947	4.870 996
1	1.1	3.119 43	4.822 383
1	1.2	3.207 864	4.716 891
1	1.3	3.353 527	4.546 489
1	1.4	3.527 812	4.293 186
1	1.5	3.664 729	3.914 631
1	1.6	3.548 025	3.286 135
1	1.7	2.822 977	1.926 229

【4】 **解図 *8.1*** からアーム2の先端座標（P_x，P_y）とアーム1と2のリンク部の座標（Q_x，Q_y）は，θ_1とθ_2とで以下のように表される。

$$\left.\begin{aligned} P_x &= \cos\theta_1 + \cos(\theta_1+\theta_2) \\ P_y &= \sin\theta_1 + \sin(\theta_1+\theta_2) \\ Q_x &= \cos\theta_1 \\ Q_y &= \sin\theta_1 \end{aligned}\right\} \quad (1)$$

θ_1，θ_2はy=0.1ステップごとである。したがって式(*1*)にθ_1，θ_2の値を代入していけば，(P_x，P_y)，(Q_x，Q_y) の値の**解表 *8.4*** が得られる。これをグラフ

化するには種々の方法があるが，参考のため，ここではパソコン画面に表示したもののみを**解図 *8.2*** に示した。

解表 *8.4* アーム 1，2 の先端座標

P_x〔m〕	P_y〔m〕	Q_x〔m〕	Q_y〔m〕
1	0	0.5	0.866 025
1	0.1	0.413 971	0.910 29
1	0.2	0.331 294 5	0.943 527
1	0.3	0.254 910 6	0.966 965
1	0.4	0.187 060 7	0.982 348
1	0.5	0.129 190 1	0.991 62
1	0.6	0.082 021 7	0.996 631
1	0.7	0.045 732 4	0.998 954
1	0.8	0.020 162 6	0.999 797
1	0.9	0.005 011 3	0.999 987
1	1	0	1
1	1.1	0.005 013 8	0.999 987
1	1.2	0.020 246	0.999 795
1	1.3	0.046 400 2	0.998 923
1	1.4	0.085 075 7	0.996 374
1	1.5	0.139 711 7	0.990 192
1	1.6	0.218 750 8	0.975 781
1	1.7	0.357 064 4	0.934 08

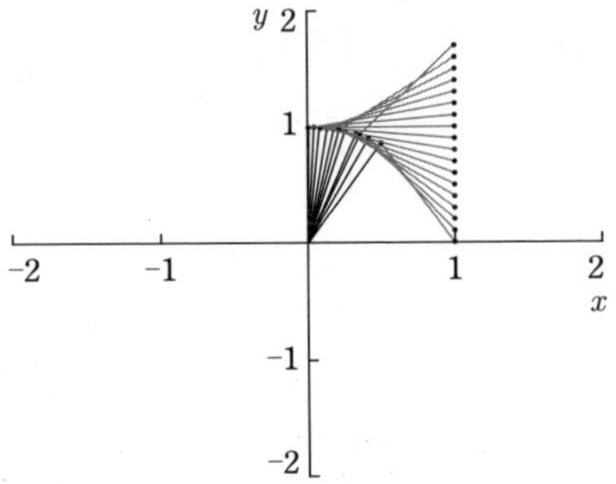

解図 *8.2* パソコンによるアーム 1(―),2(―)の上下動作再現

索　　引

—— 著 者 略 歴 ——

1962 年　東京大学理学部物理学科卒業
1962 年　東京芝浦電気株式会社中央研究所入社
1976 年　理学博士（東京大学）
1993 年　株式会社東芝研究開発センター定年退職
1993 年　長野工業高等専門学校教授
2001 年　長野工業高等専門学校定年退職
2001 年　東京工科大学兼任講師（工学部）
2008 年　東京工科大学定年退職

ロボット工学
Fundamentals of Robotics

2009 年 7 月10日　初版第 1 刷発行

検印省略

著　者　白（しろ）水（うず）俊（しゅん）次（じ）
発 行 者　株式会社　コロナ社
　　　　代 表 者　牛来辰巳
印 刷 所　壮光舎印刷株式会社

112-0011　東京都文京区千石 4-46-10
発行所　株式会社　**コ ロ ナ 社**
CORONA PUBLISHING CO.,LTD.
Tokyo　Japan
振替 00140-8-14844・電話(03)3941-3131(代)
ホームページ　http://www.coronasha.co.jp

ISBN 978-4-339-01188-3　（岩崎）　（製本：グリーン）
Printed in Japan